Farming

GAOZHI GAOZHUAN
XUMU SHOUYI LEI ZHUANYE
XILIE JIAOCAI

高职高专
畜牧兽医类专业
系列教材

动物检疫检验 （第2版）

DONGWU JIANYI JIANYAN

主　编　乐　涛　毕玉霞

副主编　曾淑英

参　编　连慧香　吴有华　罗伟淋

重庆大学出版社

内容提要

动物检疫检验是集动物临床诊断、动物微生物及动物疫病等多方面知识技能于一体的综合性课程。全书共10章,系统地阐述了动物检疫检验的基本理论、基本知识和基本技能;重点阐述了法定动物疫病的检疫检验,同时介绍了动物在饲养、运输和屠宰等各个生产流通环节的检疫方式和检疫要领。根据实践和教学需要,本书在相应章节安排了实验实训,并在各章节安排了复习思考题,以便于学生更好地掌握教材的基本知识和基本技能。

本书注重科学性和实用性,内容简明扼要,文字通俗易懂,理论联系实际,注重技能培养。本教材适用于高等职业技术院校畜牧兽医、动物防疫与检疫等专业,也可作为农业院校教师及动物防疫检疫人员的参考书。

图书在版编目(CIP)数据

动物检疫检验/乐涛,毕玉霞主编. —2版.—重庆:重庆大学出版社,2011.1(2023.1重印)
高职高专畜牧兽医类专业系列教材
ISBN 978-7-5624-3951-6

Ⅰ.①动…　Ⅱ.①乐…②毕…　Ⅲ.①动物—检疫—高等学校:技术学校—教材　Ⅳ.①S851.34

中国版本图书馆 CIP 数据核字(2010)第 222466 号

高职高专畜牧兽医类专业系列教材
动物检疫检验
(第2版)

主　编　乐　涛　毕玉霞
副主编　曾淑英
参　编　连慧香　吴有华　罗伟淋
策划编辑:沈　静
责任编辑:沈　静　　版式设计:沈　静
责任校对:秦巴达　　责任印制:赵　晟

*

重庆大学出版社出版发行
出版人:饶帮华
社址:重庆市沙坪坝区大学城西路21号
邮编:401331
电话:(023)88617190　88617185(中小学)
传真:(023)88617186　88617166
网址:http://www.cqup.com.cn
邮箱:fxk@cqup.com.cn(营销中心)
全国新华书店经销
重庆华数印务有限公司印刷

*

开本:787mm×1092mm　1/16　印张:16.75　字数:418千
2007年3月第1版　2011年1月第2版　2023年1月第5次印刷
ISBN 978-7-5624-3951-6　定价:43.00元

Farming

GAOZHI GAOZHUAN
XUMU SHOUYI LEI ZHUANYE
XILIE JIAOCAI

**高职高专畜牧兽医类专业
系列教材**

编委会

顾　问 向仲怀

主　任 聂　奎

委　员（按姓氏笔画为序）

马乃祥	王三立	文　平	邓华学	毛兴奇
王利琴	丑武江	乐　涛	左福元	刘万平
毕玉霞	李文艺	李光寒	李　军	李苏新
朱金凤	阎慎飞	刘鹤翔	杨　文	张　平
陈功义	陈　琼	张玉海	扶　庆	张建文
严佩峰	陈　斌	宋清华	何德肆	欧阳叙向
周光荣	周翠珍	郝民忠	姜光丽	聂　奎
梁学勇	韩建强			

arming

GAOZHI GAOZHUAN
XUMU SHOUYI LEI ZHUANYE
XILIE JIAOCAI

**高职高专畜牧兽医类专业
系列教材**

序

　　高等职业教育是我国近年高等教育发展的重点。随着我国经济建设的快速发展,对技能型人才的需求日益增大。社会主义新农村建设为农业高等职业教育开辟了新的发展阶段。培养新型的高质量的应用型技能人才,也是高等教育的重要任务。

　　畜牧兽医不仅在农村经济发展中具有重要地位,而且畜禽疾病与人类安全也有密切关系。因此,对新型畜牧兽医人才的培养已迫在眉睫。高等职业教育的目标是培养应用型技能人才。本套教材是根据这一特定目标,坚持理论与实践结合,突出实用性的原则,组织了一批有实践经验的中青年学者编写。我相信,这套教材对推动畜牧兽医高等职业教育的发展,推动我国现代化养殖业的发展将起到很好的作用,特为之序。

中国工程院院士

2007 年 1 月于重庆

arming

GAOZHI GAOZHUAN
XUMU SHOUYI LEI ZHUANYE
XILIE JIAOCAI

**高职高专畜牧兽医类专业
系列教材**

第2版编者序

随着我国畜牧兽医职业教育的迅速发展,有关院校对具有畜牧兽医职业教育特色教材的需求也日益迫切,根据国发〔2005〕35 号《国务院关于大力发展职业教育的决定》和教育部《普通高等学校高职高专教育指导性专业目录专业简介》,重庆大学出版社针对畜牧兽医类专业的发展与相关教材的现状,在 2006 年 3 月召集了全国开设畜牧兽医类专业精品专业的高职院校教师以及行业专家,组成这套"高职高专畜牧兽医类专业系列教材"编委会,经各方努力,这套"以人才市场需求为导向,以技能培养为核心,以职业教育人才培养必need知识体系为要素,统一规范并符合我国畜牧兽医行业发展需要"的高职高专畜牧兽医类专业系列教材得以顺利出版。

几年的使用已充分证实了它的必要性和社会效益。2010 年 4 月重庆大学出版社再次组织教材编委会,增加了参编单位及人员,使教材编委会的组成更加全面和具有新气息,参编院校的教师以及行业专家针对这套"高职高专畜牧兽医类专业系列教材"在使用中存在的问题以及近几年我国畜牧兽医业快速发展的需要进行了充分的研讨,并对教材编写的架构设计进行统一,明确了统稿、总纂及审阅。通过这次研讨与交流,教材编写的教师将这几年的一些好的经验以及最新的技术融入到了这套再版教材中。可以说,本套教材内容新颖,思路创新,实用性强,是目前国内畜牧兽医领域不可多得的实用性实训教材。本套教材既可作为高职高专院校畜牧兽医类专业的综合实训教材,也可作为相关企事业单位人员的实务操作培训教材和参考书、工具书。本套再版教材的主要特点有:

第一,结构清晰,内容充实。本教材在内容体系上较以往同类教材有所调整,在学习内容的设置、选择上力求内容丰富、技术新颖。同时,能够充分激发学生的学习兴趣,加深他们的理解力,强调对学生动手能力的培养。

第二,案例选择与实训引导并用。本书尽可能地采用最新的案例,同时针对目前我国畜牧兽医业存在的实际问题,使学生对畜牧兽医业生产中的实际问题有明确和深刻的理解和认识。

第三,实训内容规范,注重其实践操作性。本套教材主要在模板和样例的选择中,注

意集系统性、工具性于一体,具有"拿来即用""改了能用""易于套用"等特点,大大提高了实训的可操作性,使读者耳目一新,同时也能给业界人士一些启迪。

值这套教材的再版之际,感谢本套教材全体编写老师的辛勤劳作,同时,也感谢重庆大学出版社的专家、编辑及工作人员为本书的顺利出版所付出的努力!

高职高专畜牧兽医类专业系列教材编委会

2010 年 10 月

Farming
GAOZHI GAOZHUAN
XUMU SHOUYI LEI ZHUANYE
XILIE JIAOCAI
高职高专畜牧兽医类专业
系列教材

第1版编者序

我国作为一个农业大国,农业、农村和农民问题是关系到改革开放和现代化建设全局的重大问题,因此,党中央提出了建设社会主义新农村的世纪目标。如何增加经济收入,对于农村稳定乃至全国稳定至关重要,而发展畜牧业是最佳的途径之一。目前,我国畜牧业发展迅速,畜牧业产值占农业总产值的32%,从事畜牧业生产的劳动力就达1亿多人,已逐步发展成为最具活力的国家支柱产业之一。然而,在我国广大地区,从事畜牧业生产的专业技术人员严重缺乏,这与我国畜牧兽医职业技术教育的滞后有关。

随着职业教育的发展,特别是在周济部长于2004年四川泸州发表"倡导发展职业教育"的讲话以后,各院校畜牧兽医专业的招生规模不断扩大,截至2006年底,已有100多所院校开设了该专业,年招生规模近两万人。然而,在兼顾各地院校办学特色的基础上,明显地反映出了职业技术教育在规范课程设置和专业教材建设中一系列亟待解决的问题。

虽然自2000年以来,国内几家出版社已经相继出版了一些畜牧兽医专业的单本或系列教材,但由于教学大纲不统一,编者视角各异,许多高职院校在畜牧兽医类教材选用中颇感困惑,有些职业院校的老师仍然找不到适合的教材,有的只能选用本科教材,由于理论深奥,艰涩难懂,导致教学效果不甚令人满意,这严重制约了畜牧兽医类高职高专的专业教学发展。

2004年底教育部出台了《普通高等学校高职高专教育指导性专业目录专业简介》,其中明确提出了高职高专层次的教材宜坚持"理论够用为度,突出实用性"的原则,鼓励各大出版社多出有特色的、专业性的、实用性较强的教材,以繁荣高职高专层次的教材市场,促进我国职业教育的发展。

2004年以来,重庆大学出版社的编辑同志们,针对畜牧兽医类专业的发展与相关教材市场的现状,咨询专家,进行了多次调研论证,于2006年3月召集了全国以开设畜牧兽医专业为精品专业的高职院校,邀请众多长期在教学第一线的资深教师和行业专家组成编委会,召开了"高职高专畜牧兽医类专业系列教材"建设研讨会,多方讨论,群策群力,推出了本套高职高专畜牧兽医类专业系列教材。

本系列教材的指导思想是适应我国市场经济、农村经济及产业结构的变化、现代化养殖业的出现以及畜禽饲养方式等引起疾病发生的改变的实践需要,为培养适应我国现代化养殖业发展的新型畜牧兽医专业技术人才。

本系列教材的编写原则是力求新颖、简练,结合相关科研成果和生产实践,注重对学生的启发性教育和培养解决问题的能力,使之能具备相应的理论基础和较强的实践动手能力。在本系列教材的编写过程中,我们特别强调了以下几个方面:

第一,考虑高职高专培养应用型人才的目标,坚持以"理论够用为度,突出实用性"的原则。

第二,遵循市场的认知规律,在广泛征询和了解学生和生产单位的共同需要,吸收众多学者和院校意见的基础之上,组织专家对教学大纲进行了充分的研讨,使系列教材具有较强的系统性和针对性。

第三,考虑高等职业教学计划和课时安排,结合各地高等院校该专业的开设情况和差异性,将基本理论讲解与实例分析相结合,突出实用性,并在每章中安排了导读、学习要点、复习思考题、实训和案例等,编写的难度适宜、结构合理、实用性强。

第四,按主编负责制进行编写、审核,再经过专家审稿、修改,经过一系列较为严格的过程,保证了整套书的严谨和规范。

本套系列教材的出版希望能给开办畜牧兽医类专业的广大高职院校提供尽可能适宜的教学用书,但需要不断地进行修改和逐步完善,使其为我国社会主义建设培养更多更好的有用人才服务。

高职高专畜牧兽医类专业系列教材编委会

2006 年 12 月

Preface
第2版前言

　　《动物检疫检验》是运用各种检查、诊断方法检查法定的动物疫病及产品,并采用一切措施防止疫病传播的一门应用技术。本教材在修订中充分体现高职高专教育"工学结合"的特点,围绕畜牧兽医类专业人才培养方案的要求,针对动物检疫检验岗位对人才的知识与技能要求进行编写。

　　在动物检疫检验的基本理论方面,着重介绍动物防疫的基本理论知识和基本技术,动物检疫的基本理论知识和基本技术,包括动物疫病的概念、动物疫病预防措施、检疫范围、对象和种类,动物检疫技术、动物检疫处理以及各种动物疫病的检疫要领及其处理。在动物检疫检验的实训环节方面,增加了免疫学检测方法的应用和一些疫病检测诊断新技术的应用。对附录部分法律法规进行了修订。

　　本教材在修订过程中,本着以"必需、适用、实用"为原则,理论联系实际,注重基本技能的培养。通过对本课程的学习,要求学生具有一定的理论知识,较强的实践操作技能,为今后更好地服务本行业打下坚实的基础。

　　由于编写者的学术水平浅薄,知识水平有限,难免在修订的过程中有很多的缺点和不足之处,恳请读者和同行对不足之处给予批评指正。

编　者

2010 年 10 月

Preface
第1版前言

　　我国动物疫病一直比较复杂,疫病多,疫情不断,流行广泛,危害严重,近十几年来又呈现出"旧病未除,新病又发"的严峻局面,使我国畜牧业经常遭遇动物疫病的冲击,造成了严重的损失;特别是近几年来,我国禽流感、口蹄疫等重大动物疫病不断发生,妨碍了我国畜牧业的健康快速发展和"三农"问题的解决。动物检疫检验是动物防疫的重要组成部分,是预防、控制和扑灭动物疫病的重要手段,搞好动物检疫工作,对保障动物和人类健康,促进畜牧业经济的发展,推动农业产品和农村经济结构调整,保护生态环境,提高我国畜产品的质量和促进对外贸易的发展等,都具有十分重要的意义。

　　本教材是根据全国高等农业职业教育教学大纲编写的,教材紧紧围绕农业高等职业教育人才培养的要求,面向动物检疫工作实际,坚持"实用、适用、有用"的原则,注重对学生的创新能力和实践能力的培养。本教材适用于高等职业技术院校畜牧兽医、动物防疫与检疫专业,亦可作为农业院校教师及动物防疫检疫人员的参考书。本书配有相应的课件,请登录重庆大学出版社的网站。

　　全书共 10 章,其中绪论、第 7 章及第 9 章由乐涛编写,第 1 章及附录由连慧香编写,第 2 章由吴有华编写,第 3 章及第 6 章由毕玉霞编写,第 4 章及第 10 章由曾淑英编写,第 5 章及第 8 章由罗伟淋编写。

　　由于编者水平有限,加之各个院校的实际情况不尽相同,书中某些内容或某些提法,或对某些问题的认识,定有不妥之处,敬请各院校师生及广大读者提出宝贵意见,供以后修订参考。

编　者

2007 年 1 月

$\mathbb{D}$irectory 目录

0 绪 论

本章导读:本章主要就动物检疫检验做了相关的阐述,内容包括动物检疫检验的概念、任务、作用及其发展史和现状等。通过学习,要求深刻理解动物检疫检验的意义、作用和任务,了解动物检疫的发展史。

0.1 动物检疫检验的概念和意义

动物检疫检验是指由国家法定的检疫、检验监督机构和人员,采用法定的检疫方法,依照法定的检验项目、检疫对象和检疫检验标准,对动物、动物产品进行检查、定性和处理的一项带有强制性的技术行政措施。

动物检疫检验与一般的兽医诊断都是用兽医诊断技术对动物进行疫病诊断,但两者在目的、对象、范围和处理等方面有很大的不同。一般的兽医诊断是兽医技术人员采取各种诊断技术对患病动物进行确诊,为有效的治疗提供依据;而动物检疫检验则是由检疫检验机构的检疫人员,按照法定的检疫检验项目和规范的检疫检验方法,对法定检疫检验对象进行检查,以确定该群动物是否患有法定检疫的疫病或携带有该病的病原体,进而按照有关规定对受检疫检验的动物或动物产品进行处理,从而防止疫病的传播。

目前,世界上畜牧业发达的国家之所以兽医防制工作成效显著,对一些危害性较大的疫病做到了有效地控制和消灭,其根本原因就是制定和严格执行了消灭动物疫病的法规。为防止境外动物疫病的传入,各国在国境口岸上均设立了动物检疫关卡,采用了以检疫为重点的综合防疫措施,对入境的动物及动物产品严格地实施检疫检验。

我国养殖业的快速发展,促进了动物及动物产品的出入境贸易,因此,检疫检验工作也显得越来越重要。由于口岸检疫人员的工作,有效地防止了国外动物疫病的传入,确保了我国养殖业的健康发展。

动物检疫检验是发展养殖业所采取的必要的安全措施,如果掉以轻心,就可能给生产带来难以估量的损失。随着我国对外贸易和旅游事业的不断发展,动物及动物产品的出入境业务将会越来越多,因此,做好动物检疫检验工作,保护生产安全和人民健康是检疫检验工作者的严肃任务。对此,我们必须从长远和全国利益出发,切实做好动物检疫检验工作,真正做到有法必依、有章必循,并严格按照《中华人民共和国动物防疫法》(以下简称《动物防疫法》)和《中华人民共和国进出境动植物检疫法》(以下简称《进出境动

植物检疫法》)等相关法律法规办事,杜绝动物及其产品出入境的漏报漏检现象。同时,还必须认真抓好动物检疫队伍的建设,充实技术力量,不断提高检疫人员的工作责任心和业务水平,使出入境检疫工作和国内检疫工作再上一个新的台阶。

0.2 动物检疫检验的任务和作用

动物检疫检验的任务和作用在于对活体动物及动物产品进行检疫,以检出患病动物或带菌(毒)动物,以及带菌(毒)动物产品,并通过兽医卫生措施进行合理处理和彻底消毒,以防止动物疫病和人兽共患病的传入或传出,从而保障动物及动物产品的正常贸易,促进国民经济的发展。

具体来说,动物检疫检验包括国内动物检疫检验和出入境动物检疫检验两个方面。

国内动物检疫检验的任务是按照国家或地方政府的规定,对饲养场养殖的动物、乡镇集市交易的动物及动物产品和各省(直辖市、自治区)、市、县之间运输的动物及动物产品进行规定疫病的检疫,以防止动物疫病和人畜共患病在国内各地区间传播。根据动物及其产品的动态和运转形式,国内动物检疫检验包括产地检疫、屠宰检疫、运输检疫和市场检疫。

出入境动物检疫检验的任务是按照我国出入境动物检疫的有关法规、国际动物卫生法典,以及我国与贸易国签订的有关协议,对出入境的动物及动物产品进行规定疫病的检疫,既不允许国外动物疫病传入我国,也不允许将国内的动物疫病传出。出入境动物检疫检验包括进境检疫、出境检疫、过境检疫、携带和邮寄动物检疫及运输工具检疫。

动物检疫检验是兽医卫生工作的一个重要组成部分,动物检疫检验最根本的任务和作用就是通过对动物和动物产品的检查和处理,达到防止动物疫病传播扩散,保护养殖业生产和消费者身体健康的目的,促进对外经济贸易的正常发展。

0.3 动物检疫检验的发展史及现状

0.3.1 我国动物检疫检验的发展史及现状

1)国内动物检疫检验的发展史及现状

国民党统治时期的旧中国,兽医事业的基础非常薄弱,兽医防疫、检疫、科研机构残缺不全,兽医从业人员寥寥无几。由于兽医工作长期处于落后状态,各种畜禽疫病和人畜共患病到处流行,例如牛瘟、猪瘟、猪肺疫、炭疽及新城疫等传染病在我国更为肆虐,严重地影响了畜牧业的发展和人民的身体健康。据国民党中央农业实验所1933年报告显示,全国死于牛瘟的牛约280万头,死于猪瘟的猪达920万头,死于猪肺疫的猪达790万头,死于新城疫的鸡约1 200万只。直至1949年新中国成立前,各种畜禽疫病仍在全国范围内猖狂地流行。

新中国成立以后,国家非常重视畜牧兽医事业,很快改变了封建思想意识造成的歧视兽医的状况,动物检疫工作也随着社会主义建设事业的不断推进而逐步地开展起来了。在农业部畜牧兽医总局的领导下，各省、市、自治区都相继设立了畜牧局，成立了畜牧兽医总站，各县和乡镇也成立了畜牧兽医工作站，负责畜禽的防疫、检疫工作，从而由上至下建立了一支有一定检疫人员的动物检疫队伍，构成了一套畜禽防疫、检疫的完整体系。尤其是铁路兽医检疫机构的建立，对控制畜禽疫病通过铁路运输传播起到了积极作用，很快扭转了畜禽疫病广泛流行的局面，1956年就消灭了危害严重的牛瘟，以后又不同程度地控制了绵羊痘、羊疥癣、山羊传染性胸膜肺炎及牛肺疫等疫病的流行。

新中国成立初期，铁道部沿用前苏联的经验，在我国东北各铁路局建立了哈尔滨、沈阳、齐齐哈尔、吉林、锦州5个管理局所属的兽医检疫机构，负责铁路的畜禽及其产品的铁路运输检疫。1956年，国务院为了加强对铁路兽医工作的领导，减少铁路部机构重叠和分散的现象，决定将铁路局所属的上述5个铁路局的兽医检疫机构交农业部领导；同年10月，农业部在沈阳设置了农业部铁路兽医卫生处（为农业部畜牧兽医总局直属事业单位），统管东北铁路兽医检疫工作，在东北铁路线上的主要业务车站驻设有44个铁路兽医检疫站（段）。为充分发挥铁路防疫作用，便于领导，1961年10月，经国务院批准，又将铁路兽医检疫机构移交东北三省和河北、内蒙古地方领导。各省、区分别设立了省、区铁路兽医卫生处，为省、区畜牧或农牧厅（局）直属事业单位。仅东北三省的铁路兽医检疫机构，就已发展为77个铁路兽医检疫处（段），共400余人。目前，全国各省、自治区、直辖市都设立了铁路兽医检疫机构，在全国范围内已基本上构成了铁路运输检疫网。随着铁路运输检疫机构的设立，内河口岸也根据南方、北方和农区、牧区的不同特点，在公路、航空、水运码头等处，相应设立了动物运输检疫站或动物检疫站；对畜禽交易市场和农贸市场，也设有县级的专职检疫机构或委托畜牧兽医站承担。根据对外贸易、扩大畜产品出口的需要，在全国各商检局内增设了兽医检疫人员；在大中型肉类联合加工厂内都设有兽医卫生检验科，负责对收购、进场的动物进行检疫和对肉品进行卫生检验。

同时，国家还加强了动物检疫的法制化管理工作。1955年8月2日，国务院第16次会议通过了《关于统一领导屠宰场及场内卫生和兽医工作的规定》。1959年11月1日，农业部、卫生部、对外贸易部、商业部联合颁布了《肉品卫生检验试行规程》（简称四部规程）。1962年5月26日，卫生部、农业部、外贸部、商业部联合发出了《关于加强肉品卫生检验工作的通知》。

党的十一届三中全会以后，国家把动物检疫工作提到了重要的议事日程上。1986年，农牧渔业部发出了有关"畜禽及其产品运输检疫证明"和"畜禽及其产品运载工具消毒证明"的通知。1987年，农牧渔业部、国家工商行政管理局发出了《关于加强城乡集贸市场畜禽及其肉类管理、检疫的通知》。1988年，农业部畜牧兽医局发出了"关于整顿畜禽运输检疫工作的通知"；同年，农业部畜牧兽医局还发出了"关于建立健全动物检疫工作业务报告的函"。1990年11月，农业部发布了《中国兽医卫生监督实施办法》。1997年7月3日，第八届全国人民代表大会常务委员会通过了《中华人民共和国动物防疫法》，并于1998年1月1日起施行。1997年12月19日，国务院发布了《生猪屠宰管理条例》，并于1998年1月1日起施行。

在机构建设方面，各省、市、自治区建立了动物检疫站，各地区和地级市、县都建立了动物检疫站或委托畜牧兽医中心设动物防疫科，执行动物防疫和检疫任务；县级畜牧兽医站内都设有动物检疫科，畜牧业发达的地区在县级设有动物检疫站；各大铁路局及其

重要的铁路分局内设有动物检疫处,在交通要道的大车站设有兽医检疫站;在大、中型肉联厂内设有兽医卫生科。这些检疫机构的建立和健全,为搞好国内动物防疫、检疫工作奠定了坚实的基础,使我国动物防疫、检疫工作呈现出了崭新的局面。

2)我国进出口动物检疫检验发展史及现状

新中国成立前,我国是一个半封建、半殖民地的国家,没有海关的自主权。当时的进出口贸易都是由国外商人操纵,并签发其检疫证书作为通关进出口的证件,而我国自己则无权执行对外动物检疫。在帝国主义疯狂地掠夺经济和政治侵略下,使我国输入了很多患有疫病的动物及其产品,致使一些重要畜禽疫病先后传入我国,并广泛流行,给我国畜牧业造成了巨大的损失,留下了长期的祸患。

新中国成立后,我国成为真正的主权国家,进出口动物检疫职能完全由我国执行。起初,我国进出口动物及其产品的检疫是由外贸部商品检验局管理。但随着我国畜牧业的迅速发展,进出口畜牧产品的大量增加,从国外引进的种畜日益增多,为严防国外动物疫病传入我国,保护我国畜牧业的发展和保障人民的身体健康,急需加强口岸动物检疫工作。1964 年 2 月 29 日,国务院决定将原来由前外贸部商品检验局执行的对外检疫工作交由农业部管理。1965 年 2 月,经国务院批准,由农业部在对外开放的国境、水陆和口岸、航空机场设立了上海、大连、丹东、天津、秦皇岛、塘沽、青岛、福州、厦门、广州、汕头、湛江、凭祥、昆明、集宁、满洲里、伊犁、塔城、深圳、拱北、东兴及水口等二十多个口岸动植物检疫所(站),执行对外动植物检疫工作。在 1971 年修改制订“口岸动植物检疫条例”的基础上,于 1982 年 6 月 24 日,由国务院正式颁布了《中华人民共和国进出口动植物检疫条例》;1983 年 10 月 15 日,由农牧渔业部颁布了《进出口动植物检疫条例实施细则》;1986 年 7 月 7 日修订发布了《中华人民共和国进出口动物检疫对象名单》。

1991 年 10 月 30 日,第七届全国人民代表大会常务委员会通过了《中华人民共和国进出境动植物检疫法》,并于 1992 年 4 月 1 日实施。这是中国进出境动植物检疫的一个重要法律,它对动物检疫的目的、任务、制度、工作范围、工作方式以及检疫机关的设置和法律责任等做了明确的规定。根据《中华人民共和国进出境动植物检疫法》,农业部又制定了《中华人民共和国进出境动植物检疫法实施条例》,并自 1997 年 1 月 1 日起实施。

为了精简机构并协调进出口检验检疫工作,从 1998 年起,我国将原农业部直属的动植物检疫局、外经贸部直属的进出口商品检验局和卫生部直属的卫生检疫局合并,成立了中华人民共和国出入境检验检疫局,各省(直辖市、自治区)口岸的 3 个检验检疫单位也进行了合并,成立了相应的出入境检验检疫局,全面负责进出境动物及动物产品、进出口食品的检验和出入境人员的卫生检疫工作。为适应我国加入 WTO 的需要,2001 年 6 月,中华人民共和国出入境检验检疫局与国家质量技术监督局合并,组建了中华人民共和国质量监督检验检疫总局。

0.3.2　国际动物检疫检验的发展史及现状

日本早在 1871 年就开始采取动物检疫措施,以防止西伯利亚的牛瘟传入;1879 年,意大利发现美国输入欧洲的肉类有旋毛虫,下令禁止美国肉类输入;1881 年,澳大利亚、德国、法国等三国也相继宣布了类似的进口禁令;1882 年,英国发现美国东部有牛传染性胸膜肺炎(牛肺疫),下令禁止美国活牛进口,其后丹麦等国采取了同样的措施。这就是初始的出入境动物及动物产品检疫。

随着科学技术的进步,特别是预防兽医学的发展,人们逐渐认识和掌握了大多数危险性传染病和寄生虫病传播和流行的规律和特点。同时,随着交通业的发展和人们相互交往、贸易往来的逐渐增多,高山、大川、海洋已不能成为阻止疫病流行的屏障。因此,过去那种只针对某一种危险性疾病而采取的禁止从疫区进口其动物及其动物产品的做法已不适用,需要更广泛地采用法律手段对可能带有危险性病虫的动物、动物产品进行检疫,堵住一切可能传播、蔓延危险性传染病和寄生虫病的渠道,一些国家相继制定和公布了既有针对性又有可操作性的检疫法规。如日本在1886年和1896年相继颁布了《兽医传染病预防法规》和《兽医预防法》,英国于1907年颁布了《危险性病虫法案》,美国在1935年颁布了《动植物检疫法》,新西兰于1960年到1969年先后颁布了《动物保护法》《动物法》《家禽法》和《动物医药法》等。

目前,世界上绝大多数国家都制定了动物防疫、检疫法典和进出口动物检疫法规,以防止危险性疫病的传入。

复习思考题

1. 动物检疫检验目的任务是什么?
2. 动物检疫检验有何重要意义?

第1章
动物检疫的基本知识

本章导读:本章主要介绍动物检疫的基本知识,内容包括动物检疫的概念、特点、作用、范围、对象和分类。通过学习,要求学生掌握全国动物检疫对象,了解动物检疫的任务、意义,动物检疫的范围,进境动物检疫对象和我国动物检疫的分类。

1.1 动物检疫的概念、作用和特点

1.1.1 动物检疫的概念

检疫(Quarantine)一词源自意大利语 Quarantina,意为 40 d。它起源于 14 世纪,意大利威尼斯共和国为防止当时欧洲流行的鼠疫(黑死病)、霍乱和疟疾等危险性疾病的传入,令抵达其口岸的外国船只上的人员隔离滞留在船上 40 d,经口岸当局观察和检查,如未发现疾病,才允许起离船登陆。其理由是,如果患有某种传染病,一般认为在 40 d 之内可能通过潜伏期而表现出来。这种原始的隔离措施,原是针对人而采取的卫生检疫手段,在当时对防止鼠疫等传染病的传播起过很大的作用。人们从这一做法中得到启示,"检疫"二字的内涵和应用也就逐渐扩大。随着科学技术的不断发展,不少国家陆续采用了这种规定,将其用于兽医预防动物危险性传染病的传播,称为"动物检疫(Animal Quarantine)",从而 40 d 也就逐渐地成了"检疫"的代名词了。

据文献记载,动物检疫和食品检疫也是先从意大利开始的。1877 年,意大利从美国进口肉类时检查发现肉类中带有旋毛虫,意大利政府即下令禁止从美国进口肉类。1881 年,奥地利、德国、法国相继仿效,宣布禁止从美国进口肉类。1921 年 5 月 27 日,阿根廷、巴西、法国、西班牙等 28 个国家正式签署协议,决定建立国际动物流行病机构,开展兽医学术交流,通报疫情,促进国际间的合作交流。1924 年 1 月 25 日,国际公约第五条规定了动物检疫对象名单。1965 年 5 月 13 日,第 36 届国际公约兽医会议审议通过了《国际动物卫生法》,该法现已成为各国执行动物检疫共同遵守的原则。由此可见,检疫由开始的卫生检查发展到动物检疫及动物产品的检疫,其宗旨是通过对动物及其产品的检查、处理,防止动物疫病传播扩散,保护畜牧业生产,维护人民身体健康。检疫活动是依法对动物及其产品的生产经营者实行行政管理的行政行为,是其执行机构和人员所采取的方

法与标准,检疫项目和对象以及最后的处理方式和行政管理活动等都必须有法可依。为此,可以把动物检疫概括为:动物检疫是政府行为,是为了防止动物疫病传播,保护畜牧业生产和人民身体健康,由法定的检疫机构和人员,依照法定的检疫项目、检疫对象、检验标准以及管理形式和程序,对动物、动物产品进行疫病检查、定性和处理的一项带有强制性的技术行政措施。

1.1.2 动物检疫的作用

动物检疫最根本的作用是通过对动物、动物产品的检疫(验)、消毒和处理,以达到防止动物疫病传播扩散,保护畜牧业生产和人民身体健康的目的。其最根本的作用体现在下列几个方面:

1) 监督作用

动物检疫员通过索证、验证,发现和纠正违反动物卫生行政法规的行为,保证动物、动物产品生产经营者合法经营,维护消费者的合法权益。

动物检疫员不仅是单纯的技术检验者,还担负着以下监督检查职能:

①促使动物饲养者自觉开展预防接种等防疫工作,提高免疫率,从而达到以检促防的目的。

②促进动物及其产品经营者主动接受检疫,合法经营。

③促进产地检疫工作的顺利进行,在不合格的动物及其产品进入流通环节之前进行处理,强化基层检疫工作。

2) 防止患病动物和染疫产品进入流通环节

通过动物检疫,可以及时发现动物疫病以及其他妨害公共卫生的因素。其意义在于:

①及时采取措施,扑灭疫源,防止疫情传播蔓延,保护畜牧业生产。

②保证上市动物肉类新鲜无害,保护消费者的健康。

③可通过对检疫所发现动物疫情的记录、整理、分析,及时、准确、全面地反映动物疫病的流行分布动态,为制定动物疫病防治规划和防疫计划提供可靠的科学依据。

3) 消灭某些动物疫病的有效手段

现在对多种疫病,如绵羊痒病、结核病、鼻疽等慢性疫病仍无疫苗可供接种,也极难治愈。但通过检疫、扑杀病畜、无害化处理染疫产品等手段可达到净化消灭的目的。

4) 维护动物及其产品的对外贸易

通过对进口动物及其产品的检疫,发现有患病动物或染疫产品可依照双方协议进行索赔,使国家进口贸易免受损失。另外,通过对出口动物及其产品的检疫,可保证质量,维护我国贸易信誉。这对拓宽国际市场,扩大畜产品出口创汇,具有重要意义。

5) 保护人体健康

通过动物及其产品传播的疫病会危害人体健康。在动物疫病中,有近200种属于人畜共患的疫病,如口蹄疫、炭疽病、沙门氏菌病等。通过检疫,可以及早发现并采取措施,防止人畜共患。因此,加强动物检疫对保护人体健康有着重要的现实意义。

1.1.3 动物检疫的特点

动物检疫的性质决定了其不同于一般的动物疫病诊断和监测工作,它是在法律法规、技术规范及标准的规定范围内,以各种兽医诊断、检验技术为基础,以不同处理方法为手段,以预防、控制和扑灭动物疫病为目的的一种措施。从管辖方面讲,既要对饲养、经营中的动物活体进行潜在未知疫病的诊断,又要在动物及其产品的加工、经营活动中对产品实施检验;既有对"物"检疫检验的技术手段,又有对畜、货主相关行为是否合法进行的监督管理和对违法行为的处理处罚。对于检疫检验的方法、手段和有效处理,要求尽可能做到灵敏、特异、准确、简易、快速、统一,以保证检疫检验的准确性和及时性。

1)强制性

动物检疫受法律保护,是政府行政行为,由国家行政力量支持,以国家强制力为后盾。动物检疫不是一项可做可不做,或愿做不愿做的工作,而是一项非做不可的工作。凡拒绝、阻挠、逃避、抗拒动物检疫的,都属违法行为,都将受到法律制裁。《动物防疫法》第三十条规定:"动物防疫监督机构,依法对动物、动物产品实施检疫。"第五十四条规定:"违反本法规定,逃避检疫,引起重大动物疫情,致使养殖业生产遭受到重大损失或者严重危害人体健康的,依法追究刑事责任。"这些规定,充分体现了动物检疫工作的强制性。

检疫工作之所以要依法强制执行,是因为在对被检出的患病动物或染疫动物产品进行无害化处理或销毁时,不可避免地给当事人带来一定经济损失,有时甚至是较大的损失。因而,也就会不可避免地出现检疫与被检疫之间的对抗,从而使动物检疫工作遇到阻力,甚至难以进行。其直接后果是使患病动物或染疫动物产品进入流通,引起疫情的传播扩散,危害养殖业生产和人体健康。因此,为了保障国家和人民的利益,维护法律、法规的尊严,动物检疫工作必须依法强制性进行。从另一层面上讲,动物检疫是对社会负责,表现在巨大的社会效益上,其遵守的普遍规律和规则是制约所有相关社会成员的,包括管理者、管理对象和管理相对人,不论是谁,都应依法办事。

2)法定的机构和人员

动物检疫工作不是任何单位和任何人员都可以实施的,而是必须由法定的检疫机构和检疫人员实施,才具有法律效力。这是由动物检疫的性质决定的。

(1)法定的检疫机构

法定的检疫机构是指动物防疫法规定,在规定的区域或范围内行使检疫职权的单位,即动物检疫主体。现行的法律规定,我国的法定检疫机构有下列3种类型:

①国家动物检疫机构。这是我国动物检疫工作的主要执行机构,其中包括县级以上人民政府所属的动物防疫监督机构和国家进出口检验检疫机构。

②自行检疫单位。国务院畜牧兽医行政管理部门、商品流通行政管理部门协商确定范围内的屠宰厂、肉类联合加工厂,依法取得动物防疫合格证并符合下列条件的,由厂方自行负责其屠宰生猪的检疫;有取得兽医行政管理部门核发的兽医资格证书并与检疫工作量相适应的检疫人员;有必要的检疫设施、仪器和设备;有符合规定的无害化处理设施;有相应的检疫工作制度、管理制度及其保障措施。

经检疫合格的,出具统一的检疫合格证,加盖统一的验讫印章。这种检疫实际上是生产中的检疫,按行政行为的成立要件衡量,但不是行政行为,它只是对产品质量的一种认可,只能是企业的技术性行为。它与动物防疫监督机构实施的检疫有本质上的区别。为保证其正确实施检疫,动物防疫法规定动物防疫监督机构要依法对其进行监督检查。

③被委托检疫单位。这类单位的检疫是由动物防疫监督机构根据工作需要,委托具备检疫工作条件并愿意接受委托的全民集体所有制的事业单位进行的检疫。被委托单位必须在委托授权的职权范围内实施检疫。被委托单位应对委托单位负责,并须接受动物防疫监督机构的监督检查和管理。

委托检疫是一种特殊的动物防疫行政关系,委托的主体为动物防疫监督机构。委托检疫是为完成检疫工作任务所采取的一种工作方法。委托与否的决定权在于委托主体。必须强调,只有法定的动物检疫机构,才有权在其职权范围内实施相应动物检疫委托,以委托单位名义出具的检疫证明才具有法律效力。

(2)法定的检疫人员

法定的检疫人员是指经畜牧兽医行政管理部门批准,在规定范围内具有从事动物检疫的工作人员。只有畜牧兽医行政管理部门依法批准的检疫员,才有权实施检疫行为,其签发的检疫证明才具有法律效力。动物检疫员的配备、资格、职责,在动物防疫法律、法规中已有明确规定。动物防疫监督机构、乡(镇)畜牧兽医站和被委托单位设检疫员,负责执行所辖区域内动物、动物产品的检疫工作。动物检疫员应当具有相应的专业技术,经县级以上畜牧兽医行政管理部门考核,由省级畜牧兽医行政管理部门发给资格证书。动物检疫员执行检疫任务,必须依权限进行,不得超越职权。

3)法定的检疫对象

检疫对象是指动物疫病(传染病和寄生虫病)。检疫工作的直接目的是通过检疫,发现和处理带有检疫对象的动物、动物产品。但是,由于动物疫病目前发现的已达数百种之多,如果对每种动物的各类疫病从头至尾进行彻底检查,需花费大量的人力、物力和时间,这在实际工作中即不现实也不必要。因此,由国务院畜牧兽医行政管理部门根据各种疫病的危害大小、流行情况、分布区域以及被检动物、动物产品的用途,以法律的形式,将某些重要的动物疫病规定为必检对象。凡国家法律、法规或畜牧兽医行政管理部门规定的必检对象,均为法定检疫对象。

动物检疫人员在实施检疫时必须对法定检疫对象进行检查,否则将视为操作违章。一般来说,是按照畜牧兽医行政管理部门统一规定的检查方法和标准,检查法定检疫对象。

4)法定的检疫标准和方法

动物检疫的科学性和依法管理的特点,决定其必须采用动物防疫法律、法规统一规定的检疫方法和判定标准。这样,其检疫结果才具有行政权威性,据此出具的检疫证明才具有法律效力。科学的检疫方法是做好检疫工作的前提。检疫的方法,应按照优胜劣汰的原则,以准确、迅速、方便、灵敏、特异、先进等指标为标准,在若干检疫方法中进行选择,把最先进的方法作为法定的检疫方法,以确保动物检疫科学、快速、准确。动物检疫方法和判定标准一经法律规定,就相当于一把尺子,这把尺子在中华人民共和国领域内,统一衡量动物检疫工作,任何单位和个人均不得例外。这样,就避免了因方法、标准不同

造成检疫结果差异所引起的各类检疫行政纠纷。由此可以看出,采用法定的动物检疫方法和判定标准,具有十分重要的意义。

在我国,法定的动物检疫方法又称动物检疫规程。主要有农业部制定颁布的《动物检疫操作规程》,主要是以血清学、病原学、组织学为主的方法和标准;农业部、卫生部、原外贸部、原商业部于 1959 年 11 月 1 日联合颁布的《肉品卫生检验试行规程》,主要适用于动物屠宰检疫操作。值得注意的是,该规程关于肉类检验的规定,已不限于动物疫病。按该规程规定,凡是属于对人类有害的不卫生因素,在检验中一旦发现,均应进行无害化处理。所以要求肉品卫生检验与检疫必须同步实施。检疫人员在操作中也应一并遵照执行国家质量技术监督检验检疫总局发布的动物检疫国家强制性标准,如《畜禽产地检疫规范》(GB 16549—1996)、《新城疫检疫技术规范》(GB 16550—1996)、《种畜禽调运检疫技术规范》(GB 16567—1996),以及农业部制定颁布的各种疫病诊断检测标准等。

5)法定的处理方法

对动物、动物产品实施检疫后,动物检疫人员应根据检疫的结果,依法作出相应的处理决定。其处理方式必须依法进行,不得任意设定。

1.2　动物检疫的范围

动物检疫的范围是指动物检疫的责任界限。根据我国动物检疫有关法规的规定,凡在国内收购、交易、饲养、屠宰和进出中华人民共和国国境的贸易性、非贸易性的动物、动物产品及其运载工具,均属于动物检疫的范围。

动物检疫的范围可以从检疫的实物类别和检疫的性质分别叙述。

1.2.1　动物检疫的实物范围

按照动物检疫实物的类别,动物检疫的范围有以下 3 种情况:

1)国内动物检疫的范围

国内动物检疫的范围主要是家畜、家禽及畜禽产品。家畜主要是猪、牛、羊、马、驴、骡、骆驼、鹿、兔、犬、猫等。家禽主要是指鸡、鸭、鹅等。畜禽产品主要是指未加工熟制的肉、油脂、脏器、皮张、血液、毛、骨、蹄、角、精液、种蛋等。除家畜家禽外,还有实验动物、观赏动物、演艺动物、家养野生动物、蜜蜂、鱼、蚕等。

2)出入境动物检疫的范围

出入境动物检疫的范围主要是动物、动物产品以及其他检疫物。动物是指饲养、野生的活动物,包括畜、禽、兽、蛇、龟虾、蟹、贝、蚕、蜂等。动物产品是指来源于动物未加工或虽经加工但仍有可能传播疫病的产品,如生皮张、毛类、肉类、脏器、油脂、水产品、奶制品、蛋类、血液、精液、胚胎、骨、蹄、角等。其他检疫是指动物疫苗、血清、诊断液、动物性废弃物等。

3)运载、饲养动物及其产品的工具

动物和动物产品的装载容器、饲养物、包装物以及运输工具,包括车、船、飞机、包装

物、铺垫材料、饲养工具、饲草饲料等,也在检疫范围之列。

1.2.2 动物检疫的性质范围

按照动物检疫的性质,动物检疫的范围有以下5个方面:

1)生产性动物检疫

生产性动物检疫包括国营农场、牧场、部队、集体或个体饲养畜禽的检疫。

2)贸易性动物检疫

贸易性动物检疫包括进出口和国内市场交易、屠宰的畜禽及其产品的检疫。

3)非贸易性动物检疫

非贸易性动物检疫包括国际邮包、展品、援助、交换、赠送以及旅客携带的动物和动物产品的检疫。

4)观赏性动物检疫

观赏性动物检疫包括动物园的观赏性动物、艺术团体的演出动物等的检疫。

5)过境性动物检疫

过境性动物检疫包括通过国境的列车、飞机运载的动物及动物产品的检疫。

1.3 动物检疫的对象

动物检疫的对象是指动物检疫中各国政府或世界动物卫生组织(OIE)规定的应检疫的动物疫病。动物疫病的种类很多,动物检疫并不是把所有的动物疫病都作为检疫对象,而只是把其中的一部分疫病规定为动物检疫对象。我国规定,全国的动物检疫对象和出入境检疫对象,由农业部根据国内外动物疫情和保护养殖业生产及人体健康的需要,规定和公布动物检疫对象名单。国际动物检疫对象是由世界动物卫生组织成员国根据疫病在国际范围内的流行情况共同商定的。

1.3.1 全国动物检疫对象

在选择动物检疫对象时,主要是根据以下因素来决定的:一是危害性大而目前防治困难大或耗费财力大的疫病,如禽流行性感冒(高致病性禽流感)、痒病、牛海绵状脑病等;二是急性烈性动物传染病,如猪瘟、鸡新城疫等;三是人畜共患的一些疫病,如炭疽、布鲁氏菌病等;四是我国尚未发生的国外传染病,如非洲猪瘟、非洲马瘟等。在不同的情况下,动物检疫对象是不完全相同的。

1999年2月12日,我国农业部发布第96号公告,公布的动物检疫对象名录如下(共116种,其中传染病95种,寄生虫病21种)。

1)一类动物疫病

口蹄疫、猪水疱病、猪瘟、非洲猪瘟、非洲马瘟、牛瘟、牛传染性胸膜肺炎、牛海绵状脑病、痒病、蓝舌病、小反刍兽疫、绵羊痘和山羊痘、禽流行性感冒(高致病性禽流感)、鸡

新城疫。

2）二类动物疫病

（1）多种动物共患病

伪狂犬病、狂犬病、炭疽、魏氏梭菌病、副结核病、布鲁氏菌病、弓形虫病、棘球蚴病、钩端螺旋体病。

（2）牛病

牛传染性鼻气管炎、牛恶性卡他热、牛白血病、牛出血性败血病、牛结核病、牛巴贝斯虫病、牛锥虫病、日本血吸虫病。

（3）绵羊和山羊病

山羊关节炎—脑炎、梅迪—维斯那病。

（4）猪病

猪乙型脑炎、猪细小病毒病、猪繁殖与呼吸综合征、猪丹毒、猪肺疫、猪链球菌病、猪传染性萎缩性鼻炎、猪支原体肺炎、旋毛虫病、猪囊尾蚴病。

（5）马病

马传染性贫血、马流行性淋巴管炎、马鼻疽、马巴贝斯虫病、伊氏锥虫病。

（6）禽病

鸡传染性喉气管炎、鸡传染性支气管炎、鸡传染性法氏囊病、鸡马立克氏病、鸡产蛋下降综合征、禽白血病、禽痘、鸭瘟、鸭病毒性肝炎、小鹅瘟、禽霍乱、鸡白痢、鸡败血支原体感染、鸡球虫病。

（7）兔病

兔病毒性出血病、兔黏液瘤病、野兔热、兔球虫病。

（8）水生动物病

病毒性出血性败血病、鲤春病毒血症、对虾杆状病毒病。

（9）蜜蜂病

美洲幼虫腐臭病、欧洲幼虫腐臭病、蜜蜂孢子虫病、蜜蜂螨病、大蜂螨病、白垩病。

3）三类动物疫病

（1）多种动物共患病

气肿疽（黑腿病）、李氏杆菌病、类鼻疽、放线菌病、肝片吸虫病、丝虫病。

（2）牛疫病

牛流行热、牛病毒性腹泻/黏膜病、牛生殖器弯曲杆菌病、毛滴虫病、牛皮蝇蛆病。

（3）绵羊和山羊疫病

肺腺瘤病、绵羊地方性流产、传染性脓疱皮炎、腐蹄病、传染性眼炎、肠毒血症、干酪性淋巴结炎、绵羊疥癣。

（4）马疫病

马流行性感冒、马腺疫、马鼻腔肺炎、溃疡性淋巴管炎、马媾疫。

（5）猪疫病

猪传染性胃肠炎、猪副伤寒、猪密螺旋体痢疾。

(6)禽疫病

鸡病毒性关节炎、禽传染性脑脊髓炎、传染性鼻炎、禽结核病、禽伤寒。

(7)鱼疫病

鱼传染性造血器官坏死、鱼鳃霉病。

(8)其他动物疫病

水貂阿留申病、水貂病毒性肠炎、鹿茸真菌病、蚕型多角体病、蚕白僵病、犬瘟热、利什曼病。

1.3.2 我国进境动物检疫对象

我国制订的《进境动物一、二类传染病、寄生虫病名录》主要是针对境外动物的,其目的是防止境外动物传染病、寄生虫病传入境内,以保护我国农、牧、渔业生产和人体健康。因此,必须放眼于世界范围,深入了解和研究历来特别是近几年世界各国动物疫病的发生、流行和消长情况,以及国际兽医组织制订国际疫病名录的原则和方法。

我国的《进境动物一、二类传染病、寄生虫病名录》是参考了世界动物卫生组织的标准,而划分一、二类传染病、寄生虫病的。一类传染病、寄生虫病是指传播迅速、潜在危险性大,一旦发生将给社会经济和公共卫生带来严重影响,并对动物及其产品的国际贸易造成重大损失的国际性动物疫病;二类传染病、寄生虫病是指对一个国家或地区的社会经济和公共卫生有重要影响,并对动物及其产品的国际贸易有较大影响的动物疫病。

我国 1992 年公布的《中华人民共和国进境动物一、二类传染病、寄生虫病名录》共列了 97 种动物疫病。其中,一类传染病、寄生虫病 15 种,二类传染病、寄生虫病 82 种。

1)一类传染病、寄生虫病

口蹄疫、非洲猪瘟、猪水疱病、猪瘟、牛瘟、小反刍兽疫、蓝舌病、痒病、牛海绵状脑病、非洲马瘟、鸡瘟、新城疫、鸭瘟、牛肺疫、牛结节疹。

2)二类传染病、寄生虫病

(1)共患病

炭疽、伪狂犬病、心水病、狂犬病、Q 热、裂谷热、副结核病、巴氏杆菌病、布鲁氏菌病、结核病、鹿流行性出血热、细小病毒病、梨形虫病。

(2)牛病

锥虫病、边虫病、牛地方流行性白血病、牛传染性鼻气管炎、牛病毒性腹泻/黏膜病、牛生殖道弯曲杆菌病、赤羽病、中山病、水疱性口炎、牛流行热、茨城病。

(3)绵羊和山羊病

绵羊痘和山羊痘、衣原体病、梅迪—维斯纳病、边界病、绵羊肺腺瘤病、山羊关节炎—脑炎。

(4)猪病

猪传染性脑脊髓炎、猪传染性胃肠炎、猪流行性腹泻、猪密螺旋体痢疾(猪血痢)、猪传染性胸膜肺炎、猪繁殖与呼吸综合征。

（5）**马病**

马传染性贫血、马脑脊髓炎、委内瑞拉马脑脊髓炎、马鼻疽、马流行性淋巴管炎、马沙门氏菌病（马流产沙门氏菌病）、类鼻疽、马传染性动脉炎、马鼻腔肺炎。

（6）**禽病**

鸡传染性支气管炎、鸡传染性喉气管炎、鸡传染性法氏囊病、鸭病毒性肝炎、鸡伤寒、禽痘、鹅螺旋体病、马立克氏病、住白细胞原虫病、鸡白痢、家禽支原体病、鹦鹉热（鸟疫）、鸡病毒性关节炎、禽白血病。

（7）**啮齿动物病**

兔病毒性出血症（兔瘟）、兔黏液瘤病、野兔热。

（8）**水生动物病**

鲑鱼传染性胰脏坏死、鱼传染性造血器官坏死、鲤春病毒血症、鲑鳟鱼病毒性出血性败血症、鱼鳔炎病、鱼眩晕病、鱼鳃霉病、鱼疖疮病、异尖线虫病、对虾杆状病毒病、斑节对虾杆状病毒病。

（9）**蜂病**

美洲幼虫腐臭病、欧洲幼虫腐臭病、蜂螨病、瓦螨病、蜂孢子虫病。

（10）**其他动物疫病**

蚕微粒子病、水貂阿留申病、犬瘟热、利什曼病。

1.4　动物检疫的分类及要求

1.4.1　动物检疫的分类

为了有效地预防、控制和消火动物疫病，必须根据动物疫病发生和流行的特点，在容易造成疫病传播的各个环节上进行检疫。特别是动物及其产品作为商品进入交易流通时，很容易将疫病散播开来，这就要求在交易流通中的动物及其产品，不允许患有或带有规定应检疫的疫病及其病原体。根据动物及其产品在交易流通中的动态形式，动物检疫在总体上分为内检和外检两大类，各自又包括若干种检疫，其大致分类如下：

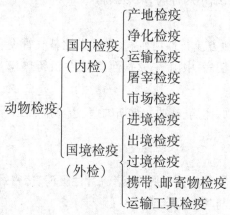

1.4.2 国内动物检疫及其要求

对国内动物及其产品实施的检疫,称为国内动物检疫,简称内检。内检包括产地检疫、屠宰检疫、运输检疫及卫生监督。

国内动物检疫的目的是防止动物疫病从一个地方(省、市、县等)传播、蔓延到另一个地方,以保护我国各地养殖业的正常发展和人民的健康。因此,各省(自治区、直辖市)、市、县的动物防疫监督机构应按照《中华人民共和国动物防疫法》及其相应的有关条例、规定,对原产地和输入、输出的动物及其产品进行严格的检疫,对路过本地区的动物及其产品进行严格的卫生监督。饲养、经营动物和生产、经营动物产品的有关单位和个人,依法应接受检疫、履行法定检疫义务。这里所说的经营,是指从事动物及其产品在流通过程中的活动,包括买卖、仓储、运输、屠宰及加工等。县级以上各级动物防疫监督机构应按照规定实施监督检查,查验畜禽及其产品的检疫证明,必要时可进行抽检。所谓抽检,是指动物及其产品的检疫证明在有效期内发现异常时,可以从中抽取部分畜禽及其产品进行检疫。对于没有检疫证明或检疫证明超过有效期或有异常的畜禽及其产品,应进行补检或重检,并出具检疫证明。所谓补检,就是对未经检疫而进入流通的畜禽及其产品进行的检疫。所谓重检,是指对证物不符、检疫证明超过有效期,检疫证、章、标志不符合规定情况的畜禽及其产品重新实施的检疫。

1.4.3 进出境动物检疫及其要求

对进出国境的动物及其产品进行的动物检疫,称为进出境检疫,又称国境检疫或口岸检疫,简称外检。外检包括进境检疫、出境检疫、过境检疫、携带或邮寄检疫及运输工具检疫等。

外检的目的是防止动物疫病传入、传出我国国境,保护我国畜牧业生产和人体健康,促进对外经济贸易的发展。我国在海、陆、空各口岸设立的进出境检验检疫机构,按照我国规定的进出境动物检疫对象名录,代表国家执行检疫,即对进出我国国境的动物及其产品,必须经我国进出境检验检疫机构进行检疫,未发现检疫对象时,才允许进境或出境、过境。

复习思考题

1. 动物检疫的作用主要表现在哪几个方面?
2. 动物检疫的特点有哪些?
3. 动物检疫的范围有哪些?
4. 我国规定的国内动物和进境动物检疫对象名录各是什么?

第2章
动物检疫检验技术

本章导读：本章阐述了动物检疫检验的各种方法，动物检疫检验的现代生物学技术，常见动物临诊检疫的要点，动物检疫方式及检疫后的处理方法。要求学生通过学习，掌握动物检疫检验中常用的方法；了解现代生物技术的概念以及在动物检疫检验中的应用；掌握常见动物临诊检疫的要点及检疫后的处理方法。

2.1 动物检疫检验的一般方法

动物疫病有数百种，它们的发病有共同的规律性，但每种疾病由于病原不同而各有其特点。因此，我们必须综合运用有关理论和技术，探讨动物疫病的共同性和特殊性，对其作出迅速而准确的诊断。

为了正确诊断疫病，必须掌握检查动物疫病的各种方法，常用的检疫方法有流行病学调查、临诊检查、病理学检查、病原学检查和免疫学检查法5种方法。这些方法并非在检查每一种疫病时、每次诊断都要用上，而是根据不同的情况，应用其中几种方法。

2.1.1 流行病学调查

1)流行病学的概念

流行病学是研究动物群体某种疫病的发生、发展以及消灭规律的科学，即研究动物疫病流行过程的规律。它着重疫病的群体现象，当然也包括疫病的个体现象。因为个体的疫病，有可能在条件具备时，发展为群体的疫病。

2)流行病学调查分析的目的

流行病学调查是要查明动物疫病发生的原因、传播条件、流行规律，并拟出有效的防治措施。流行病学分析是应用流行病学调查材料，进行加工整理，综合分析，得出流行过程的客观规律，并对预防扑灭措施做出正确的评价。流行病学调查为流行病学分析积累材料，而流行病学分析从调查材料中找出规律，用以指导防疫实践。

3) 流行病学调查分析的方法

(1) 询问调查

询问调查是流行病学调查中一个最基本、最主要的方法。询问的对象主要是畜主、管理人员、当地兽医、居民等有关知情人员。在询问调查中要尽量通过座谈方式询问疫情，以免单独询问带有更多的主观因素，从而使材料失实。询问调查力求查明传染源、传播媒介等问题。将收集到的材料记入调查表。

(2) 现场观察

现场观察是在询问调查的基础上，调查人员亲临现场观察，是对询问调查所获得的资料的进一步验证和补充。现场观察可根据不同种类的疫病，进行重点内容的观察。如发生肠道疫病时，应注意饲料的来源和质量、水源卫生状况，粪便和尸体的处理情况等；如发生呼吸道疫病，应重点检查畜舍卫生、有无直接接触史等情况；发生由吸血昆虫传播的疫病时，应注意调查当地吸血昆虫的种类、分布、生态习性等；疫区的动物防疫情况、地理分布，地形特点和气候条件等也应注意调查。

(3) 查验有关资料

如查验免疫接种记录等。

(4) 实验室检查

目的是为了进一步确诊，发现传染源、证实传播途径等，常用病原学方法、血清学方法、变态反应、尸体剖检、病理组织学检查等各种诊断方法进行检查。为了解外界环境因素在流行病学上的作用，可对有污染嫌疑的各种物体(水、饲草、土壤、动物产品、节肢动物或野生动物等)进行实验室检查，以确定可能的传播媒介或传染源。对于某些动物疫病还可用血清学方法对动物群体免疫水平进行测定等。

(5) 数理统计

为了对调查中获得的各种数据进行比较分析，找出疫情，可以应用统计学方法，对畜禽的发病数、死亡数、屠宰头数以及预防接种头数等加以统计和整理分析。

4) 流行病学调查的步骤与内容

(1) 拟订流行病学调查表

调查表的项目应根据调查的目的和动物疫病的种类而定，调查表设计要求目的明确，设计周密，简单明了，便于统计分析。流行病学调查表通常包括以下内容：

①一般项目，如畜主单位、动物年龄、性别、使役及放牧情况和引入时间等。

②发病时间、地点、季节，发病动物主要症状、病理变化、化验结果、诊断结果等。

③既往病史和免疫防疫接种史。

④传染源及传播途径。

⑤其他可能感染动物。

⑥疫源地卫生状况和已采取的防疫措施等。

(2) 实施调查

根据人力、物力条件，确定调查的范围、对象数量和采取的方法。要尽一切可能，取得第一手材料。对调查中取得的资料，要如实记录。发生疫情时要了解以下内容：

①最初发病的时间、地点、发病季节,传播速度及蔓延情况,疫区的各种畜禽的数量和分布情况,发病畜禽的种类、数量、年龄、性别及其感染、发病、死亡情况等。

②本地过去是否发生过类似的疫病,防制情况、免疫接种情况。

③新购畜禽及地区有无疫情,邻近地区有无疫情。

④饲养管理、水源、卫生条件、饲料来源情况及临床症状、死后剖检及防制情况。

⑤疫区地理、地形、河流、交通、气候、昆虫及野生动物等与疫病发生的关系。

(3)整理分析

根据分析目的对取得的资料按不同特性分组,计算各小组的比、率,再综合分析。

(4)得出结果

根据上述的分析结果,找出疫病的流行规律,提出防治措施,并组织实施。

(5)结论报告

根据调查结果以及对调查结果分析所得出的结论性意见,写出书面报告。结论报告要求准确客观,实事求是,不能人为的夸大或缩小。

5)流行病学调查分析中常用的频率指标

(1)发病率

发病率是表示在动物中一定时期内某病的新病例发生的频率。发病率能较完全地反映出疫病的流行情况,但还不能说明整个流行过程,因为常有许多动物成隐性感染,而同时又是传染源。

$$发病率 = \frac{某时期内发生某病新病例数}{同期内该畜禽动物的总平均数} \times 100\%$$

(2)患病率(流行率、病例率、现患率)

患病率(流行率、病例率、现患率)是指在某一指定时间内动物中存在某病病例数的比率。患病率与发病率的不同点在于式中的分子,发病率的分子只含有新病例数,包括新发病后已死亡或痊愈数;患病率的分子包括新老病例数,但不包括死亡和痊愈病例数。

$$患病率 = \frac{感染某病的病例头数}{检查总头数} \times 100\%$$

(3)感染率

感染率是指用临床检查法和各种检验法(微生物学、血清学、变态反应等)检查出来的所有感染畜禽头数(包括隐性患畜)占被调查动物总头数的百分比。统计感染率能较深入地反映出流行过程的情况,特别是在发生某些慢性传染病(结核病、雏白痢等)时,进行感染率的统计分析具有重要的实践意义。

$$感染率 = \frac{感染某病的动物头数}{检查总头数} \times 100\%$$

(4)死亡率

死亡率是指某病死亡数占某种动物总头数的百分比。它表示该病在动物群中造成死亡的频率,而不能说明病情发展特性,仅在发生死亡数很多的急性传染病中,才能反映出流行的动态。

$$死亡率 = \frac{因某病死亡头数}{同时期某种动物总头数} \times 100\%$$

(5)致死率(病死率)

致死率(病死率)是指因某病死亡的动物头数占该病患病动物总头数的百分比。它能表示某病临床上的严重程度,比死亡率更为精确地反映出疫病的流行过程。

$$致死率 = \frac{因某病死亡头数}{同期该病患病动物总头数} \times 100\%$$

在所有疫病的发病总数中,分析各种疫病分别所占的比例,可以找出防疫工作的重点;分析不同时间(周、月、季)的发病率及其在全年或全部流行期内所占的百分比,可找出各期发病率变动的原因;对动物历年的发病率、死亡率进行比较,观察其升降变化情况,可找出变动的原因;分析发病的年龄和使役情况,可找出饲养管理和使役与受感染的关系;与周围地区的发病率进行对比分析,可找出发病率的高低与周围地区的联系。因此,了解数、率、比对合理制订防疫措施、防制或扑灭疫病具有重要的意义。

2.1.2　临诊检查

临诊检查是诊断动物疫病的最基本的方法,它是利用人的感官或借助一些简单的器械,如体温计、听诊器等直接对动物外貌、体态、排泄物、体温、脉搏、呼吸等进行检查。通过对动物进行群体检查和个体检查、一般检查和系统检查,以发现某些症状,结合流行病学调查资料,往往可以得出初步检疫结论。动物临诊检查应用于产地、运输、屠宰等流通环节的动物检疫中;是动物检疫中最常用的方法。

在临诊检查中,一般遵循"先休息后检疫,先群体检查后个体检查"的原则。

1)群体检疫

群体检疫是指对待检疫动物群体进行现场临诊观察。其目的是通过对动物群体症状的观察,对整群动物的健康状况做出初步评价,并从群体中把病态动物挑选出来,做好记录,以待进行个体检查。

群体检查是以群为单位,一般将来自同一地区或同一批的动物划为一群,或将一圈、一舍的动物划为一群。禽、兔、犬等可按笼、箱、舍分群。运输检疫时,可登车、船、机舱进行群检或在卸载后进行集中检疫。

群体检疫一般采用"先静态检查,再动态检查,后饮食状态检查"的方法,即所谓的"三态"检查法。

(1)静态检查

检疫人员深入圈舍、车、船、仓库,在不惊扰畜禽的条件下,仔细观察动物在安静状态下的表现,如畜禽的精神状态、外貌、营养、立卧姿势、呼吸、反刍状态、羽、冠、髯、对外界事物的反应能力等,注意有无咳嗽、气喘、呻吟、嗜睡、流涎、站立异常、孤处一隅等反常现象,从中发现可疑病态个体。

(2)动态检查

静态检查后,将动物哄起或在卸载后往预检圈赶的过程中观察,先看动物自然活动,后看驱赶活动。观察其起立姿势、行动姿势、精神状态和排泄姿势。注意有无行动困难、肢体麻痹、步态蹒跚、跛行、屈背弓腰、离群掉队及运动后咳嗽或呼吸异常现象,从中发现可疑病态动物。

（3）饮食状态检查

检查饮食、咀嚼、吞咽时的反应状态。注意有无不食不饮、少食少饮、贪饮、假食、异常采食以及吞咽困难、呕吐、流涎、退槽、异常鸣叫等现象。动物在进食后或进食期间一般都有排粪、排尿的习惯，借此机会再仔细检查其排粪、排尿的姿势，粪尿的颜色、浑浊度、气味等。注意有无拉稀、便秘、少尿、血尿、血便等异常现象，从中发现可疑病态动物。

经上述检查发现异常表现或症状的动物，都应标上记号，以便隔离和进一步进行个体检疫。

2）个体检疫

个体检疫是指对群体检疫中检出的可疑病态动物进行系统的个体临诊检查。其目的在于初步鉴定动物是否患病、是否为检疫对象，然后再根据需要进行必要的实验室检疫。

一般对在群体检疫中无病的动物也要按 5% ~20% 抽样做个体检疫。若个体检疫发现患病动物，应再抽检 10%。必要时，应全部进行个体复检。个体检疫方法一般包括视诊、触诊、听诊、叩诊和检测体温等。

（1）视诊

利用肉眼观察动物的外部表现，要求检疫员有敏锐的观察能力和系统的检查经验。视诊时一般先不要靠近动物，也不宜进行保定，以免惊扰，应尽量使动物取自然的姿态。检查者应先站在离动物适当距离处，首先观察其全貌，然后由前往后、从左到右、边走边看，观察动物的头、颈、胸、腹、脊柱、四肢；当至正后方时，应注意尾、肛门及会阴部，并对照观察两侧胸、腹部是否有异常；最后再接近动物，进行细部检查。检查内容如下：

①精神状态的检查。健康动物两眼有神，反应敏捷，动作灵活，行为正常；若有过度兴奋或抑制，则表示中枢神经机能紊乱。精神兴奋的动物，表现惊恐不安，狂躁不驯，甚至攻击人畜，多见于侵害中枢神经系统的疫病（如狂犬病、李氏杆菌病等）。精神抑制的动物，轻则沉郁，呆立不动，反应迟钝；重则昏睡，只对强烈刺激才产生反应；严重时昏迷，倒地躺卧，意识丧失，对强烈刺激也无反应。见于各种热性病或侵害神经系统的疾病等。

②营养状况的检查。营养良好的动物，肌肉丰满，皮下脂肪丰富，轮廓丰圆，骨骼棱角不显露，被毛有光泽，皮肤富有弹性；营养不良的动物，则表现为消瘦，骨骼棱角显露，被毛粗乱无光泽，皮肤缺乏弹性。多见于慢性消耗性疫病（如结核病、肝片吸虫病等）。

③姿态与步样的检查。健康动物姿势自然，动作协调而灵活，步态稳健。病理状态下，有的动物站立异常，如破伤风患畜形似"木马状"，神经型马立克氏病病鸡两腿呈"劈叉"式姿势；有的动物强迫性躺卧，不能站立，如猪传染性脑脊髓炎；有的动物站立不稳，如鸡新城疫病鸡头颈扭转，站立不稳甚至伏地旋转；有的动物盲目转圈，如李氏杆菌病；有的则步态异常，左摇右摆，多是脑部受损所致；跛行，则由神经系统受损或四肢病痛所致。

④被毛和皮肤的检查。健康动物的被毛（羽毛）柔顺而有光泽、不易脱落，皮肤颜色正常，无肿胀、溃烂、出血等。患病动物的被毛和皮肤常发生不同的变化而提示某些疫病。在慢性消耗性疫病（如结核病）或内寄生虫时，动物往往被毛粗乱无光泽、脆而易断、易脱毛；患疥螨和湿疹的动物，患部脱毛，伴有皮肤增厚、变硬、擦伤和啃咬伤；又如猪瘟

病猪在四肢、腹部及全身各部皮肤有指压不褪色的小点状出血,而猪丹毒病猪则呈现指压褪色的菱形或多角形红斑。正常鸡的冠、髯红润;若发白,则为贫血的表现;呈蓝紫色,则为缺氧的表现(如鸡新城疫病鸡冠髯黑紫)。

⑤反刍和呼吸的检查。主要检查呼吸运动(包括呼吸频率、类型、节律及呼吸困难),看有无呼吸数增多或减少,有无胸式呼吸或腹式呼吸,有无病理性呼吸节律及呼吸困难等。同时,检查反刍动物的反刍情况。

⑥可视黏膜的检查。可视黏膜包括眼结膜、口腔黏膜、鼻黏膜和阴道黏膜,黏膜具有丰富的微血管,根据其颜色的变化,可推断血液循环状态和血液成分的变化。为了方便,临诊时主要检查眼结膜。正常情况下,马的黏膜颜色呈淡红色;牛的黏膜颜色较马的稍淡,呈淡粉红色(水牛的较深);猪、羊的黏膜颜色较马的稍深,呈粉红色;犬的黏膜为淡红色。黏膜苍白见于各型贫血和慢性消耗性疫病,如马传染性贫血;黏膜潮红,表示毛细血管充血,除局部炎症外,多为全身性血液循环障碍的表现;弥漫性潮红见于各种热性疫病和广泛性炎症;树枝状充血见于心机能不全的疫病等;黏膜发绀见于呼吸系统和循环系统障碍;黄染是血液中胆红素含量增高所致,见于肝病、胆道阻塞及溶血性疾病;黏膜出血,见于有出血性素质的疫病,如马传染性贫血、梨形虫病等。在检查眼结膜的同时,检查天然孔及分泌物等,眼角有大量分泌物是眼结膜分泌亢进的表现,见于结膜炎、感冒、钩端螺旋体病、牛恶性卡他热等。

另外,口腔黏膜有水疱或烂斑,可提示口蹄疫或猪传染性水疱病;鼻盘干燥或干裂,应注意有无热性疫病;马鼻黏膜的冰花样瘢痕,则是马鼻疽的特征病变。

⑦排泄动作及排泄物的检查。动物排泄情况能提示消化系统和泌尿系统的情况。排泄动作异常包括排粪、排尿带痛,努责,里急后重,失禁等。排泄物性状异常包括粪便干硬(便秘)、腹泻、颜色气味异常等。腹泻见于侵害胃肠道的疫病(如仔猪副伤寒),便秘见于各种热性疫病(如猪瘟)、慢性胃肠卡他等,里急后重是直肠炎的特征。粪尿的颜色性状也能提示某些疫病,如仔猪白痢排白色糊状稀粪,仔猪红痢排红色黏性稀便。

(2)触诊

利用手触摸感知畜体各部的性状。触诊主要包括:

①触诊耳朵、角根。初步确定体温变化情况。

②触摸皮肤弹性。健康动物皮肤柔软,富有弹性。弹性降低,见于营养不良或脱水性疾病。

③检查胸廓、腹部敏感性。

④检查体表淋巴结。触诊检查其大小、形状、硬度、活动性、敏感性等,必要时可穿刺检查。如马腺疫病马,颌下淋巴结肿胀、化脓、有波动感;牛梨形虫病,则呈现肩前淋巴结急性肿胀的特征。

⑤在禽,要检查嗉囊,看其内容物性状及有无积食、气体及液体,如鸡新城疫时,倒提鸡腿可从口腔流出大量酸性气味的液体食糜。

(3)听诊

利用听觉器官或借助听诊器检查动物各器官发出的声音。分为直接听诊法与间接听诊法:

①直接听诊法。先于动物体表上放一听诊布,然后用耳直接贴于动物体表的欲检部

位进行听诊。检查者可根据检查的目的采取适宜的姿势。

②间接听诊法。即应用听诊器在欲检器官的体表相应部位进行听诊。

如肺部听诊时,肺泡呼吸音增强见于发热性疾病和支气管肺炎,肺泡呼吸音减弱或消失见于慢性肺泡气肿或支气管阻塞;当支气管黏膜有黏稠的分泌物、支气管黏膜发炎肿胀或支气管痉挛时,可听到干罗音,是支气管炎的典型症状;当支气管中有大量稀薄的液状分泌物时,可听到湿罗音,见于支气管炎、各型肺炎、肺结核等侵及小支气管的情况。

(4)检查"三数"

即体温、脉搏、呼吸数。"三数"是动物生命活动的重要生理常数,其变化可提示许多疫病。

①体温测定。各种健康动物都有一定的正常范围。体温不正常是动物对内外因素的反应。体温变化对畜禽的精神、食欲、心血管、呼吸器官都有明显的影响。测温时,应考虑动物的年龄、性别、品种、营养、外界气候、使役、妊娠等情况,这些都可能引起一定程度的体温波动,但波动范围一般为 0.5 ℃,最多不会超过 1 ℃。

根据体温升高的程度可将发热分为微热、中热、高热和极高热。微热是指体温升高 0.5～1 ℃,见于轻症疫病及局部炎症,如胃肠卡他、口炎等;中热是指体温升高 1～2 ℃,见于亚急性或慢性传染病、布鲁氏菌病、胃肠炎、支气管炎等;高热是指体温升高 2～3 ℃,见于急性传染病或广泛性炎症,如猪瘟、猪肺疫、马腺疫、胸膜炎、大叶性肺炎等;极高热是指体温升高 3 ℃以上,见于严重的急性传染病,如传染性胸膜肺炎、炭疽、猪丹毒、脓毒败血症和日射病等。

体温高者,须重复测试,以排除应激因素(如运动、暴晒、拥挤引起的体温升高)。

体温过低,则见于大失血、严重脑病、中毒病及热性病濒死期。

各种动物的正常体温见表2.1。

表2.1　各种动物的正常体温

动物种类	体温/℃	动物种类	体温/℃	动物种类	体温/℃
马	37.5～38.5	猪	38.0～39.5	银狐	38.7～40.7
骡	38.0～39.0	骆驼	36.5～38.5	貉	38.1～40.2
驴	37.0～38.0	鹿	38.0～39.0	鸡	40.0～42.0
牛	37.5～39.5	犬	37.5～39.0	兔	38.5～39.5
羊	38.0～39.5	猫	38.0～39.5	水貂	39.5～40.5

体温测定的方法:家畜均以检测直肠温度为标准,而家禽常测翼下温度。测温时,应将体温计的水银柱降至 35 ℃以下,用酒精棉球擦拭消毒并涂以润滑剂后再行使用。被检动物应加以适当的保定。

给马属动物测温时,检查者通常位于动物的左侧后方;给牛测温时,检查者可站在其直后方。以左手提起其尾根部并稍推向对侧,右手持体温计经肛门徐徐捻转插入直肠中,再将附有的夹子夹于尾毛上,经 3～5 min 后取出,擦去体温计上的粪便,读取读数。

②脉搏测定。在动物充分休息后测定。脉搏增多见于多数发热病、心脏病及伴有心功能不全的其他疾病等;脉搏减少见于颅内压增高的脑病、胆质血症及有机磷中毒等。

各种动物的正常脉搏数见表2.2。

表2.2 各种动物的正常脉搏数

动物种类	脉搏数/（次·min⁻¹）	动物种类	脉搏数/（次·min⁻¹）	动物种类	脉搏数/（次·min⁻¹）
马	26 ~ 42	猪	60 ~ 80	银狐	80 ~ 140
骡	26 ~ 42	骆驼	30 ~ 60	貉	70 ~ 140
驴	42 ~ 54	鹿	36 ~ 78	鸡	120 ~ 200
牛	40 ~ 80	犬	70 ~ 120	兔	120 ~ 140
羊	60 ~ 80	猫	110 ~ 130	水貂	90 ~ 180

脉搏测定的方法：测定每一分钟脉搏的次数，以次/min表示。马属动物，可检颌外动脉。检查者站在马头一侧，一手握住笼头，另一手拇指置于下颌骨外侧，食指、中指伸入下颌骨内侧，在下颌骨的血管切迹处前后滑动，发现动脉管后，用指轻压即可感知。牛，通常检查尾动脉。检查者站在牛的正后方，左手抬起牛尾，右手拇指放于尾根部的背面，用食指、中指在距尾根10 cm左右处尾的腹面检查。猪、羊、犬和猫，可在后肢股内侧的股动脉处检查。

③呼吸数测定。呼吸数测定宜在安静状态下测定。呼吸数增加，见于肺部疾病、高热性疾病、疼痛性疾病等；呼吸数减少，见于颅内压显著增高的疾病（如脑炎、代谢病等）。各种动物的呼吸数见表2.3。

表2.3 各种动物的正常呼吸数

动物种类	呼吸数/（次·min⁻¹）	动物种类	呼吸数/（次·min⁻¹）	动物种类	呼吸数/（次·min⁻¹）
马	8 ~ 16	猪	10 ~ 30	银狐	14 ~ 30
骡	8 ~ 16	骆驼	6 ~ 15	貉	23 ~ 43
驴	8 ~ 16	鹿	15 ~ 25	鸡	15 ~ 30
牛	10 ~ 25	犬	10 ~ 30	兔	50 ~ 60
羊	12 ~ 30	猫	10 ~ 30	水貂	40 ~ 70

呼吸数测定的方法：测定动物每分钟的呼吸次数，以次/min表示。一般可根据胸腹部的起伏动作而测定，检查者立于动物的侧方，注意观察其腹肋部的起伏，一起一伏为一次呼吸。在寒冷季节也可通过观察呼出气流来测数。鸡的呼吸数可观察肛门下部的羽毛起伏动作来测定。

2.1.3 病理学检查

当有病死动物或患病动物，无法用临诊检查法确诊时，可进行病理学检查。根据其病理变化特征初步确定是何种检疫对象，或提出可疑疫病范围以便进一步确诊。

病理学检查法包括病理解剖检查和病理组织学检查法。

1) 病理解剖学检查法

病理解剖学检查主要是应用病理解剖学知识,对动物尸体进行剖检,观察其病理变化。尸体剖检往往可发现在临床上不显示任何典型症状的特征性病变,为检疫人员做出正确结论提供依据。尸体剖检包括外部检查和内部检查。

(1)外部检查

注意其营养状况,皮毛、可视黏膜及天然孔情况。根据肌肉发育和皮下脂肪确定是否营养不良,检查可视黏膜有无贫血、淤血、出血、黄疸、溃疡等变化,检查皮肤、蹄部有无外伤、水疱、水肿、出血、充血等变化。注意尸僵变化,死于破伤风的动物尸僵发生快而显著,死于败血症的动物尸僵不明显。

(2)内部检查

进行剖检时,应在严密消毒和隔离情况下进行,以防剖检时的血、尿、粪等污染引起病原扩散,造成疾病的流行。如果怀疑为烈性传染病如炭疽、狂犬病、羊快疫等烈性传染病的动物尸体,严禁剖检。在进行剖检时,应采用重点检查与系统检查相结合的方法,找出病理变化,做出初步分析和诊断。

动物检疫中的病理剖检检查法不同于家畜病理学的尸体剖检,动物检疫中的病理剖检检查法是以能检出是哪种疫病为目的,一般不易扩大检查范围,只是在某些情况下找不出病死原因时,才做全面系统的病理剖检。

2) 病理组织学检查

对肉眼看不清楚或疑难疫病,病理剖检难以得出初步结论时,应采取病料做组织切片,在显微镜下观察其细微的病理变化,借以帮助诊断。

2.1.4　病原学检查

利用兽医微生物学和寄生虫学对动物疫病的病原体进行检查,是诊断动物疫病的一种比较可靠的诊断方法。但要进行实验室检查,必须准确地采集病料,才能得到准确的结果。采集病料时,必须根据临诊检疫结果,针对可疑检疫对象存在的部位,采取适宜的病料送检。例如传染性萎缩性鼻炎采鼻分泌物送检,布氏杆菌病采血清送检。另外,采集的病料要求新鲜、典型、无污染。

1) 病料的采取和保存

(1)供微生物学检验的病料

只有采取含病原体最多的病料,才能检出患病动物体内的病原体。不同的病原体,在病畜体内的分布情况不同。就是同一种疫病的病原体,在不同的病型和不同的病期中,其分布也不尽相同。这就需要充分了解各种疫病病原体在病畜体内及病畜分泌物、排泄物中的分布情况,才能准确地采集病料。所以,在采集病料前,应根据流行病学调查和临诊检疫,对被检动物可能患有什么疫病作出初步诊断后,针对该疫病病原体可能存在的部位,采集最适宜的病料进行检查,才能比较容易地检查出病原体,而不致漏检。

①病料的采取。应于患病动物死后立即采取,或于患病动物临死前扑杀后采取,尽量避免外界污染。采取所需病料时应无菌操作,采后放在预先消毒好的容器内。所采组

织的种类,要根据诊断目的而定。例如,急性败血性疾病可采取心血、脾、肝、肾、淋巴结等,有神经症状的动物可采取脑和脊髓等,有拉稀症状的动物可采取胃、肠等。心血、浆膜腔积液可用灭菌的吸管或注射器吸取,脓液或阴道分泌物可用灭菌的棉球收集后放于消毒试管内。如果怀疑是病毒性疾病,可将所采组织放入50%甘油盐水溶液中,并按每毫升保护液加入青霉素、链霉素各1 000 IU。不同的材料要分装,不可混淆。

②病料的保存。病料应尽快送实验室检验,若延误送检时间,常会严重影响检疫结果。根据病料的性状及检疫的要求不同,应做暂时的冷藏、冷冻或其他处理。供细菌检验及血清学检验的样品,应放在装有冰块的保温瓶内运送,且必须在24 h内送到;供病毒检验的样品,冷藏处理后须在数小时内送达实验室,超过数小时的应做冻结处理(冻结方法:将样品放入-30 ℃冰箱内冻结,然后再装入有冰块或干冰的冷藏瓶内运送,也可将装入样品的容器放入保温瓶内,再放入冰块,然后按100 g冰块加入约35 g食盐,立即将保温瓶瓶口盖紧。瓶内温度可控制在-20 ℃左右。24 h内不能送到实验室的,须要在运送过程中保持样品温度处于-20 ℃以下)。

(2)寄生虫检查病料的采取和保存

检查寄生虫的病料,应在流行病学调查、临床检查的基础上,按所怀疑的寄生虫所寄生的部位来采取样品,才能达到检疫的目的。

①粪便样品。应采取新排出的粪便或直接从直肠内采得,以保持虫体或虫体节片及虫卵的固有形态。根据检查方法的不同,取样量差别较大。例如,直接涂片检查虫卵时,只需用竹签或牙签取少量粪便即可;漂浮法、沉淀法和锦纶筛兜淘洗法,需取粪样5~10 g;粪便内蠕虫幼虫检查法,需取粪15~20 g;毛蚴孵化时,需取牛粪100 g。采取的粪便以冷藏不冻结状态及时送实验室检查。

②皮屑样品。当检查动物的螨病(如疥螨、痒螨)时,在患病皮肤与健康皮肤交界处,将凸刃小刀的刀刃与皮肤表面垂直,刮取皮屑,直到皮肤轻度出血,接取皮屑供检验。

③血液样品。有些丝虫(如犬恶丝虫)的幼虫及血液原虫(如伊氏锥虫、梨形虫和住白细胞虫)均可在动物的血液中出现,这些病的确诊就需依靠血液的检查。不同的血液寄生虫,在血液中出现的时机(白天或夜晚)及部位各不相同,所以要根据具体情况,取相应时机和部位的血液制成血涂片,送实验室镜检。

2)病原检查法

利用兽医微生物学和寄生虫学的方法,检查动物疫病的病原体,是诊断动物疫病的一种比较可靠的诊断方法。

(1)细菌性疫病的病原学检查

病原菌的鉴定,通常是依据该菌的形态、生化反应、抗原性等进行检查。

①病原菌的形态学观察。细菌形态上的差别比较容易观察出来。常依据形态特点做纲、目、科的分类,甚至定到属。病原菌形态学观察包括显微镜下菌体的形态学观察和培养菌落的眼观形态学观察两个方面。

显微镜下菌体的形态学观察要点:主要是通过染色、镜检,注意观察菌体的形状、大小和排列规律;注意是否产生芽孢和芽孢的位置;注意染色反应,有无荚膜;等等。

菌落的形态学观察要点:主要是通过分离培养,注意观察菌落的大小,粗糙或光滑情

况,隆起情况,透明情况和颜色;在半固体培养基接种线上的生长情况;在特殊培养基上的生长情况等。

②病原菌的生化试验。相近的菌种单凭形态学检查不易区别,但是不同菌类的新陈代谢产物不同,可以检查其代谢产物而区别开。因此,用生化反应检查细菌的代谢产物,是鉴别病原菌的重要方法之一。通常根据细菌的生化特性定到种。

常用的生化反应有糖发酵试验、靛基质试验、VP试验、MR试验、柠檬酸盐利用试验、硝酸盐还原试验、硫化氢产生试验、明胶液化试验、尿素酶试验、牛乳试验等。

③血清学试验。细菌细胞、鞭毛、荚膜以及毒素都含有各种各样的抗原物质,这些抗原物质在血清学反应上是特异的,通过用血清学试验可进行细菌属内分群和种内分型。用于细菌鉴别的血清学方法有凝集试验、沉淀试验、毒素中和试验、补体结合试验等。

(2)病毒性疫病的病原学检查

动物病毒性疫病的病原学鉴定,通常分为分离培养鉴定和血清学鉴定两步进行。

①病毒的分离培养鉴定。病毒的初步鉴定,主要是在详细流行病学调查的基础上,有目的地采取病料针对性接种易感实验动物、禽胚胎和易感组织细胞,初步鉴定分离培养的病毒。如进行氯仿、酸、热敏感性试验、阳离子稳定性试验等,可以了解已分离病毒的某些理化特性,然后测定已分离病毒的凝血性质和红细胞吸附特性。必要时,还可以用电子显微镜观察已分离病毒的形态。

②病毒的血清学鉴定。是指在初步分离鉴定的基础上,采用血清学试验方法鉴定病毒的种类。常用的血清学方法有中和试验、补体结合试验、红细胞凝集抑制试验、间接血凝试验、免疫扩散试验、免疫荧光抗体技术、免疫酶标记和实验动物交叉保护试验等。

(3)寄生虫性疫病的病原学检查

动物寄生虫性疫病的病原检查,通常采用寄生虫卵、幼虫检查法和寄生虫体检查法。

①寄生虫卵及幼虫的检查。寄生虫卵形态检查,常采取粪便,用直接涂片、浮集、沉淀等方法建立确诊。寄生虫卵计数可对寄生虫的寄生量做一个大致判断。某些不易根据虫卵形态确诊的寄生虫病,可用幼虫分离、培养法检查。

②寄生虫虫体的检查。寄生虫体检查多采用肉眼观察、放大镜下观察和显微镜检查建立确诊。血液寄生虫应采血染色镜检,生殖器官寄生虫采取生殖器官刮下物或分泌物压片镜检,组织内寄生虫采取寄生部位组织镜检,外寄生虫采取皮屑镜检,球虫可采取粪便镜检。此外,蠕虫虫体可用肉眼或放大镜检查粪便中的虫体。

2.1.5 免疫学检查

1)血清学检测技术

血清学检测技术种类繁多,有操作简单的凝集反应、沉淀反应;有操作较为复杂的补体结合反应、细胞中和试验;亦有广泛应用在疫病诊断中的酶标记抗体技术等。而这些技术都是建立在抗原抗体特异性反应基础之上。抗原与相应抗体在体外一定条件下发生反应,这种反应现象能用肉眼观察或通过仪器检测出来。因此,可利用抗原抗体中已知的任何一方去检测未知的另一方,以达到检疫目的。

(1)凝集反应

细菌、红细胞等颗粒性抗原,或吸附在红细胞、乳胶颗粒性载体表面的可溶性抗原,与相应抗体结合,在有适当电解质存在下,经过一定时间,形成肉眼可见的凝集团块,称为凝集试验。

凝集试验可根据抗原的性质、反应的方式分为直接凝集试验和间接凝集试验。

①直接凝集反应。直接凝集反应有玻片法和试管法。玻片法在洁净的载玻片或玻璃板上进行;试管法在洁净的试管中进行。主要试剂有:被检血清、凝集抗原、标准阳性血清、标准阴性血清、稀释液。

直接凝集反应主要用在布鲁氏菌病、鸡白痢、鸡支原体病、猪传染性萎缩性鼻炎等疫病的检疫中。

②间接凝集反应。先将可溶性抗原(或抗体)吸附在载体颗粒(红细胞、乳胶等)表面,然后与相应抗体(或抗原)作用。间接凝集反应若以红细胞(多用绵羊红细胞)做载体,称为间接血凝反应;若以乳胶做载体,称为乳胶凝集反应。

间接凝集反应若用已知抗原吸附在载体上鉴定抗体,称为正向间接凝集反应;若用已知抗体吸附在载体上来鉴定抗原,称为反向间接凝集试验。反向间接凝集试验主要用于猪传染性水疱病与猪口蹄疫检测。

③血凝和血凝抑制试验。血凝和血凝抑制试验,即通常所说的抗体检测。某些病毒能选择性凝集某些动物的红细胞,这种凝集红细胞的现象称为血凝(HA)。而在病毒悬液中加入特异性抗体作用一定时间,再加入红细胞时,红细胞的凝集被抑制(不出现凝集现象),称红细胞凝集抑制反应(HI)。HA 和 HI 广泛应用在鸡新城疫、禽流感、鸡减蛋综合征等疫病的诊断检测中。试验常在 V 型96孔微量反应板上进行。

(2)沉淀反应

可溶性抗原(如细菌的外毒素、内毒素、菌体裂解液,病毒的可溶性抗原、血清、组织浸出液等)与相应抗体结合,在适当电解质存在下,形成肉眼可见的白色沉淀,称为沉淀试验。

①环状沉淀反应。反应在小试管中进行,当沉淀素血清与沉淀原发生特异性反应时,在两液面接触出现致密、清晰明显的白环,即环状沉淀反应阳性。常用于炭疽的诊断和皮张炭疽检疫。

②琼脂扩散反应。在半固体琼脂凝胶板上按备好的图形打孔,一般由1个中心孔和6个周边孔组成一组,中心孔径4~5 mm,周边孔径3 mm。中心孔滴加已知抗原悬液,周围孔滴加标准阳性血清和被检血清。各孔应编号,当抗原抗体向外自由扩散而发生特异性反应时,在相遇处形成一条或数条白色沉淀线,即琼扩试验结果阳性。

琼扩扩散试验是马传染性贫血病、鸡马立克氏病、鸡传染性支气管炎、鸡传染性喉气管炎及鸡传染性法氏囊病常用的诊断方法。

此外,把琼脂扩散试验与电泳技术相结合建立起免疫电泳试验,它使抗原抗体在琼脂凝胶中的扩散移动速度加快,并限制了扩散移动的方向,缩短了试验时间,增强了试验的敏感性。

(3)标记抗体技术

虽然抗原与抗体的结合反应是特异性的,但在抗原、抗体分子小,或抗原、抗体含量

低的时候,抗原、抗体结合后所形成的复合物却不可见,给疫病检测带来困难。而有一些物质如酶、荧光素、放射性核素、化学发光剂等,即便在微量或超微量时也能用特殊的方法将其检测出来。因而,人们将这些物质标记到抗体分子上制成标记物,把标记物加入到抗原抗体反应体系中,结合到抗原抗体复合物上。通过检测标记物的有无及含量,间接显示抗原抗体复合物的存在,使疫病获得诊断。

根据抗原抗体结合的特异性和标记分子的敏感性而建立的诊断检测技术,称为标记抗体技术。

免疫学检测中的标记技术主要包括酶标记抗体技术、荧光标记抗体技术和胶体金免疫检测技术等。

2)变态反应法

某些疫病在传染过程中引起以细胞免疫为主的Ⅳ型变态反应,这种变态反应是由病原体或其代谢产物在传染过程中作为变应原而引起,具有很高的特异性和敏感性。因此,常用变态反应法进行动物疫病的检疫,例如细菌性疫病中的结核病、鼻疽、布鲁氏菌病,病毒性疫病中的疱疹病毒病,真菌性疫病中的流行性淋巴管炎,寄生虫病中的血吸虫病等。

2.2 动物检疫检验的现代生物学技术

2.2.1 现代生物技术概述

随着科学技术的发展和人们生活水平的不断提高,现代生物技术产品越来越多地进入市场和普通百姓家庭,现代生物技术方面的知识被越来越多的人所了解,但很少有人能够清楚地说出生物技术的定义。生物技术(Biotechnology)有时也称生物工程(Bioengineering),其最初的含义是指利用生物将原材料转变为产品的技术。

生物技术包括传统生物技术和现代生物技术。传统生物技术是指旧有的制酱、醋、酒、奶酪、酸奶及有机酸的传统工艺。

现代生物技术以现代生物学作为理论基础,由生物学、免疫学、化学、物理学、信息学等多种学科理论和技术相互交叉融合而成,其发展与材料、信息、传感器、图像处理、微机电系统等多种技术的发展息息相关,因而现代生物技术已经突破了传统的生物学范畴,成为研究现代生物学的必备工具和重要手段。现代生物技术涉及的内容非常广泛,如对目的基因进行体外操作的基因克隆技术;对生物的遗传基因进行改造或重组后产生人类所需新物质的转基因技术;利用生物反应器大量加工、制造生物活性产品的生物发酵技术;将生物分子与电学、光学或机械系统连接起来,并把生物分子捕获的信息经放大、传递、转换后成为易于检测的光、电或机械信息的生物耦合技术等。

现代生物技术的飞速发展,给生物学科领域带来一场深刻的革命。以基因工程、细胞工程、酶工程、发酵工程和蛋白质工程为代表的现代生物技术正在深入到人类生活的各个领域。近20年来,现代生物技术的发展越来越引人注目,并呈现出两个显著的特点,即现代生物技术可以突破物种界限,有效地改造生物有机体的遗传本质;现代生物技术带来的经济效益和社会效益显著。现代生物技术的广泛应用,给动植物检疫带来深刻的影响,特别是免疫学技术和分子生物学技术的应用,使管制性动植物疫病的诊断和检疫水平得到极大地提高。

2.2.2 现代生物技术在动物检疫检验中的应用

随着现代生物技术的不断发展,现代生物技术也广泛地应用于畜禽疫病诊断,为动物检疫检验提供了很多高效、快捷、准确的方法。如20世纪80年代以来广泛采用的ELISA(酶联免疫反应),诊断准确、经济;单克隆抗体也广泛地应用于动物传染病的临床诊断、鉴别诊断、病毒分型和流行病学的研究;DNA分子杂交、PCR、免疫印迹等分子生物学诊断技术也将会成为动物疫病诊断的有效方法。在动物检疫检验中,这些诊断技术对正确诊断疫病起着重要的作用。

1)单克隆抗体技术

通过细胞融合建立能产生单克隆抗体的杂交瘤技术,可用于疫病的病原诊断和病理诊断。一个病原体存在着许多性质不同的抗原,在同一抗原上,有可能存在许多性质不同的属、种、群、型特异性抗原,采用杂交瘤技术,可以识别不同抗原或抗原决定簇的单抗,从而可以对感染性疾病和寄生虫病进行快速准确地诊断,同时可用于调查疫病流行情况、流行毒株或虫体的分类鉴定,为疫病的诊断和防制提供资料。近年来,用单抗诊断试剂盒诊断人畜共患疫病已获成功。另外,单抗还用于含量极微的激素、细菌毒素、神经递质和肿瘤细胞抗原的诊断。

2)核酸探针技术

核酸探针是指带有标记物的已知序列的核酸片段,它能与其互补的核酸序列杂交形成双链,所以可用于待测核酸样品中特定基因序列的检测。每一种病原体都具有独特的核酸片段,通过分离和标记这些片段就可制备出探针,用于检测任何特定病原微生物,并能鉴别出密切相关的毒(菌)株和寄生虫。

核酸杂交技术有固相杂交和液相杂交之分。固相杂交技术较为常用,先将待测核酸结合到一定的固相支持物上,再与液相中的标记探针进行杂交。固相支持物常用硝酸纤维素膜(Nitrocel-lulosefiltermembrane,简称NC膜)或尼龙膜(Nylonmembrane)。

固相杂交包括膜上印迹杂交和原位杂交。其中膜上印迹杂交技术应用最为广泛,它包括3个基本过程:首先是通过斑点印迹(Dot-blot)或Southern印迹(Southernblot)的核酸印迹技术将核酸片段转移到固相支持物上,然后用标记探针与支持物上的核酸片段进行杂交,最后进行杂交信号的检测。

3)PCR技术

PCR即聚和酶链式反应(Polymerase Chain Reaction,PCR),其原理是在模板DNA、引物和四种脱氧单核苷酸存在的条件下,依赖于耐高温的DNA聚和酶的酶促合成反应。PCR以欲扩增的DNA作为模板,以与模板正链和负链末端互补的两种寡核苷酸作为引物,经过模板DNA变性、模板引物特异性结合,并在DNA聚和酶作用下发生引物链延伸反应来合成新的模板DNA。模板DNA变性、引物结合(退火)、引物延伸合成DNA这三步构成一个PCR循环。每一循环的DNA产物经变性又成为下一个循环的模板DNA。这

样,目的 DNA 数量将以 2^n 的形式积累,在 2 h 内可扩增 30(n)个循环,DNA 量就可达到原来的百万倍。PCR 三步反应中,变性反应在高温中进行(一般为 94 ℃ 变性 30 s),目的是通过加热使 DNA 双链解离形成单链;第二步反应又称退火反应,在较低温度中进行(一般为 55 ℃ 退火 30 s),这样可使引物与模板上互补的序列形成杂交链而结合上模板;第三步为延伸反应,是在四种 dNTP 底物和 Mg^{2+} 存在的条件下,由 DNA 聚和酶催化以引物为始点的 DNA 链的延伸反应(一般为 70 ~ 72 ℃ 延伸 30 ~ 60 s)。通过高温变性、低温退火和中温延伸 3 个温度的循环,模板上介于两个引物之间的片段不断得到扩增。对扩增产物可通过凝胶电泳、Southern 杂交或 DNA 序列分析进行检测。

PCR 技术主要用于传染病的早期诊断和不完整病原检疫,还可鉴别比较近似的病原体,如蓝舌病病毒与流行性出血热病毒,不同种类的巴贝斯虫等。自从 1992 开始应用 PCR 技术以来,近年来已建立了多种疫病的 PCR 诊断技术。

(1)快速检测病毒性疫病的病原

用 PCR 技术检测的动物病毒性疫病的病原有蓝舌病病毒、口蹄疫病毒、牛病毒性腹泻病毒、牛白血病病毒、马鼻肺炎病毒、恶性卡他热病毒、伪狂犬病病毒、狂犬病病毒、非洲猪瘟病毒、鸡传染性支气管炎病毒、鸡传染性喉气管炎病毒、马传染性肺炎病毒、马立克氏病毒、牛冠状病毒、轮状病毒、水貂阿留申病病毒、山羊关节炎-脑炎病毒、梅迪/维斯纳病毒、猪细小病毒、鱼传染性造血器官坏死病病毒等。

(2)快速检测其他疫病病原体

目前已报道用 PCR 技术检测的其他病原体有致病性大肠杆菌毒素基因、牛胎儿弯曲杆菌、牛分支杆菌、炭疽杆菌芽孢、钩端螺旋体、牛巴贝斯虫和弓形虫等。

4)免疫印迹技术

免疫印迹又称 Western 印迹(Westernblot),与 DNA 的 Southern 印迹技术相对应,两种技术均把电泳分离的组分从凝胶转移到一种固相载体(通常用 NC 膜),然后用探针检测特异性组分;不同的是 Westernblot 所检测的是抗原类蛋白质成分,所用的探针是抗体,与附着于固相载体的靶蛋白所呈现的抗原表位发生特异性反应。该技术结合了凝胶电泳分辨力高和固相免疫测定特异敏感等优点,具有从复杂混合物中对特定抗原进行鉴别和定量检测,以及从多克隆抗体中检测出单克隆抗体的优越性。该技术的灵敏度能达到标准的固相放射免疫分析的水平而无需对靶蛋白进行放射性标记。

用免疫印迹技术可定性、定量地检测出待检样品中含量很低的特定病原体的抗原成分。对于一些能感染细胞而细胞病变不易观察的病原体的检测也很有用。用单克隆抗体作为第一抗体进行免疫印迹,还可以对毒株做分型鉴定。

5)限制性核酸内切酶图谱分析

限制性核酸内切酶图谱分析(Restriction Endonuclease Analysis,REA)技术通过酶切消化微生物 DNA,然后电泳染色呈现大小不一的片段,对这些片段的迁移率及数量进行分析,便可了解到病原微生物遗传物质的一定特性,在此基础上采用双酶切割或杂交等方法,则可推测出片段的排列顺序和酶切位点,从而推断出 DNA 间存在的相似性或差异性,是病原变异、毒株鉴别、分型及了解基因结构和进行流行病学研究的有效方法,对动物检疫具有很重要的实用意义,尤其对出入境动物及动物产品所携带病毒是疫苗毒还是野毒,以及推断是本地毒还是外来毒有很重要的意义。

6)寡核苷酸图谱分析

寡核苷酸图谱分析是指核酸或核酸片段经核酸酶切割后电泳,少数较大分子量的酶切核酸片段在聚丙烯酰胺凝胶上分布特点的比较。因为它是通过少数核酸片段来了解整个核酸的特征,如同根据指纹特点判断案情一样,因此又称为指纹图分析(Analysis of Fingerprintmap)。有人已从我国猪群中分离到1株丙型流感病毒;还应用于口蹄疫病毒、蓝舌病病毒、脊髓灰质炎病毒、禽反转录病毒、马脑脊髓炎病毒、水疱性口炎病毒、轮状病毒等研究。其分析结果有时被仲裁机构作为处理经济纠纷的依据。

7)核酸序列分析

核酸是生命的遗传物质,遗传信息存在于四种单核苷酸(A,G,C,T/U)按不同顺序连接而成的核酸分子中,迅速准确地解读决定生命性状的密码,测定基因组的核酸序列,对于识别病原,揭示疫病变化规律是任何方法都不可相比的。但它是最烦琐和最复杂的检测技术,目前在动物检疫中尚采用不多。

8)限制性核酸片段多态性分析

每一限制性核酸内切酶在切割DNA分子时都有固定的切点顺序,DNA分子中核苷酸排列顺序的变化有可能使该切点丢失或增加。由于不同的生物群体的DNA序列千差万别,因而用同一限制性内切酶消化后,所得DNA片段的长度分布也是千变万化的。这种酶切片段长度分布的多样性就称为限制性片段长度多态性(Restriction Fragment Length Polymorphism,RFLP)。RFLP主要用于生物群体的遗传分析,但也可用于动物检疫中病原体的检测。在研究肾脏钩端螺旋体分型时,采用RELP技术几乎可将肾脏钩端螺旋体体型内各血清亚型区分出来。

近年来,还研究开发了DNA扩增片段长度多态性分析(Amplification Fragment Length Polymorphism,AFLP)、聚和酶链式反应/限制性片段长度多态性分析法(PCR/RFLP)和随机扩增多态性DNA(RAPD),可用于对多种病原微生物进行分类和鉴定。

2.3 各种动物检疫的临诊检查要点

2.3.1 猪的临诊检查要点

1)群体临诊检查要点

(1)静态观察

猪群可在车船内或圈舍内休息时进行静态观察。若车、船狭窄,猪群拥挤不易观察时,可于卸下休息时观察。检疫人员悄悄地接近猪群,站立在能全览的位置观察。主要检查站立和睡卧的姿势,呼吸及体表状态。

①健猪。站立平稳,不断走动和拱食,呼吸均匀深长,被毛整齐有光泽;反应敏捷,见人接近时表现警惕性凝视;睡卧常取侧卧,四肢伸展,头侧着地,若爬卧时后腿屈于腹下。

②病猪。精神委顿,蜷卧呻吟,离群独立,全身颤抖,呼吸急促或喘息,被毛粗乱无

光,肷窝凹陷,有眼眵,鼻盘干燥,颈部肿胀,尾部和肛门粘有粪污。

(2)动态观察

常在车、船装卸,驱赶、放出或喂饲过程中观察。

①健猪。精神活泼,起立敏捷,行动灵活,步态平稳,两眼前视,摇头摆尾或尾巴上卷,随群前进。起立或行动中可排粪尿,粪软尿清,排便姿势正常。偶然触动,则发出洪亮叫声。

②病猪。精神沉郁或兴奋,不愿起立,立而不稳,行动迟缓,步态跟跄,弓背夹尾,肷窝下陷,跛行掉队,咳嗽发喘,叫声嘶哑。粪便干硬或下痢,尿黄而少。

(3)饮食观察

在猪群按时喂食、饮水时,或有意给少量水料饲喂时观察。

①健猪。饿时叫唤;饲喂时争先恐后,急奔饲槽,嘴巴伸入槽底,大口吞食而有力,节奏清脆,耳鬃震动,尾巴自由甩动,时间不长即可腹满自去。粪软尿清,颜色、气味正常。

②病猪。懒得上槽,食而无力,或只吃几口即退槽,或嗅闻而不吃,或吃稀不吃稠;喂后肷窝仍下陷。粪便干燥或下痢,尿黄而短。

2)个体临诊检查要点

猪的检疫主要以猪瘟、猪炭疽、猪传染性水疱病、猪口蹄疫、猪丹毒、猪肺疫、猪支原体肺炎、猪痢疾(蛇形螺旋体痢疾)、猪传染性萎缩性鼻炎、猪副伤寒、猪旋毛虫病、猪囊尾蚴病等为重点检疫对象。在实际检疫工作中,常常由于猪群数量多,群检后挑出的病态猪亦较多,再加上猪易惊不安,皮下脂肪厚不易听诊和叩诊,所以猪的个体检疫仍以精神外貌、姿态步样、体温、呼吸、可视黏膜、被毛、皮肤、肛门、排泄物等为主要检查内容。

猪的体温升高,可见于多数急性传染病以及某些普通病如肺炎、肠炎、肾炎;体温下降,可见于腹泻性传染病。

2.3.2 牛的临诊检查要点

1)群体临诊检查要点

(1)静态观察

牛群在车、船、牛栏、牧场上休息时可以进行静态观察。主要观察站立和睡卧的姿态,皮肤、被毛状况,以及肛门有无污秽。

①健牛。睡卧时,常呈膝卧姿势,四肢弯曲;站立平稳,神态安定;鼻镜湿润,眼无分泌物,嘴角周围干净,被毛整洁光亮,皮肤柔软平坦,肛门紧凑,周围干净;反刍正常有力,呼吸平稳,无异常声音,粪不干不稀呈层叠状,尿清;嗳气正常。

②病牛。睡卧时,横卧,四肢伸开,久卧不起或起立困难;站立不稳,头颈低伸,屈背拱腰,恶寒战栗,或委顿,或疝痛;眼流泪,有黏性、脓性分泌物,鼻镜干燥、龟裂,嘴角周围流涎,被毛粗乱,皮肤局部可有肿胀;反刍迟缓或停止,呼吸增数、困难,呻吟,咳嗽;粪便或稀或干,或混有血液、黏液,血尿。肛门周围和臀部粘有粪便;没有嗳气。

(2)动态观察

牛群在车船装卸、赶运、放牧或有意驱赶时进行动态观察。主要观察牛的精神外貌、姿态步样。

①健牛。精力充沛,眼亮有神,走路平稳,腰背灵活,四肢有力,耳尾灵敏,在行进牛群中不掉队。

②病牛。精神沉郁或兴奋,两眼无神,曲背弓腰,四肢无力,耳尾不动,走路摇晃,跛行或离群掉队。

（3）饮食观察

在牛群采食、饮水时观察。

①健牛。争抢饲料,咀嚼有力,采食时间长;敢到大群中抢水喝,运动后饮水不咳嗽。

②病牛。厌食或不食,见草料不吃,采食缓慢,咀嚼无力,采食时间短;不愿到大群中饮水,运动后饮水咳嗽。

2）个体临诊检查要点

牛的检疫主要以口蹄疫、炭疽、牛肺疫、布鲁氏菌病、结核病、副结核病、蓝舌病、地方性白血病、牛传染性鼻气管炎、牛病毒性腹泻—黏膜病、牛肝片吸虫病、锥虫病、泰勒虫病为检疫对象。在实施牛的个体检查时,以精神外貌、姿态步样、被毛、皮肤、体温、可视黏膜、鼻镜、反刍、脉搏的变化等为主要检疫内容。其中,体温检测是牛检疫的重要项目,需要逐头进行,并注意脉搏检查和肉垂皮温。

体温升高,见于急性传染病。口黏膜和蹄部有水疱性病变,提示口蹄疫或水疱性疫病;如果出现豆粒大小的疱疹,多见于被毛稀松部位及乳房皮肤上,呈圆形豆粒状,多见于牛瘟;鼻镜干燥,可见于发热性疾病及重度消化障碍。鼻镜发生龟裂,提示牛瘟、恶性卡他热等疫病。

2.3.3　羊的临诊检查要点

1）群体临诊检查要点

（1）静态观察

羊群可在车、船、舍内或放牧休息时进行静态观察。观察的主要内容是姿态。

①健羊。常于饱食后合群卧地休息、反刍,呼吸平稳,无异常声音;被毛整洁,口和肛门周围干净;人接近时,立即站起走开。

②病羊。精神委顿或兴奋,常独卧一隅,不见反刍;鼻镜干燥,呼吸促迫,咳嗽,喷鼻,磨牙,流泪,口和肛门周围粘有污秽;人接近时,不起不走。同时,应注意有无被毛脱落、痘疹、痂皮等情况。

（2）动态观察

羊群在装卸、赶运及其他运动过程中进行动态观察。主要检查步态。

①健羊。精神活泼,走路平稳,合群不掉队。

②病羊。精神沉郁或兴奋不安,步态不稳,行走摇摆、跛行,前肢跪地或后肢麻痹,离群掉队。

（3）饮食观察

在羊群按时喂食、饮水、放牧或有意给少量水料时观察。

①健羊。饲喂、饮水时,互相争食,食后肷部臌起;放牧时,动作轻快,边走边吃草;有水时,迅速抢水喝。

②病羊。食欲不振或停食;放牧吃草时,落在后面,吃吃停停,或不食呆立;不喝水,食后肷部仍下凹。

2)个体临诊检查要点

羊的检疫主要以口蹄疫、炭疽、蓝舌病、羊痘、羊螨病为检疫对象。羊的个体检疫除姿态步态外,要对体温、被毛和皮肤、可视黏膜、分泌物和排泄物性状等进行检查。

体温升高,多见于一些急性传染病或炎症性疾病;体温降低,主要见于重度营养不良、严重贫血、重度消耗性疾病。在疾病的过程中,体温急剧下降,多表示预后不良;在尾部、四肢内侧、乳房、阴唇及包皮等处发生丘疹、水疱、脓疱或干痂等,应考虑羊痘的可能;对发生跛行的羊,要注意蹄冠、蹄踵和趾间,如有水疱,且破溃后形成糜烂,则要注意口蹄疫;若羊蹄柔软部位发红、热而痛,流出恶臭的脓汁,或出现甚至蹄匣脱落,往往是坏死杆菌病(腐蹄病);眼结膜潮红、充血,可能是热性病或血液循环障碍;结膜苍白,见于各种贫血或寄生虫感染;结膜发绀是缺氧的象征,见于一些高度呼吸困难性疾病、亚硝酸盐中毒或其他疾病的垂危期;结膜黄染,见于肝炎、胆管阻塞、溶血性疾病;如眼睑肿胀,羞明流泪,有浆液性、黏液性或脓性分泌物,主要见于结膜或角膜炎;从口、鼻等处流出血样液体,急性死亡,应考虑有无炭疽的可能。

2.3.4 禽的临诊检查要点

1)群体临诊检查要点

(1)静态观察

禽群在舍内或在运输途中休息时于笼内进行静态观察。主要观察站卧姿态、呼吸、羽毛、冠髯、天然孔等。

①健禽。卧时头叠在翅内,站时一肢高收,羽毛丰满光滑,冠髯色红,两眼圆睁,头高举,常侧视,反应敏锐、机警;冠髯鲜红、发亮,口鼻洁净,呼吸正常;泄殖腔周围及腹下羽清洁干净。

②病禽。精神委顿,缩颈垂翅,闭目似睡,反应迟钝或无反应,呼吸急迫或呼吸困难或间歇张口,冠髯发绀或苍白,羽毛蓬松,嗉囊虚软膨大,泄殖孔周围羽毛污秽;有时翅肢麻痹,或呈劈叉姿势,或呈其他异常姿态。

(2)动态观察

可在家禽散放时观察。

①健禽。精神饱满,行动敏捷,步态稳健。

②病禽。精神委顿,行动迟缓,跛行,摇晃或麻痹,常落后于群体。

(3)饮食观察

可在喂食时观察;若已喂过食时,可触摸鸡嗉囊或鹅、鸭的食道膨大部。

①健禽。食欲旺盛,啄食连续,嗉囊饱满。

②病禽。食欲不振,啄食异常,嗉囊空虚,充满气体或液体;病禽叫声异常或无力,反

应迟钝或挣扎无力。

2) 个体临诊检查要点

禽的检疫以鸡新城疫、雏白痢、鸡马立克氏病、鸡传染性法氏囊病、禽霍乱、鸭瘟、小鹅瘟、鸡球虫病为主要检疫对象。禽类个体检疫的重点是精神状态、运动和姿势、表被状态(羽毛、冠髯、鼻、眼等)、嗉囊、饮欲、食欲、粪便等。一般不作体温检测。

轻度精神抑制时,表现为精神萎靡,头颈下垂,眼睛半闭,不愿走动,对周围环境注意力减弱,轻微刺激即可清醒;重度精神抑制时,则呈昏睡状态,卧地不起,只有用强刺激才能有反应,严重时处于昏迷状态,则已临近濒死期。精神兴奋表现为运动加强,向前奔冲或不断打转做圆周运动,常见于脑炎初期、鸡新城疫的后遗症等。

鸡运动失调,表现步调混乱,前后晃动,跌跌撞撞,出于保持平衡,一边行走,一边扑动翅膀,头颈和腿部振颤,提示禽脑脊髓炎;鸡的一腿伸向前,另一腿伸向后,形成劈叉或两翅下垂,是马立克氏病的特征;病鸡头、颈扭曲或翅、腿麻痹,有的平时像健鸡一样,当受到刺激惊扰或快跑时,则突然向后仰倒,全身抽搐或就地转圈,数分钟又恢复正常,是鸡新城疫的后遗症。共济失调表现为动作不协调、不准确,如虽看见饲料,但不能准确地啄食,常见于鸡新城疫、鸡脑脊髓炎等病程中。

病禽羽毛逆立蓬松,缺乏光泽,易污染,提前或延迟换毛,常见于营养不良及慢性消耗性疾病;肛门周围羽毛被粪便污染,提示腹泻;羽毛变得脆而易断,常由于外寄生虫侵袭或泛酸缺乏所致。

鸡冠和肉髯苍白,见于球虫病、黄曲霉毒素中毒等疾病;发绀,见于传染性法氏囊病、马立克氏病、传染性喉气管炎、鸡新城疫、禽霍乱、中毒性疾病等;黄染,见于溶血性疾病等。

鼻液量较多常见于鸡传染性鼻炎、禽霍乱、禽流感、鸡支原体感染、鸭瘟等。鸡新城疫、传染性支气管炎、传染性喉气管炎、鸭衣原体病等过程中,也有少量的鼻液。

病鸡颜面、眼睑肿胀,下颌部或肉髯水肿,常见于传染性鼻炎等;病鸭的头颈部肿胀(俗称大头瘟),提示鸭瘟;鸡冠、肉髯、口角、眼睑等部出现疱疹,有时也见于腿、脚、翼下及泄殖腔孔周围,是禽痘的特征。

异常呼吸音,常见于呼吸道疾病,如传染性喉气管炎、慢性支气管炎、霉菌性肺炎、鸡白喉(黏膜型鸡痘)及雏鸡感冒等。

白色糊状稀粪常见于雏鸡白痢,主要发生在1周龄以内的雏鸡;绿色水样粪便常见于鸡新城疫、禽流感、禽霍乱、鸡伤寒等急性传染病;棕红色或黑褐色稀粪常见于青年鸡感染的小肠球虫病、出血性肠炎、某些急性传染病(如鸡新城疫、鸡伤寒、鸡副伤寒、禽霍乱)等;蛋清蛋黄样粪便常见于母鸡前殖吸虫病、输卵管炎或鸡新城疫等。

2.3.5 其他动物的临诊检查要点

1) 马的临诊检查要点

(1) 群体临诊检查要点

①静态观察。对马群常在圈舍或系马场进行静态观察。主要观察其姿势、体表、天然孔和粪便。

健马。昂头站立,机警敏捷,稍有音响,两耳竖起,两眼凝视;多站少卧,若卧地则屈肢,平静似睡;被毛整洁光亮,皮肤无肿胀,鼻眼干净,外阴无异常;粪便球形,中等湿度。

病马。睡卧不安,闭眼横卧,起卧困难;站立不稳,低头耷耳,两眼无神,姿态僵硬,精神委顿,对外界反应迟钝或无反应;被毛粗乱无光,皮屑积聚,皮肤有局部肿胀,眼鼻流出黏性或脓性分泌物,外阴污秽;粪便干硬或拉稀,混有恶臭脓血;呼吸喘气、嗳气。

②动态观察。在马群活动或放牧中观察。

健马。行动活泼,步伐轻快有力,昂首蹶尾,向群前挤;运动后,呼吸变化不大或很快恢复正常。

病马。行动迟缓,四肢无力,步伐沉重,有时跛跌,常落在群后面;运动后,呼吸明显增快,甚至呼吸困难。

③饮食观察。在采食、饮水时观察。

健马。放牧时争向草场,舍饲给草料时两眼注意力集中在饲养员身上,有时发出"咳咳"叫声,食欲旺盛,咀嚼音响,饮水有吮力。

病马。对草料不理睬,对饲养员无反应,或吃几口即停食,或绝食,咀嚼、咽下困难,饮水不明显。

（2）个体临诊检查要点

马的检疫常以炭疽、鼻疽、马传染性贫血、马鼻腔肺炎为主要检疫对象。个体检疫的主要内容是:检测体温、精神状态、姿态步样、可视黏膜、分泌物性状、被毛、体表淋巴结、排泄物、呼吸等。

如果狂躁不安,不顾一切往前冲,甚至攻击人、畜,可见于马流行性脑脊髓炎的狂躁型;而呆痴似睡,可见于马流行性脑脊髓炎的沉郁型。典型的木马样姿态呈头颈平伸、肢体僵硬、四肢关节不能弯曲、尾根挺直、牙关紧闭等是破伤风的特征。当马淋巴结发生慢性肿胀,尤其是浅在淋巴管肿胀,提示流行性淋巴管炎。伴有发热的腹痛病有肠型炭疽、巴氏杆菌病、出血性肠炎、腹膜炎等。

2）兔的临诊检查要点

兔在临诊检疫中,群体检疫和个体检疫一般未作严格的区分,常结合在一起进行,并且以感官检查(尤其是视检)为主,抽检体温为辅。兔的临诊检疫以精神状态、营养、可视黏膜、被毛、呼吸、食欲、四肢、耳、眼、鼻、肛门、粪便等为主要检查内容。

①健兔。神态活泼,行动敏捷;两耳直立,两眼圆瞪明亮,眼睑湿润,眼角干净;被毛浓密,匀整清洁,润泽有光;肛门干净,粪球光滑;背肉丰厚。

②病兔。精神委顿,两眼无神,被毛粗乱,偏头垂耳;兴奋不安,急躁乱跳;四肢麻痹,伏卧不起;行动跛跌,反应迟钝;眼有分泌物,呼吸困难,粪便软稀,体弱消瘦,体温升高。

3）犬的临诊检查要点

①健犬。站立时,显得自然、挺立;扑食物或玩具时,显得很轻灵;被毛完整有光泽,摸起来有润滑和舒服感;眼睛明亮、有神,对外界事物反应灵敏,眼睛滴溜溜转,很有灵气;无眼屎,不流泪;唇部为粉红色,鼻子摸起来潮湿、润滑,有发凉的感觉。

②病犬。被毛粗乱无光泽,摸上去感到粗糙、扎手,有的被毛明显脱落;眼无神,目光呆滞,对外界事物反应迟钝或无反应,或眼睛半睁半闭;眼睛周围很脏,畏光、流泪;可视

黏膜潮红多见于急性热性病、脑炎、肺炎和心脏病,可视黏膜发绀多见于肺水肿、重剧性胃肠炎及中毒病等,可视黏膜黄染多见于钩端螺旋体病、肝病、溶血性疾病、血液寄生虫病等,可视黏膜苍白多见于各种类型的贫血、失血、血孢子虫病和慢性消耗性疾病;鼻子摸起来干燥,有温热感,多见于传染病;体弱无力,站立时拱腰搭背,不主动扑食或叼玩具,不听主人呼唤,要么精神沉郁,要么狂暴、吠叫,甚至咬人(注意狂犬病)。

4)家养野生动物的临诊检查要点

家养野生动物性情凶猛,捕捉困难,且容易造成损伤,所以常把家养野生动物临诊检疫中的群体检疫和个体检疫结合起来检查,以视检为主,其他检查为辅。如果视检没有异常表现时,一般不作捕捉检查。

①健兽。发育正常,被毛光泽,肌肉丰满;对外来刺激易惊慌;呼吸平稳;饮食适当,肛门干净;粪尿硬度、气味、颜色正常。

②病兽。发育不良,被毛无光、倒逆、干燥、脱落;呆立或躺卧,两眼无神凝滞,或半闭或全闭,猫科动物第三眼睑突出;对刺激反应迟钝;兴奋不安,无目的地乱走,不顾障碍的前行,围栏转圈,乱咬物体;体温升高时,口和鼻端干热潮红,或饮多、尿少色深;呼吸次数增多,呼吸困难,鼻孔开张,鼻翼扇动,张口呼吸;粪便干硬色深,量少个小,表面带有极浓稠黏液,或者粪便水样、粥样,不成形,或混有黏液、脓液、血液、气泡,粪味恶臭、腥臭,尿少变色或血尿。

5)鱼的临诊检查要点

活鱼的临诊检查通常以视检为主,先观察鱼的群体状况,再捞出可疑病态鱼3～5条,按嘴、眼、鳃、鳞、鳍的顺序检查。并可配合流行病学、剖检和显微镜检查。检查的重点是体表、鳃和内脏。

①健鱼。群居、群游性好,反应灵敏,浮沉自如;发育匀称,食欲正常;体表有该种鱼的自然色泽,美观发亮,富有弹性,不留指凹。体表黏液少而分布均匀,无色透明;鳃盖清洁紧闭,质地坚硬,鳃内洁净,鳃板鲜红并附有少量黏液;肛门圆形凹陷,白色或淡红色,不突出,不破裂;鳞片有光泽,纹理清晰,被覆少量透明液,不易脱落;眼睛饱满稍突出眼眶,眼球原位不易移动,眼色正常不发红,角膜透明富有弹性。

②病鱼。离群独游或溜边,急躁不安、跳出水面或打转,浮沉困难;食欲不振,发育异常;失去健鱼的正常体表特征,体色发黑或出血变红;鳃盖张开,鳃片发绀或变白,腮丝末端肿大或腐烂,黏液增多并有不洁感。有时,可在体表或鳃内等处发现寄生虫。

6)蜜蜂的临诊检查要点

对蜜蜂群检疫,多采用抽样检查的方法,抽样检查的蜂群一般不少于5%。蜜蜂的临诊检疫方法一般以视检为主,观察蜜蜂的动作、形态、色泽和尸体状态,并嗅气味,且常配合流行病学调查,必要时进行实验室检查。为了细致的视检,可以采用震动或触动的刺激方法,但应注意蜜蜂蜇人,防止激怒蜂群,因此,要忌黑色、暗色、汗臭、葱、蒜、酒、头发、毛织品,最好穿干净白色或浅色衣服。检查时间最好选在气温为16～30 ℃的早上或傍晚,且动作轻稳,谨慎小心。蜜蜂是社会性群体生活的动物,群体性强,因此蜜蜂的检疫要注意蜂群的情况。

（1）健蜂

健蜂群分工严密,各司其职。采集蜂早出晚归,进出巢门直来直去不绕圈子,工作积极勤奋,有条不紊;傍晚工蜂休息时,在巢门附近和上方聚集成片而不成堆。健康的蜂群表现在工蜂,健康工蜂的颜色鲜艳,出巢飞行敏捷矫健,采蜜归来飞行沉稳,浊声明显。

（2）病蜂

①动作异常。行动迟缓,不爱动,呆滞,不蜇人,可能患有传染病;蜂群表现激动,可能患有寄生虫病或中毒;两翅震抖可能患有麻痹病;蜂腹部向下勾着爬行可能患枣花病。

②形态变形。工蜂腹部膨大像蜂王样,可能是患痢疾、阿米巴原虫病、甘露蜜中毒、饲料中毒;蜂体瘦小,翅不完整,不能飞行,可能是螨病。

③蜂体变色。蜂体呈棕色,尾部三节发黑,可能是孢子虫病;蜂体为乳白到棕色,可能是美洲蜂幼虫腐臭病;蜂体黄色,可能是欧洲蜂幼虫腐臭病。

④气味特殊。美洲蜂幼虫腐臭病有鱼腥味;欧洲蜂幼虫腐臭病有酸臭味;囊状蚴虫病无臭味。

⑤尸体异型。美洲蜂幼虫腐臭病尸体尾尖粘在房底;欧洲蜂幼虫腐臭病尸体盘在房底;囊状蚴虫病尸体像龙船样上翘。

2.4 动物检疫的方式

动物检疫具有被检动物在检疫现场停留时间短的特点。例如,运输检疫时,一般要求全部检疫过程在 6 h 内完成,这就要求动物检疫员亲临现场,尽量在短时间内得出准确的结果,必要时进行隔离检疫。因此,动物检疫的方式可分为现场检疫和隔离检疫两种情况。

2.4.1 现场检疫

1）现场检疫的概念

现场检疫是指动物在交易、待宰、待运或运输前后以及到达口岸时,在现场集中进行的检疫方式。现场检疫方式适用于内检和外检的各种动物检疫,是一种常用而且必要的检疫方式。

2）现场检疫的内容

现场检疫的内容是查证验物和"三观一查"。

①查证验物。查证就是查看有无检疫证书,检疫证书是否是法定检疫机构的出证,检疫证书是否在有效期内,查看贸易单据、合同以及其他应有的证明。验物就是核对被检动物的种类、品种、数量、产地等是否与上述证单相符合。

②"三观一查"。"三观"是指临诊检疫中群体检疫的静态、动态和饮食状态 3 个方面的观察,"一查"是指临诊检疫中的个体检查。也就是说,通过"三观"从群体中发现可疑病畜禽,再对可疑病畜禽个体进行详细地临诊检查,以便得出临床诊断结果。

3) 某些情况下的现场检疫内容

当经过现场一般检疫后,若发现有可疑患病动物,并经过个体详细临诊检查后认为患有传染病和寄生虫病时,必须进行更详细的检疫内容。

①疫情调查。按照检疫方法中的流行病学调查内容进行流行病学调查,以便了解动物产地疫病情况,为进一步确诊提供诊断线索。

②病理剖检。当被检群体中有症状明显或病死动物时,检疫人员可进行病理剖检,并采取病料,为确诊提供诊断依据。

③实验检查。一般的动物检疫机构都有现场检疫实验室或现场检疫箱,能够进行病料涂片、染色、镜检细菌、寄生虫及快速免疫学诊断,以便为疫病确诊提供重要诊断依据。

④消毒和病死动物处理。对动物运输工具、饲喂工具、包装和铺垫材料以及动物停留过的场地,都必须在检疫人员监督下,由货主按照要求进行认真的消毒,对病、死动物按规定进行处理。

2.4.2　隔离检疫

1) 隔离检疫的概念

隔离检疫是指将动物放在具有一定条件的隔离场或隔离圈(列车箱、船舱)进行的检疫方式。隔离检疫主要用于出入境检疫,准备出境动物的产地检疫,动物在运输前、后及过程中被发现有或怀疑有传染病时的运输检疫,种畜禽调运前后的检疫,建立健康畜群时的净化检疫。如调运种畜禽一般于起运前15~30 d在原种畜禽场或隔离场进行检疫。到场后可根据需要,隔离15~30 d。

2) 检疫隔离场的条件

为防止动物疫病的传播,动物检疫隔离场应具备一定的条件。

①相对偏僻。检疫隔离场的场址应远离城镇、市场、牧场、配种站、兽医院、屠宰场、畜产品加工厂以及学校、水源和交通要道,远离的距离最好在1 km以上。

②有隔离设施。隔离设施包括围墙、隔离圈舍、更衣室、病理解剖室等。

③有消毒和尸体处理设施。消毒设施包括入口消毒设施、污水消毒处理设施、粪便垫草污物消毒处理设施;患病动物尸体处理设施根据条件不同可设有焚尸炉、湿化机或专用尸体坑。

④其他条件。能供应水、电,夏有防晒、冬有保暖条件,有汽车道路。

3) 隔离检疫的内容

隔离检疫的主要内容是隔离临诊检查和实验检查。

①临诊检查。动物在隔离场期间,必须按规定进行临诊健康检查。如观察动物静态、动态和饮食状态,并定时进行体温检查,以便及时掌握动物的健康状况。一旦发现可疑患病动物,应及时采取病料送检。若有病死动物时,应及时剖检,并做好有关记录。

②实验检查。动物在隔离期间,按照我国有关规定,或两国政府签订的条款,以及双方合同的要求,进行规定项目的实验室检查,并严格按照有关规定进行检疫后的处理。

2.5　动物检疫的处理

动物检疫处理是指在动物检疫中对被检动物、动物产品出证放行或进行无害化处理等一系列措施的总称。动物检疫处理是动物检疫工作的内容之一,只有及时而合理地进行动物检疫处理,才可以防止疫病扩散,保障防疫效果和人类健康;只有作好检疫后的处理,才算真正完成动物检疫任务。

2.5.1　动物检疫结果的分类

动物检疫结果有合格和不合格两种情况,因此,动物检疫处理的原则有两条:一是对合格动物、动物产品出证放行;二是对不合格的动物、动物产品贯彻"预防为主"和就地处理的原则,不能就地处理的(如运输中发现)可就近处理。

2.5.2　动物检疫处理的主要方法

动物检疫处理方法是根据检疫出疫病的种类而确定,不同检疫对象,采取不同的处理方法,具体方法详见第5~9章。

2.5.3　国内动物检疫的处理

1)合格动物、动物产品的处理方法

经检疫确定为无检疫对象的动物、动物产品属于合格的动物、动物产品,由动物防疫监督机构出具检疫证明,动物产品同时加盖验讫标志。目前,我国所使用的动物防疫证照是农业部于1998年9月制定的。

(1)合格动物

①县境内交易迁移的动物,出具《动物产地检疫合格证明》。

②运出县境的动物,出具《出县境动物检疫合格证明》。

(2)合格动物产品

①县境内交易的动物产品,出具《动物产品检疫合格证明》。

②运出县境的动物产品,出具《出县境动物产品检疫合格证明》。

③验讫标志。剥皮肉类(如马肉、牛肉、骡肉、驴肉、羊肉、猪肉等),在其胴体或分割体上加盖方形针码检疫印章;带皮肉类,加盖滚筒式验讫印章;白条禽(鸡、鸭、鹅)和剥皮兔等,在其后腿(肢)上部加盖圆形针码检疫印章。

2)不合格动物、动物产品的处理方法

经检疫确定患有检疫对象的动物、疑似动物及染疫动物产品为不合格动物、动物产品,应做防疫消毒和其他无害化处理;无法做无害化处理的,应予以销毁。若发现动物、动物产品未按规定进行免疫、检疫或检疫证明过期的,应进行补注、补检或重检。

①补注。对未按规定预防接种或已接种但超过免疫有效期的动物进行的预防接种。

②补检。对未经检疫进入流通的动物及其产品进行的检疫。

③重检。动物及其产品的检疫证明过期或在有效期内有异常情况出现时,可重新检疫。

经检疫的阳性动物加施圆形针码免疫、检疫印章,如结核病阳性牛,在其左肩胛部加盖此章;布氏杆菌病阳性牛,在其右肩胛部加盖此章。

不合格动物产品可在胴体上加盖销毁、化制或高温标志,并作无害化处理,脏器也要按规定做无害化处理。

3) 各类动物疫病的检疫处理

①一类动物疫病的处理。当地县级以上地方人民政府畜牧兽医行政管理部门(畜牧局)应立即派人到现场,划定疫点、疫区、受威胁区,采集病料,调查疫情并及时报请同级人民政府决定对疫区实行封锁,并将疫情等情况于 24 h 内逐级上报国家农业部。做好保密工作,因为只有国家农业部有权对外公布疫情。

县级以上地方人民政府应立即组织有关部门和单位采取隔离、扑杀、销毁、消毒、紧急免疫接种等强制性控制、扑灭措施,迅速扑灭疫病,并通报毗邻地区。

在封锁期间,禁止染疫和疑似染疫动物、动物产品流出疫区,禁止非疫区的动物进入疫区,并根据扑灭疫病的需要对出入封锁区的人员、运输工具及有关物品采取消毒和其他限制性措施。

当疫点、疫区内染疫、疑似染疫的动物扑杀或死亡后,经过该疫病的一个潜伏期以上的监测,再无疫情发生时,经县级以上人民政府畜牧兽医管理部门确认合格后,由原决定机关宣布解除封锁。

②二类动物疫病的处理。当地县级以上地方人民政府畜牧兽医行政管理部门划定疫点、疫区和受威胁区,县级以上地方人民政府组织有关部门和单位采取隔离、扑杀、销毁、消毒,紧急免疫接种,限制易感染的动物、动物产品及有关物品出入等控制、扑灭措施。

③三类动物疫病的处理。县级、乡级人民政府按照动物疫病预防计划和农业部的有关规定,组织防治和净化。

④二、三类疫病呈暴发性流行时的处理,按一类疫病处理。

⑤人畜共患疫病的处理。农牧部门与卫生行政部门及有关单位互相通报疫情,及时采取控制扑灭措施。

复习思考题

1.为什么询问调查是流行病学调查中一个最基本、最主要的方法?

2.如何进行动物的群体检疫和个体检疫?

3.现代生物技术包括哪些内容?

4.猪、牛、羊、禽的临诊检疫特点分别有哪些?

5.国内发生动物疫病时应如何处理?

实训指导 1 猪的临诊检疫

1. 实习内容

①猪的临诊检疫基本技术。
②群体检疫和个体检疫要点。

2. 目的要求

①学会猪的临诊检疫基本技术、群体和个体临诊检疫的方法。
②具备对猪进行临诊检疫的能力。

3. 设备和材料

动物保定用具、听诊器、体温计等检疫器材,被检猪群,群检场地及其他。

4. 内容及方法

1)临诊检疫的基本方法

临诊检疫的基本方法主要包括问诊、视诊、触诊、叩诊、听诊和嗅诊。这些方法简便易行,对各种动物,在任何地方均可实施,并能较为准确地判断病理变化。其中以视诊方法为主。

(1)问诊

问诊就是向饲养人员调查、了解猪发病情况和经过的一种方法。问诊的主要内容包括:

①现病史。被检猪有没有发病;发病的时间、地点,病猪的主要表现、经过、治疗措施和效果,畜主估计的致病原因等。

②既往病史。过去病猪或猪群患病情况,是否发生过类似疫病,其经过与结局如何,本地或邻近乡、村的常在疫情及地区性的常发病,预防接种的内容、时间及结果等。

③饲养管理情况。饲料的种类和品质,饲养制度与方法;猪舍的卫生条件,运动场、农牧场的地理情况,附近厂矿的三废处理情况;猪的生产性能等。

问诊的内容十分广泛,但应根据具体情况适当增减,既要有重点,又要全面收集情况,注意采取启发式的询问方法。可先问后检查,也可边检查边问。问诊态度要和蔼、诚恳、亲切,且语言应通俗易懂,争取畜主的密切合作。对问诊所得的材料应抱客观态度,既不能绝对地肯定,又不能简单地否定,而应结合临诊检查资料,进行综合分析,从而找出诊断线索。

(2)视诊

视诊就是用肉眼或借助简单器械观察病猪和猪群病理现象的一种检查方法。视诊的主要内容包括:

①外貌。如体格大小,发育程度,营养状况,体质强弱,躯体结构等。

②精神。沉郁或兴奋。

③姿态步样。静止时的姿势,运动中的步态。

④表被组织。如被毛状态,皮肤、黏膜颜色和特征,体表创伤、溃疡、疹疱、肿胀等病变的位置、大小及形状等。

⑤与体表直通的体腔。如口腔、鼻腔、咽喉、阴道等黏膜颜色的变化和完整性的破坏情况,分泌物、渗出物的数量、性质及混杂物情况。

⑥某些生理活动情况。如呼吸动作和咳嗽,采食、咀嚼、吞咽,有无呕吐、腹泻,排粪、排尿的状态以及粪便、尿液的数量、性质和混有物等。

视诊的一般程序是先视检猪群,以发现可能患病的个体。对个体的视诊先在距离猪2~3 m远的地方,从左前方开始,从前向后逐渐按顺序视察头部、颈部、胸部、腹部、四肢,再走到家畜的正后方稍作停留,视察尾部、会阴部,对照观察两侧胸腹部及臀部状态和对称性,再由右侧到正前方。如果发现异常,可接近猪只,按相反方向再转一圈,对异常变化进行仔细的观察。观察运动状态。

视诊宜在光线较好的场所进行。视诊时应先让猪休息,熟悉周围环境,待呼吸、心跳平稳后进行。切忌只根据视诊症状确定诊断,应结合其他检查结果综合分析判断。

(3)触诊

触诊就是利用手指、手掌、手背或拳头的触压感觉来判定局部组织或器官状态的一种检查方法。触诊的主要内容包括:

①体表状态。耳温,皮肤的温湿度、弹性及硬度,浅表淋巴结及肿物的位置、大小、形态、温度、内容物的性状以及疼痛反应等。

②某些器官的活动情况。如心搏动、脉搏等。

③腹腔脏器。可通过软腹壁进行深部触诊,感知腹腔状态,胃肠、肝、脾的硬度,肾与膀胱的病变以及母猪的妊娠情况等。

(4)听诊

听诊是利用听觉去辨认某些器官在活动过程中的声响,借以判断其病理变化的一种检查方法。听诊的主要内容是心血管系统、呼吸系统和消化系统。

听诊有直接和间接两种方法。主要用于听诊心音、喉、气管和肺泡呼吸音,胸膜的病理声响以及胃肠的蠕动音等。

听诊应在安静的环境进行,听诊器耳塞与耳道接触的松紧度要适宜,集音头应紧贴被检部位,胶管不能交叉,也不要与他物接触,以免发生杂音。听诊时注意力要集中,如听呼吸音时要观察呼吸动作,听心音时要注意心搏动等,还应注意与传来的其他器官的声音区别。

(5)嗅诊

嗅诊是利用嗅觉辨别动物散发出的气味,借以判断其病理气味的一种检查方法。嗅诊内容包括呼吸气味、口腔气味、粪尿等排泄物气味以及带有特殊气味的分泌物等。

2)群体检查和个体临诊检查

参照第2章2.1节有关群体检疫和个体检疫的内容。

3）猪的临诊检疫

参照第 2 章 2.3 节有关猪的临诊检疫内容。

5. 实训报告

如何进行猪的群体检疫和个体检疫,本次实训结果如何? 有何体会?

实训指导 2　牛、羊的临诊检疫

1. 实习内容

①牛、羊临诊检疫的基本技术。
②牛、羊群体检疫和个体检疫要点。

2. 目标

通过实训练习,使学生学会牛、羊的临诊检疫技术,具备独立进行牛、羊临诊检疫的能力。

3. 设备和材料

动物保定用具,检疫器械,被检牛、羊群,群检场地及其他。

4. 内容及方法

①临诊检疫的基本方法。参见本章实训指导 1。
②群体检疫和个体临诊检疫。参照第 2 章 2.1 节有关群体检疫和个体检疫的内容。
③牛的临诊检疫。参见第 2 章 2.3 节有关牛的临诊检疫的内容。
④羊的临诊检疫。参见第 2 章 2.3 节有关羊的临诊检疫的内容。
⑤实训报告。如何进行牛、羊的群体检疫和个体检疫? 本次实训结果如何? 有何体会?

实训指导 3　家禽的临诊检疫

1. 实习内容

①家禽临诊检疫的基本技术。
②家禽群体检疫和个体检疫要点。

2. 目标

通过实训练习,使学生学会家禽的临诊检疫技术,具备独立进行家禽临诊检疫的能力。

3. 设备和材料

被检家禽,群检场地及其他。

4. 内容及方法

(1)临诊检疫的基本方法

参见本章实训指导1,但以问诊、视诊、触诊为主要方法。

(2)一般群体和个体临诊检疫

参见第2章2.1节的有关内容。

(3)禽的临诊检疫

其中禽的群体检疫特点参见第2章2.3节。有关禽的临诊检疫内容。禽的个体检疫方法如下:

①鸡。对鸡进行个体检疫时,检疫人员常以左手握住其两翅根部,先观察头部,注意冠、肉髯和无羽毛处有无苍白、发绀、痘疹,眼、鼻及喙有无异常分泌物等变化;再以右手的中指抵住咽喉部,并以拇指和食指夹压两颊,迫使其张开口,以观察口腔与喉头有无大量黏液,黏膜是否有出血点和有无灰白色伪膜或其他病理变化;再摸嗉囊,探查其充实度及内容物的性质。摸检胸腹部及腿部肌肉、关节等处,以确定有无关节肿大、骨折、外伤等情况;再将鸡高举,使其颈部贴近检验者的耳部,听其有无异常呼吸音,并触压喉头及气管,诱发咳嗽。还应注意肛门附近有无粪污及潮湿。必要时检测体温。

②鸭。对鸭进行个体检疫时,常以右手抓住鸭的上颈部,提起后夹于左臂下,同时以左手托住锁骨部,然后进行检查。检查的顺序是头部、天然孔、食道膨大部、皮肤、肛门,以及检测体温。

③鹅。对鹅进行个体检疫时,因鹅体较重,不便提起,一般就地压倒进行检查,检查顺序与鸭相同。

5. 实训报告

如何进行家禽的群体检疫和个体检疫?本次实训结果如何?有何体会?

第3章
国内动物检疫

本章导读:本章主要就对国内动物及其产品的检疫作了详细地阐述。内容主要包括产地检疫、屠宰检疫、运输检疫和市场检疫。通过学习,要求深刻了解产地检疫的意义、要求和内容,宰前检疫的程序和方法,宰后检疫的内容、基本方法和意义;了解运输检疫、市场检疫监督的意义。

国内动物检疫是指对国内动物及其产品进行的检疫,又称为内检。

为了保护各省、市、自治区免受动物疫病的侵入,防止动物疫病蔓延扩散,各省、市、自治区畜禽防检机构,应对原产地、输入、输出的动物及其产品进行动物检疫,对路过本地区的动物及其产品进行动物监督。动物饲养、经营及有关单位和个人,应按照所在地农牧部门或乡政府的动物检疫部署,做好动物检疫工作,严防动物疫病的发生和传播。这里的经营含义是指从事动物及其产品在流通过程中的活动,包括买卖、仓储、运输、屠宰、加工等。农牧部门或其委托单位应按照规定实施监督检查,查验畜禽及其产品的检疫证明。在有效期内发现异常时,可以从中抽取部分畜禽及其产品进行检疫;对于没有检疫或检疫证明超过有效期的畜禽及其产品,应进行补检或重检,并对合格者出具检疫证明。

国内动物检疫包括产地检疫、屠宰检疫、运输检疫和市场检疫。

3.1 产地检疫

3.1.1 产地检疫的概念、意义、分类及要求

1)产地检疫的概念

产地检疫是指动物及其产品在离开饲养、生产地之前所进行的动物检疫。

产地检疫包含许多不同的情况,如动物饲养场或饲养户等饲养的动物,按照常年检疫计划,在饲养场地进行的就地检疫;动物于出售前在饲养场地进行的就地检疫;动物于准备运输前在饲养地进行的就地检疫;准备出口动物在未进入口岸前进行的隔离检疫;准备出售或调运的动物产品在生产厂地进行的检疫等。可见,产地检疫是一项基层检疫

工作。因此,一般的产地检疫主要由乡镇畜牧兽医站具体负责,出口动物及其产品的产地检疫应由当地县级以上兽医行政管理部门所属动物防疫监督机构负责。

2)产地检疫的意义

做好产地检疫对贯彻和落实预防为主的方针有极其重要的意义,可以有效促进基层防疫工作开展。如产地检疫首先查验免疫证明,可以督促畜主主动做好防疫;由于产地检疫时间充分,可参考的内容较多,可利用多种检验手段,作出客观地判断。做好了产地检疫可以防止疫病进入流通领域,从而可以克服流通领域里要求短时间做出准确检疫的困难,减轻贸易、运输检疫的压力,减少贸易损失。可见,产地检疫是直接控制动物疫病的有力措施,是做好整个动物检疫的基础。因此,应重视产地检疫,要把产地检疫作为整个检疫工作的重点。

3)产地检疫的分类

产地检疫可根据检疫环节的不同分以下几类:

①产地售前检疫。对畜禽养殖场或个人、动物产品生产加工单位或个人准备出售的畜禽、动物产品在出售前进行的检疫。

②产地常规检疫(计划性检疫)。对正在饲养过程中的畜禽,按常年检疫计划进行的检疫。

③产地隔离检疫。对准备出口的畜禽未进入口岸前在产地隔离进行的检疫。国内异地调运种用畜禽,运前在原种畜禽场隔离进行的检疫和产地引种饲养调回动物后进行的隔离观察亦属产地隔离检疫。

4)产地检疫的要求

①定期检疫。畜禽饲养场和饲养户应按照检疫的要求,每年对畜禽进行某些疫病(如结核病、布鲁氏菌病、马鼻疽等)的定期检疫。饲养种畜、种禽、奶畜的单位和个人,要根据国家规定的要求进行检疫,或由当地畜禽防检机构进行检疫。

②引进检疫。凡引进种畜、种禽的单位,在种畜、种禽进场后,必须将其隔离一定时间(大家畜45 d,小家畜30 d),经检疫确认无疫病后才能供使用。

③售前检疫。饲养单位或饲养户的家畜出售前,必须经当地动物防疫防检机构或其委托单位实施检疫,并出具检疫证明。动物、动物产品售前检疫是产地检疫的核心和关键,是保证采购质量,减少采购损失,防止疫病传播的重要环节。

④运前检疫。动物及其产品集结后准备调运前,应进行产地检疫,由县级以上动物防疫监督机构出具检疫合格证。

⑤确定检疫。当发生疫情时,应及时向动物防疫监督机构报告,以便及时确诊和采取防治措施。

3.1.2 产地检疫的组织、内容、方法和程序

1)产地检疫的组织

①产地检疫组织的形式。一般到现场就地检疫,如到饲养场、饲养户进行就地检疫。

若是准备出口的动物,也可以就地集结后进行就地检疫。特别是在我国目前广大农牧民的分散饲养仍是畜禽养殖业的主要生产方式的情况下,在组织产地检疫时,应多到现场进行就地检疫。

②产地检疫人员的组织。由于产地检疫工作量大,需用大量的人员,包括技术人员、保安人员和畜主。这就需要依据具体情况,很好地进行产地检疫人员的组织分工,具体落实任务,以提高检疫工作效率。

2)产地检疫的内容

①疫情调查。通过询问有关人员(畜主、饲养管理人员、防疫员等)和对检疫现场的实际观察,了解当地疫情及邻近地疫情动态,确定被检动物是否在非疫区或来自非疫区,即被检动物是否存在于或来自于发生传染病的村、屯以外的地区。

②查验免疫证明。向有关人员索验畜禽免疫接种证明或查验动物体表是否有圆形针码免疫、检疫印章。检查畜禽养殖场或养殖户,对国家规定或地方规定必须强制免疫的疫病是否进行了免疫;动物是否处在免疫保护期内。如国家强制免疫的猪瘟、鸡新城疫等畜禽疫病;奶牛场每年3—4月必须进行无毒炭疽芽孢苗的注射,且密度不得低于95%。某些地方强制免疫的猪丹毒、猪肺疫、羊痘等疫病,如果未按规定进行免疫,或虽然免疫但已不在免疫保护期内,要以合格疫苗再次接种,出具免疫证明。

各种疫苗的免疫保护期不同,检验员必须熟悉,如猪瘟兔化弱毒冻干苗,注射后4 d就可产生免疫力,免疫期1.5年;而猪瘟、猪丹毒、猪肺疫三联冻干苗注射后2~3周产生免疫力,免疫期6个月;无毒炭疽芽孢苗注射后14 d产生免疫力,免疫期为1年。

《动物免疫证》的适用范围:用于证明已经免疫后的动物,由实施免疫的人员填写,在免疫后发给畜主保存。有的动物体表留有免疫标志,如猪注射猪瘟疫苗后可在其耳部轧打塑料标牌,或在其左肩胛部盖有圆形印章。

③临床健康检查。对被检动物进行临床检查,确定动物是否健康。对即将屠宰的畜禽进行临床观察;对种用、乳用、实验动物及役用动物除临床检查外,按检疫要求进行特定项目的实验室检验,如奶牛结核病变态反应检查等。

④检疫收费。按规定收费。

⑤出具产地检疫证明。动物售前经检疫符合出证条件的出具检疫证明。

⑥有运载工具的进行运载工具消毒。对运载动物、动物产品的车辆、船舶等运载工具在装前、卸后进行消毒。消毒合格后,出具运载工具消毒证明。

关于动物产品的售前检疫,因产品种类不同其检疫内容有区别。肉品按肉品卫生检验的内容进行检验。骨、蹄、角应检查是否经过外包装消毒。骨是否带有未剔除干净的残肉、结缔组织等,是否有异臭;皮毛是否经过氧乙酸、环氧乙烷消毒或是否经炭疽沉淀试验;对于种蛋、精液,则要了解种畜禽场防疫状况和供体健康状况,种蛋出场前是否经福尔马林、高锰酸钾等消毒,精液是否进行了品质检查。但不论何种动物产品,都应首先确定是否在非疫区。动物产品经检疫符合出证条件的出具检疫证明,属胴体的在胴体上加盖明显的验讫标志。

3)产地检疫的方法

产地检疫对象一般是区域内检疫对象。但是,各省、市、自治区可根据当地疫病情况进行增减,有时可根据贸易双方协定的应检病虫进行产地检疫。由于产地检疫是在饲养生产地进行现场检疫,因此一般的产地检疫多以临场检疫方法为主。某些检疫对象按规定必须进行实验室检查时,才能进行特异性检疫。在进行产地检疫时,必须弄清检疫对象的临场检疫的要点、特异检疫的方法和标准,作好技术和药械的准备。当然,不同的检疫对象有不同的检疫要点、方法、标准,并非千篇一律。

4)产地检疫的程序

动物产地售前检疫的程序是:疫情调查→查验免疫证明→临床健康检查→检疫收费→①符合出证条件的出证;②不符合出证条件的按规定处理。

有运载工具的,对运载工具消毒。消毒合格后,收取消毒费用,并出具运载工具消毒证明。

3.1.3　产地检疫的出证

产地检疫的出证是指经过产地检疫后对合格的动物、动物产品出具《动物产地检疫合格证明》和《动物产品检疫合格证明》。

1)产地检疫的出证条件

(1)动物须具备的条件

①被检动物在非疫区。

②动物免疫接种在有效期内。

③动物临床检查健康。需要做实验室检验的,经检验结果为阴性。

(2)动物产品须具备的条件

①被检动物产品在非疫区。

②肉类经检验合格、肉尸上加盖合格的验讫印章或加封检疫标志。

③骨、蹄、角经外包装消毒。

④种蛋、精液的供体健康,种蛋出场前已经熏蒸消毒。

⑤皮毛做炭疽沉淀反应呈阴性或经环氧乙烷、过氧乙酸消毒合格。

2)产地检疫证明的适用范围、有效期

(1)产地检疫证明的适用范围

产地检疫证明仅限于本县境内交易、运输的动物、动物产品使用。两县毗邻乡镇之间交易的动物、动物产品,经两县动物防疫监督机构协商同意,也可出具此证明。

(2)产地检疫证明的有效期

《动物产地检疫合格证明》的有效期,一般在 1～2 d,必要时可适当延长,但最长不得超过 7 d;《动物产品检疫合格证明》的有效期一般在 1～2 d,最长不得超过 30 d。动物产品种类多,证明的有效期应视产品的种类、用途、保存条件、运输距离以及环境因素等综

合考虑。在夏季无冷藏条件销售鲜肉类,有效期限在当日,而对保存条件好的可适当延长有效期。对非食用性动物产品,已检疫消毒合格后有效期可长些。总之,应以保证动物产品的安全、卫生质量为前提确定有效期。有效期从签发日期当天算起。

3.2 屠宰检疫

屠宰检疫是指动物在屠宰加工过程中进行的检疫。屠宰检疫包括宰前检疫和宰后检疫(检验)。

3.2.1 宰前检疫

1)宰前检疫的概念和意义

(1)宰前检疫的概念

宰前检疫是指对宰前畜禽进行的检疫,它是屠宰检疫的重要组成部分,也是畜禽生前最后的一次检疫。

(2)宰前检疫的意义

可对及时发现的病畜禽,实行病健隔离,病健分宰,减少肉品污染,提高肉品卫生质量,防止疫病扩散,保护人体健康。它能检出宰后检验难以检出的疫病,如破伤风、狂犬病、李氏杆菌病、流行性乙型脑炎、口蹄疫和某些中毒性疾病等。有的因宰后一般无特殊病理变化,有的因解剖部位关系宰后检验常有被忽略或漏检,而其临诊症状明显典型,不难作出生前诊断。同时,通过宰前验证,促进动物产地检疫,防止无证收购、无证宰杀。因此,应认真仔细地做好宰前检疫。

2)宰前检疫的要求

(1)宰前必须检疫

凡屠宰加工动物的单位和个人必须按照《肉品卫生检验试行规程》的规定,对动物进行宰前检疫。

(2)应由动物防疫监督机构监督

动物防疫监督机构应对屠宰厂、肉类联合加工厂进行监督检查,根据监督检查发现的问题,可以向厂方或其上级主管部门提出建议或处理意见,制止不符合检疫要求的动物产品出厂。有自检权的屠宰厂和肉类联合加工厂的检疫工作,一般由厂方负责,但应接受动物防疫监督机构的监督检查。其他单位、个人屠宰的动物,必须由当地动物防疫监督机构或其委托单位进行检疫,并出具检疫证明,胴体加盖验讫印章。

(3)宰前检疫的组织

组织宰前检疫需要根据宰前检疫的任务进行。宰前检疫的任务有两个:一是查验有关证明。来自本县的动物查验产地检疫证明,来自外县的动物查验运输检疫证明;二是临诊检查健康。宰前检疫要在很短的时间内,从待检群中迅速检出患病动物,这就要求动物检疫人员,不仅要有熟练的技术,而且必须做好宰前检疫的组织工作。宰前检疫的

组织工作,大致可分为3步进行:

①预检。预检是防止疫病混入的重要环节。应认真做好如下工作:

验讫证件,了解疫情。检疫人员首先向押运人员索取《动物产地检疫合格证明》或《出县境动物检疫合格证明》,了解产地有无疫情和途中病、死情况,并亲临车、船,仔细观察畜群,核对屠畜的种类和数量。若屠畜数目有出入,或有病死现象,产地有严重疫情流行,有可疑疫情时,应将该批屠畜立即转入隔离栏圈,进行详细临诊检查和必要的实验室诊断,待疫病性质确定后,按有关规定妥善处理。

视检家畜,病健分群。经过初步视检和调查了解,认为合格的畜群允许卸下,并赶入预检圈。此时,检疫人员要认真观察每头屠畜的外貌、运动姿势、精神状况等。如发现异常,立即涂刷一定标记并赶入隔离圈,待验收后进行详细检查和处理。赶入预检圈的屠畜,必须按产地、批次,分圈饲养,不可混杂。

逐头测温,剔出病畜。进入预检圈的牲畜,要给足饮水,待休息4 h后,再进行详细的临诊检查,逐头测温。经检查确认健康的牲畜,可以赶入饲养圈。病畜或疑似病畜则赶入隔离圈。

个别诊断,按章处理。被隔离的病畜或可疑病畜,经适当休息后,进行详细地临诊检查,必要时辅以实验室检查。确诊后,按有关规定处理。

②住检。经过预检的健畜,允许进入饲养圈(场)饲养2 d以上。在住场饲养期间,检疫人员应经常深入畜群查圈查食,发现病畜或可疑畜应及时挑出。

③送检。在送宰前进行一次详细地外貌检查和体温测量,应最大限度地检出病畜。送检认为合格的家畜,签发宰前检疫合格证,送候宰圈等候屠宰。

3)宰前检疫后的处理

宰前检疫后,对合格动物(通过宰前检疫健康,符合卫生质量要求和商品规格的动物)均准予屠宰。对患病的动物,根据疫病的性质进行如下处理:

(1)禁宰

对宰前检出十大恶性传染病的动物、患一类检疫对象的动物以及患兔黏液瘤病、野兔热、兔病毒性出血症等动物禁止屠宰,采取不放血的方法扑杀后销毁尸体。其同群其他动物按疫病种类不同进行妥善处理。

①炭疽。反刍兽与马属动物,同群的动物立即全部测温,体温正常的急宰;体温不正常的予以隔离,并注射有效药物观察3 d,待无高温和临床症状时方可屠宰;如不能注射有效药物,必须隔离观察14 d,待无高温和临床症状时方可屠宰。

在猪群中发现炭疽时,同群的猪应立即全部进行测温,体温正常的应在指定地点屠宰,认真检验;不正常者予以隔离观察,确诊为非炭疽时方可屠宰。

凡经炭疽芽孢苗预防注射的动物,经过14 d方可屠宰。曾用于制造炭疽血清的动物,不准作为肉用。

②恶性水肿和气肿疽。同群动物经体温检测,正常的急宰;体温不正常的须隔离观察,待确诊为非恶性水肿或气肿疽时方可屠宰。

③牛瘟。同群牛予以隔离,并注射牛瘟血清观察7 d;不能注射血清时应观察14 d,

待无疫点和临床症状的方可屠宰。

④狂犬病。被患狂犬病或疑似狂犬病咬伤的动物,咬伤后未超过8 d且未发现狂犬病症状的动物准予屠宰,其肉尸、内脏经高温处理后供食用;超过8 d的,按狂犬病处理。

(2)急宰

①确诊为布氏杆菌病、结核病、肠道传染病、乳房炎和其他非传染病的患病动物,均应急宰。如无急宰间,应在指定地点或等宰完健康动物、运出所有产品后,在屠宰间进行急宰。宰后的一切用具、场地及工作服等应彻底消毒。

②确诊为巴氏杆菌病、假性结核病、坏死杆菌病、球虫病的患病动物应急宰。

③确诊为患鸡马立克氏病、鸡白血病、鸡痘、鸡传染性喉气管炎、鹦鹉热、禽霍乱、禽伤寒、禽副伤寒等疫病的家禽,应急宰。

④患一般疾病、物理性原因致伤有死亡危险、体温超出正常范围的动物,应急宰。

(3)冷宰

确认为物理性原因致死的动物可冷宰。宰后经检验认为肉质良好,经无害化处理后可以出场。对病死(患传染病或一般性疾病)、毒死以及不明原因死亡的动物,不得冷宰。

3.2.2 宰后检疫

宰后检疫是指动物在放血解体的情况下,直接检查肉尸、内脏,对肉尸、内脏所呈现的病理变化和异常现象进行综合判断,得出检验结论。宰后检验包括对传染性疾病和寄生虫以外的疾病的检查,对有害腺体摘除情况的检查,对屠宰加工质量的检查,对注水或注入其他物质的检查,对有害物质的检查以及检查是否是种公、母畜或晚阉畜肉。

1)宰后检疫的概念和意义

宰后检疫是指在屠宰解体的状态下,通过感官检查和剖检,必要时辅以细菌学、血清学、病理学和理化学等实验室检查,剔除宰前检疫漏检的病畜(禽)的肉品及副产品,并依照有关规定对这些肉品及副产品进行无害化处理或予以销毁。

宰后检疫是宰前检疫的继续和补充,宰前检疫只能剔除一些具有体温反应或症状比较明显的病畜,对于处于潜伏期或症状不明显的病畜则难以发现,往往随同健畜一起进入屠宰加工过程。这些病畜只有经过宰后检验,在解体状态下,直接观察胴体、脏器所呈现的病理变化和异常现象,才能进行综合分析,作出准确判断,例如猪慢性咽炭疽、猪旋毛虫病、猪囊虫病等。因此,宰后检疫对于检出和控制疫病、保证肉品卫生质量、防止传染等具有重要的意义。

2)宰后检疫的方法

宰后检疫以感官检疫为主,必要时辅之实验室检疫。

(1)感官检疫

动物检疫人员,通过一般的观察,即可大体判断胴体、肉尸和内脏的好坏以及屠宰动物所患的疫病范围。具体方法如下:

①视检。即观察肉尸皮肤、肌肉、胸腹膜、脂肪、骨骼、关节、天然孔及各种脏器的外

部色泽、形态大小、组织性状等是否正常。例如上下颌骨膨大(特别是牛、羊),应注意检查放线菌病;如喉颈部肿胀,应注意检查炭疽和巴氏杆菌病。

②剖检。是用器械切开并观察肉尸或脏器的隐蔽部分或深层组织的变化。这对淋巴结、肌肉、脂肪、脏器疾病的诊断是非常必要的。

③触检。用手直接触摸,以判定组织、器官的弹性和软硬度有无变化。这对发现深部组织或器官内的硬结性病灶具有重要意义。例如,在肺叶内的病灶只有通过触摸才能发现。

④嗅检。对某些无明显病变的疾病或肉品开始腐败时,必须依靠嗅觉来判断。如屠宰动物生前患有尿毒症,肉中带有尿味;药物中毒时,肉中则带有特殊的药味;腐败变质的肉,则散发出腐臭味等。

(2)化验检疫

凡在感官检疫中对某些疫病发生怀疑时,如已判定有腐败变质的肉品,看其是否还有利用价值,可用化验作辅助性检疫,然后作出综合性判断。

①病原检疫。采取有病变的器官、血液、组织用直接涂片法进行镜检,必要时再进行细菌分离、培养、动物接种以及生化反应来加以判定。

②理化检疫。肉的腐败程度完全依靠细菌学检疫是不够的,还须进行理化检疫。可用氨反应、联苯胺反应、硫化氢试验、球蛋白沉淀试验、pH 的测定等综合判断其新鲜程度。

③血清学检疫。针对某种疫病的特殊需要,采取沉淀反应、补体结合反应、凝集试验和血液检查等方法,来鉴定疫病的性质。

3)宰后检疫的要求

宰后检疫是在屠宰加工过程中进行和完成的,因此,对宰后检疫有严格的要求。

(1)对检疫环节的要求

检疫环节应密切配合屠宰加工工艺流程,不能与生产的流水作业相冲突,所以宰后检验常被分作若干环节安插在屠宰加工过程中。

(2)对检疫内容的要求

应检内容必须检查,并严格按国家规定的检疫内容、检查部位进行,不能人为地减少检疫内容或漏检。每一动物的肉尸、内脏、头、皮在分离时编记同一号码,以便查对。

(3)对剖检的要求

为保证肉品的卫生质量和商品价值,剖检时只能在一定的部位,按一定的方向剖检,下刀快而准,切口小而齐,深浅适度。不能乱切和拉锯式的切割,以免造成切口过多过大或切面模糊不清,造成组织人为变化,给检验带来困难。肌肉应顺肌纤维方向切开。

(4)对保护环境的要求

为防止肉品污染和环境污染,当切开脏器或组织的病变部位时,应采取措施,不沾染周围肉尸、不掉地。当发现恶性传染病和一类检疫对象时,应立即停宰,封锁现场,采取防疫措施。

（5）对检疫人员的要求

检疫员每人应携带两套检疫工具，以便在检疫工具受到污染时能及时更换。被污染的工具要彻底消毒后方能使用。检疫人员要做好个人防护。

4）宰后检疫的程序

动物宰后检疫的一般程序是按头部检疫→内脏检疫→肉尸检疫这3大基本环节进行。对于猪，则增加皮肤和旋毛虫检验两个环节，猪的宰后检验程序，即为，头部检验→皮肤检验→内脏检验→旋毛虫检验→肉尸检验5个检验环节。家禽、家兔一般只进行内脏和肉尸两个环节的检疫。

3.2.3　宰后组织器官常见的变化

1）淋巴结的变化

淋巴结是淋巴系统的重要组成部分。它的主要功能之一是能将淋巴和血液内的各种有害物质及微生物阻留于淋巴管道、淋巴窦内的网状内皮细胞内。器官方面的局部淋巴结起着过滤作用，清除淋巴中的有害有毒物质。与有害、有毒物质接触后，淋巴结受到刺激并发生特异性反应，引起淋巴结肿大、出血、充血、化脓、结节以及各种炎症等。病因不同，淋巴结的病理形态也不同。如炭疽痈性肿胀时，淋巴结就肿大4~5倍，切面多汁，呈淡黄色或砖红色，并有黑色的出血斑点，周围组织有胶样浸润；因外伤发生水肿时，淋巴结稍肿大，色泽正常，切面有时可见充血；屠畜表皮发生严重炎症时，则淋巴结多见灰色肿胀；因心脏衰弱引起慢性水肿时，淋巴结仅有水肿变化。因此，对全身淋巴结的剖检，可初步判断疫病的性质。

（1）肉尸中淋巴结的正常颜色、形态及大小

由于屠宰放血，淋巴结多呈灰白色或灰黄色，以豆形多见。其大小因动物种类不同有差异。牛的淋巴结较大，猪次之，马属动物及羊的较小，即使同一动物不同部位的淋巴结亦有大小差别。鸡、兔淋巴结数量少、小，故宰后不剖检淋巴结。

（2）应剖检的主要淋巴结

①头部。颌下淋巴结、耳下腺淋巴结、咽后内侧淋巴结、咽后外侧淋巴结。猪体前半部淋巴结分布及淋巴循环示意图如图3.1所示。

②体躯。颈浅淋巴结（肩前淋巴结）、颈深淋巴结、股前淋巴结（膝上淋巴结）、腹股沟浅淋巴结、腹股沟深淋巴结、髂内淋巴结、腘淋巴结。猪体后半部淋巴结分布及淋巴循环示意图如图3.2所示。

③内脏。肠系膜淋巴结、胃淋巴结、支气管淋巴结（肺淋巴结）、肝淋巴结（肝门淋巴结）、纵隔淋巴结。猪、牛的主要淋巴结位置见图3.3和图3.4所示。

（3）淋巴结的异常变化

多指淋巴结脂肪沉着和炭末沉着。前者多见于过于肥大的猪和长期饲喂含脂肪过多的饲料的猪，肠系膜淋巴结呈黄白色，触摸时有滑腻感，切开切面发黄；后者多见于工业区和矿区的猪，肺门淋巴结外观和切面变黑。

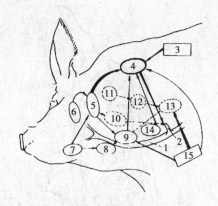
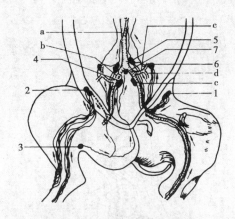

图 3.1　猪体前半部淋巴结分布
及淋巴循环示意图

（图中实线为浅层淋巴结和淋巴流向，
虚线为深层淋巴结和淋巴流向）

1. 左颈静脉；2. 左气管淋巴导管；

3. 来自体前半部的淋巴；

4. 颈浅背侧淋巴结；5. 咽后外侧淋巴结；

6. 腮淋巴结；7. 下颌淋巴结；

8. 下颌副淋巴结；9. 颈浅腹侧淋巴结；

10. 咽后内侧淋巴结；

11. 颈前淋巴结；12. 颈中淋巴结；

13. 颈后淋巴结；14. 颈浅中侧淋巴结；

15. 来自前肢的淋巴结

图 3.2　猪体后半部淋巴结分布
及淋巴循环示意图

（右后肢为表层淋巴管，左后肢为深层
淋巴管，左右两侧淋巴结分
布和淋巴管走向相对称）

1. 髂下淋巴结；2. 腹股沟浅淋巴结；

3. 腘淋巴结；4. 腹股沟深淋巴结；

5. 髂内淋巴结；6. 髂外淋巴结；

7. 荐淋巴结；

a. 腹主动脉；

b，e. 髂外动脉；

c. 旋髂深动脉；

d. 旋髂深动脉分支

（4）常见淋巴结的病变

①充血。淋巴结在炎症初期可发生变性和充血，淋巴结稍肿大，切面呈深红或浅红色，按压时切面可见小血滴。

②水肿。淋巴结肿大，触之柔软，切面组织苍白而松软，按压切面有透明的淋巴液流出。多见于外伤时局部淋巴结单纯性水肿。

③出血与坏死。在淋巴结的渗出液中含大量红细胞，使淋巴结呈红色或深红色。多见于急性传染病，如炭疽、猪肺疫、猪丹毒、猪瘟等。但随疫病种类不同，病变各具有一定特征：猪患炭疽时，淋巴结出血呈砖红色，并散在有污灰色的坏死病灶，淋巴结变硬，淋巴结周围组织常有少量的胶样浸润；猪肺疫、猪丹毒时，全身淋巴结出血呈红色，伴有明显的水肿，切面多汁，按压流出红黄色汁液；猪瘟时，全身淋巴结充血肿胀，暗红或黑红色，切面周边出血明显，呈红白相间的大理石样。

④浆液渗出性炎。淋巴结体积呈急性增大、变软，切面暗红色，有时有出血小点，按压时流出混浊液体，淋巴结有时呈蔷薇色或黄色，多见于急性传染病而伴发有大量毒素形成时，如败血型猪丹毒的淋巴结。

⑤化脓性淋巴结炎。眼观淋巴结肿大、柔软，表面或切面有大小不等的黄白色化脓灶。有时，整个淋巴结形成一个脓包。这种变化多继发于淋巴结所属组织、器官的化脓

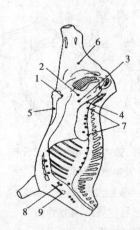

图 3.3　猪的主要淋巴结位置

1.浅腹股沟淋巴结;2.股前淋巴结;

3.深腹股沟淋巴结;4.髂内淋巴结;

5.髂外淋巴结;6.腰淋巴结;

7.肾门淋巴结;8.腘淋巴结;

9.颌下淋巴结;10.颈浅背侧淋巴结;

11.胸骨淋巴结

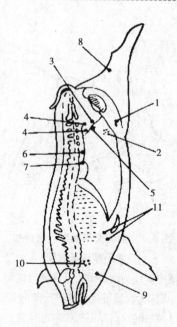

图 3.4　牛的主要淋巴结位置

1.浅腹股沟淋巴结;2.深腹股沟淋巴结;

3.髂外淋巴结;4.髂内淋巴结;

5.股前淋巴结;6.腘淋巴结;

7.腰淋巴结;8.颈后淋巴结;

9.肩胛前淋巴结

性炎症和化脓疮。在马腺疫和马鼻疽等疾病过程中,淋巴结往往化脓。

⑥增生性淋巴结炎。以细胞增生为主时,淋巴结明显增大、变硬,切面呈灰白色脑髓样,称淋巴结"髓样变"。多见于猪副伤寒等传染病;而当结核、副结核、鼻疽和布氏杆菌病时,增生的淋巴结有其特殊表现,即有特殊的肉芽组织增生。此时淋巴结肿大、坚硬,切面呈灰白色,可见粟粒大到蚕豆大的结节,中心坏死呈干酪样。

增生性淋巴结炎以结缔组织增生为主时,淋巴结不肿大且往往比正常淋巴结小,坚硬,切面见不到淋巴结固有结构,仅见增生的结缔组织交错存在。

2)肉品性状的异常变化

肉品性状异常是指气味异常、色泽异常、肉尸消瘦和肉尸掺杂使假。

(1)红膘肉

红膘肉是由于充血、出血或血红素浸润所致,仅见于猪的皮下脂肪,是生猪宰后检验最为常见的病例。因诱发红膘的原因不同,大致可由以下 4 种类型:

①死猪冷宰引起的红膘。因各种原因导致生猪死亡后再屠宰放血的。

②疫病病原体引起的红膘。生猪在饲养管理不良、气候反常突变或长途运输疲劳的情况下,机体抵抗力降低,由病原体的侵入并大量繁殖为主要致病因素而引起的红膘。如猪丹毒、猪肺疫、猪副伤寒等。

③屠宰加工工艺不当引起的红膘。由于屠宰加工工艺掌握不妥,如电麻的方法、时

间和放血的方法不对,造成放血不全所引起的皮下脂肪发红。

④生猪宰前缺乏休息引起的红膘。由于没有严格执行屠宰前的饲养管理制度,生猪没有足够的休息与饮水,是在尚未消除疲劳的情况下进行屠宰的。

(2)黄膘肉

黄膘是指皮下脂肪(肥肉)、胃网膜(网油)、肠系膜(因形似鸡冠,俗称鸡冠油)、腹部脂肪(俗称板油)等呈现不同程度的黄染,大致可分为黄脂肉和黄疸肉。

①黄脂肉。黄脂肉的特点是皮下脂肪或腹腔脂肪发黄、稍混浊、变硬,全身其他组织不黄染,在吊挂24 h后黄色变浅或消失。这种肉品的出现与饲料和体内维生素缺乏有关。动物生前采食过量的不饱和脂肪酸(鱼粉、蚕蛹等)和含天然色素的饲料(黄玉米、胡萝卜等),脂肪易发黄。

②黄疸肉。黄疸肉的特点除脂肪发黄外,全身皮肤、黏膜、脏器均染成不同程度的黄色,多见于马传贫、钩端螺旋体病、锥虫病、梨形虫病及肝片吸虫病等。某些化学物质和饲料中毒后也能发生黄疸。黄疸肉品放置时间越久,颜色越深。

(3)白肌肉

白肌肉又称PSE猪肉。指一种色泽苍白、松软缺乏弹性并有渗出液的猪肉。国外又称"水煮样肉"或"热霉肉"。其发生原因有以下3个方面:

①与品种及遗传性有直接关系,以瘦肉型品种猪发病率高,通常皮埃特拉猪、长白猪易发生。在检验中发现,夏秋季节发生率高于冬春季节。

②PSE猪肉的发生和猪应激症候群(PSS)、猪恶性高热有关。这种猪对外来各种刺激敏感。例如,宰前由于受到强烈的刺激,猪体代谢增强,能量消耗,肌糖元酵解加快,乳酸增多,pH下降,宰后45 min,pH降至5.7以下。引起肌蛋白变性,细胞持水能力下降,以致背最长肌、腰肌、后肢和前肢肌肉群颜色苍白,柔软多汁,像水浸样,切开有液体流出。

③宰前的高温和肌肉痉挛性强直收缩所产生的强直热,使胶原蛋白纤维膨胀软化,肌纤维蛋白中心的水分急速渗出,肌肉色泽变淡,质地变脆,保水性、保存性不良,失重大。

(4)绿色肉

肉及肉制品变成绿色的原因主要有以下几种:

①氧化性变绿。鲜肉可因细菌(具有氧化能力或产生硫化氢)的作用变为灰色或绿色,但并非是腐败性变化,肉糜表层往往由于鲜红色亚铁血红素氧化而变为灰色及绿色,或硫化氢与亚铁血红素结合而产生绿色色素。硫化氢与已还原的肌红蛋白反应生成淡紫色化合物,主要是由于乳酸杆菌所致。

②病理性变绿。猪和牛有一种由变应性原因所引起的嗜伊红细胞性肌炎,以6~12月龄的猪和1~3岁的牛最为常见。

③腐败性变绿。野味的尸体因常不剥皮或拔去羽毛,体温不易发散而致腐败;又因常不除去内脏,肠道内腐败细菌产生的硫化氢,易与肠壁及腹壁肌肉中的血红蛋白与肌红蛋白内的铁质发生反应,致肠和腹壁肌肉变成灰绿色。也可见于夏季炎热天气急宰而开膛延缓的畜禽胴体,尤其是肥猪。肉在厌氧败坏时发绿,是由于腐败可变单胞细菌所致。还有未经冷却而堆叠的胴体,肉堆可提高肉温致肌肉中的组织蛋白酶活性增强而发

生蛋白分解,释出硫化氢,使肉呈现淡绿色。

(5)蓝色肉

蓝色肉在肉品销售的流通环节中,由于违反食品卫生管理的规定,使肉体受到蓝色芽孢杆菌的污染,在肉的表面发育所致。

(6)发光肉

发光肉是一种发光微生物(磷光极毛杆菌)在肉的表面繁殖所引起的一种发光现象,常见于在近海地点储藏的肉。该细菌原在海水中生存繁殖,多附着于海产品上。其污染肉后,7~8 h 即可发生肉的发光现象;当有腐败细菌同时存在时,磷光消失。

(7)深暗色肉

造成深暗色肉的原因常常有两种:

①猪的深暗色肉又称为 DFD。常见于长途运输后的猪,发生率高。

②因屠宰前受到长久刺激后,由于糖原的代谢增加,致在死亡时肌肉内储存的糖原量低,当 pH 增高时,肌细胞微浆体的呼吸作用仍高,肌红蛋白被夺去了氧后使这部分的肉色变深。

(8)黑色肉

引起黑色肉的原因有以下两种:

①主要原因是黑色素沉着。这与机体的多巴氧化酶(存在于哺乳动物的皮肤中)和酪氨酸酶的机能失常有关。

②厌氧性腐败变黑。由于在不合理的条件下保藏和运输鲜肉,压得紧而不透气,致使肉长时间不能冷却,增强肉的组织蛋白酶和腐败性细菌活动,肉的蛋白质发生剧烈分解,导致腐败变黑,并产生强烈的氨臭味。

(9)屠畜骨血色素沉着症

见于猪和犊牛,为一种遗传性的血红蛋白代谢障碍,致骨质有含铁色素(卟啉)沉着。

(10)羸瘦肉与消瘦肉

羸瘦肉皮下、体腔和肌肉间脂肪明显减少或消失,但组织器官无病变,多由饲料不足或饲喂不当引起;消瘦肉常因动物生前患慢性消耗性疾病引起,除肌肉间、皮下、体腔脂肪减少,肌肉缺乏弹性外,组织器官有病变。

3)全身性的组织变化

(1)皮肤、肌肉和器官的出血

皮肤、皮下组织、脂肪、肌肉以及各内脏器官的出血现象,宰后十分常见,其原因可能是由中毒、传染病等病理过程引起,也可能是由物理性原因造成的。

①物理性原因造成的组织出血。当畜禽发生肌肉外伤、骨折或遭受猛烈打击(鞭打),局部组织受损,血管破裂,宰后可见背部皮肤、皮下、肌肉间、肾旁或体腔内局部出血。当屠宰加工时吊宰肥育猪(垂直倒挂),肌纤维撕裂,常见大腿部、腰部肌肉有斑点状、条状出血。当电麻时间过长、电压过大时,肺脏及头颈部淋巴结、头颈部股骨间、软腭、脾等部位出血。

物理性原因造成的组织出血多限于局部,很少见全身性的出血。出血部位大小不一,形态不规则,和周围组织界限不清,颜色鲜红,出血部的脏器不肿大。

②病理性原因造成的组织出血。畜禽活体时患某些疫病、中毒性疾病时,引起的组织器官出血。病理性原因造成的组织出血多是全身性的出血,以皮肤、黏膜、浆膜、筋膜出血常见。出血部位有一定的形态特征,像猪瘟的圆点状出血;出血部位颜色暗红;出血部位附近的淋巴结有出血现象。出血时伴有组织的其他病理变化,如脾脏出血性梗死。

(2)脓肿

脓肿是宰后检验常见的组织病变。皮肤、肌肉、内脏器官都有发生的可能,通常由葡萄球菌、链球菌、大肠杆菌引起。某些传染病(马腺疫、鼻疽)导致淋巴结脓肿。

组织上的脓包大小不等,小到豌豆大小,大至人头大小。脓液呈黄白色或黄色浓稠,无气味。脓汁中含红细胞时呈红黄色,感染绿浓脓杆菌时带青绿色,如果脓汁中有腐败菌则恶臭。

(3)水肿

水肿是体液过多积聚在组织内的一种病状。皮下组织水肿时,皮肤明显肿胀变厚紧张,指压留有压痕,呈面团样硬度。一些急性传染病,如炭疽、巴氏杆菌病等,皮下组织水肿的同时伴有出血,呈黄红色胶样浸润。器官的水肿,常呈现肿大、柔软,切面流出多量有色或无色的液体。肌肉水肿时乃至出血,肉色灰红,有不良气味,见于恶性水肿。黏膜水肿,黏膜肿胀紧张,呈半透明胶样,触压有波动感,最常见各种原因的胃肠炎是胃肠黏膜水肿。

(4)结节

结节即组织器官表面或实质内的坚硬突起,体内大多数组织器官都可见到。在许多疾病过程中,机体内出现的各种病理性产物(组织坏死病灶、炎症渗出物、寄生虫等)不能被巨噬细胞吞噬、吸收时,常被新生的结缔组织包围形成结节。组织器官表面的结节多呈圆形,颜色多为灰白色或黄白色,大小不等,触摸坚硬。结核杆菌形成的结节具有特殊构造,结节中心呈干酪样坏死或钙化,周围由不同的细胞构成肉芽组织包囊,呈黄白色,坚硬。

4)内脏器官的变化

(1)肺脏的变化

宰后检验肺脏的变化较多。多种传染病和寄生虫病都能在肺脏引起特定的病变,像兔病毒性出血症时全肺出血和气管出血,猪、牛、羊肺丝虫寄生时堵塞气管,各种原因引起的肺炎、肺水肿、肺气肿,严重肺淤血等,还有呛水、呛血、呛食等异常现象。

①肺水肿与肺呛水的区别(猪)。肺水肿常由左心衰竭、坠积性充血、肺炎、农药中毒引起。肺肿大,重量增加,表面色变淡、有光泽,间质增宽透明;切开肺脏,流出多量白色泡沫样液体;伴有充血时,肺则暗红,切面暗红,按压流出血样泡沫液体。

肺呛水发生在猪。屠宰加工带皮猪,猪进烫池前未死,挣扎呼吸时将水吸入肺。肺呛水多见于尖叶和心叶,呛水部肿大湿润,呈污灰色;肺间质无变化;切开后流出污水或带毛、带血的液体;支气管淋巴结无任何变化。

②肺炎与肺呛血的区别(牛、羊)。许多致病因素都能引起肺炎,最常见的是细菌性肺炎和支原体肺炎,如牛出败、牛传染性胸膜肺炎。肺脏病变因炎症过程不同而不同,常见肺肿大,表面、切面暗红,肺组织较坚实,失去弹性。

肺呛血由切断三管法放血造成,由于气管、血管、食管同时切断,血液易从气管断端进入气管进而到肺。瘤胃内容物也易进入肺。肺呛血多发生在膈叶背缘,呛血部大小不一,形状不一,颜色鲜红。肺组织有弹性,切开肺脏见到条索状游离的凝血块或流出血液。

(2)肝脏的变化

①肝脂肪变性。外观肿大,呈黄褐色、灰黄色或黏土色;切面色变淡,触摸有油腻感。传染病、中毒性疾病、过度疲劳都能引起肝脂肪变性。

②饥饿肝。肝脏不肿大,呈黄褐色或黄色、泥土色。由长途运输、饥饿、惊恐等应激因素引起。

③肝硬变。肝脏体积缩小,坚实,表面粗糙不平呈细颗粒状或有结节、凹陷,呈灰红色、黄色或暗黄。由肝功能失常或疫病引起。

④肝坏死。肝表面或实质散在大小不一的灰色或灰黄色坏死灶。巴氏杆菌病、沙门氏杆菌病、大肠杆菌病、猪弓形虫病都能引起肝坏死。

除上述病变外,还有牛宰后见到因肝毛细血管扩张所造成的"富脉斑",即肝表面和实质存在单个或多个大小不等的暗红色稍凹陷的病灶。

(3)脾脏的变化

脾脏是动物体外周免疫器官,在动物发生传染病时多出现病变,宰后特别注意急性炎性脾肿和梗死。

①急性炎性脾肿大。见于炭疽、急性猪丹毒、马传贫等传染病。脾肿大达原来的3~5倍,呈暗红色,触摸柔软;切面脾髓界限不清呈黑红色如煤焦油,刀刮软如泥。

②脾脏出血性梗死。见于猪瘟。脾不肿大或略肿大,脾脏边缘有暗红色稍凸起的楔状梗死部,数量、大小不等。脾脏的这种变化是猪瘟定性的重要依据。

(4)肾脏的变化

猪发生猪瘟时,肾脏肿大,皮质色泽变淡,有点状出血;急性猪丹毒时,肾淤血、肿大,表面和切面上有出血点。除特定的传染病引起的变化外,尚可见到肾囊肿、肾脓肿、肾结石等。

3.2.4 动物病害肉尸及其产品无害化处理

通过屠宰检疫,对猪、牛、羊、马、驴、骡、驼、禽、兔等动物因患传染病、寄生虫病和中毒性疾病死亡后的尸体、肉尸(除去皮毛、内脏和蹄)及其产品(内脏、血液、骨、蹄、角和皮毛)的无害化处理,按 GB 16548—1996 处理规程执行(参看附录)。本标准同样适用于产地、运输、市场检疫后的处理。

3.3 运输检疫

3.3.1 运输检疫的概念、意义

1)运输检疫的概念

运输检疫是指出县境的动物、动物产品在运输过程中进行的检疫。可分为铁路运输

检疫、公路运输检疫、航空运输检疫、水路运输检疫及赶运等。运输检疫的目的是防止动物疫病远距离跨地区传播,减少途病途亡。

2)运输检疫的意义

运输检疫的查证验物工作可促进产地检疫的开展,也可防止因运输造成疫病的发生和传播。由于运输过程中,动物相对集中,互相接触感染疫病的机会增多;同时,由饲养地转变为运输,动物的生活条件突然改变,一些应激因素造成抗病能力减弱,极易暴发疫病。特别是随着现代化交通运输业的发展,疫病传播速度加快,能把疫病传播到很远的地方。因此,做好运输检疫工作,对防止动物疫病远距离传播,促进产地检疫开展,都有着很重要的意义。

3.3.2　运输检疫的程序、组织和方法

1)运输检疫的程序

种用动物运输检疫程序一般包括运前检疫、运输时的检疫、到达目的地后的检疫这3个环节。

2)运输检疫的组织和方法

(1)起运前检疫的组织

按照运输检疫的要求,凡托运的动物到车站、码头后,应先休息2~3 h,然后进行检疫。全部检疫过程,应自到达时至装车时止,争取在6 h以内完成。进行检疫时,先验讫押运员携带的检疫证明。凡检疫证明在3 d内填发者,车站、码头动检人员只进行抽查或复查,不必详细检查。若交不出检疫证明,或畜禽数目、日期与检疫证明不符又未注明原因,或畜禽来自疫区,或到站后发现有可疑传染病病畜死禽时,车站码头动检人员必须彻底查清,实施补检。认为安全后,出具检疫证明,准予启运。

车站码头检疫因有时间限制,必须以简便迅速的方法进行。检查牛体温可采用分组测温法,每头牛测温时间尽可能有10 min。猪、羊的检疫最好利用窄廊,窄廊一般长13 m,高0.65 m,宽0.35~0.42 m,两侧用圆木或木板构成,两端设有活门,中间留有适当的空隙,以便检查和测温。检查中发现有病畜,按规定处理。

(2)运输途中或过境检疫的组织

检查点最好设在预定供水的车站、码头。检疫时,除查验有关检疫证明文件外,还应深入车、船仔细检查畜群。若发现有传染病时,按规定要求处理。必要时要求装载动物的车船到指定地点接受监督检查处理,待正常安全后方准运行。车船运行中发现病畜、死畜、可疑病畜时,立即隔离到车船的一角,进行救治及消毒,并报告车船负责人,以便与车站码头畜禽防检机构联系,及时卸下病、死家畜,在当地防检人员指导下妥善处理。

(3)运到目的地检疫的组织

动物运到卸载地时,动检人员应对动物重新予以检查。首先验讫有关检疫证明文件,再深入车船仔细地观察畜群健康情况,查对畜禽数目。发现病畜或畜禽数目不符,禁

止卸载。待查清原因后,先卸健畜,再卸病畜或死畜。在未判明疾病性质或死畜死亡原因之前,应将与病畜或尸体接触过的家畜,进行隔离检疫。有时尽管押运人员报告死畜是踩压致死,也不可疏忽大意,因为途中被踩死的家畜,往往是由于患了某些急性传染病的家畜。

由于在各种运输检疫中一定会遇到这样或那样的困难,因此,在组织运输检疫时,应根据具体情况,必须与运输等有关部门作好协调工作。

3.3.3 运输检疫的出证和运输检疫注意事项

1)运输检疫的出证

运出县境的动物和动物产品,由当地县级动物防疫监督机构实施检疫,合格的出具检疫证明。

（1）《出县境动物检疫合格证明》

①适用范围和有效期。限于运出县境的动物使用。有效期从签发日期当天算起,视运抵到达地点所需要的时间填写,最长不得超过 7 d。

②证明格式。如表 3.1 所示。

表 3.1　出县境动物检疫合格证明

畜主:　　　　　　　　　　　　　　　　　　　　　　　　　　　　　　　　　No.

动物种类		单位		数量(大写)	
启运地点		到达地点		用途	
备注					
本证自签发之日起＿＿＿＿＿＿日内有效 　动物检疫员(签章) 　单位(章) 　　　　　年　月　日签发			铁路(航空、水路) 动物防疫监督(签章) 　　　　　年　月　日		

注:①单位:填写头、只、匹等;

②数量:填写同一畜主、同一运载工具装载同一种动物的数量;

③启运地点、到达地点:填写起始和到达地点的县名,调运动物出省境时,在县名之前冠以省名;

④铁路(航空、水路)动物防疫监督签章:派驻在铁路、水路、航空的动物防疫监督员签字并加盖动物防疫监督机构或派驻机构专用印章后放行;

⑤备注:有需要说明的情况可在此栏内填写。

（2）《出县境动物产品检疫合格证明》

①适用范围和有效期。限于运出县境的动物产品使用。有效期从签发日期当天算起,以运抵到达地点所需时间为限,最长不得超过 30 d。

②证明格式。如表 3.2 所示。

表3.2　出县境动物产品检疫合格证明

货主：　　　　　　　　　　　　　　　　　　　　　　　　　　　　No.

产品名称		单位		数量（大写）	
启运地点		到达地点			
备注					
本证自签发之日起＿＿＿＿＿＿日内有效 动物检疫员（签章） 单位（章） 　　　　　　　年　月　日签发				铁路（航空、水路） 动物防疫监督（签章） 　　　　　　年　月　日	

注：此表中的"产品名称""单位"的填写同《动物产品检疫合格证明》，"启运地点""到达地点""动物防疫监督签章""备注"的填写同《出县境动物检疫合格证明》，"数量"填写同一宿主、同一运载工具所装载同一种动物产品的数量。

③《动物及动物产品运载工具消毒证明》。详见表3.3。

表3.3　动物及动物产品运载工具消毒证明

货主：　　　　　　　　　　　　　　　　　　　　　　　　　　　　No.

承运单位			
运载工具名称		运载工具号码	
启运地点		到达地点	
装运前 业 经	＿＿＿＿＿消毒	消毒单位（章） 　　　　年　月　日	
卸货后 业 经	＿＿＿＿＿消毒	消毒单位（章） 　　　　年　月　日	

注：①货主：填写动物、动物产品所有者的姓名或名称；
　　②承运单位：填写动物、动物产品承运者的姓名或名称；
　　③运载工具名称：填写运载工具的类别名称，如火车、汽车、船舶、飞机等；
　　④运载工具号码：填写车辆、船舶、飞机的编号；
　　⑤装运前、卸货后业经＿＿＿消毒，"＿＿"上填写所用消毒药品名称、使用的浓度和消毒方法；
　　⑥消毒单位：填写实施消毒的单位名称；
　　⑦第一联"卸货后消毒"一栏不填写。

2）运输检疫注意事项

（1）防止违法运输

随着我国经济体制改革的不断深入，铁路、公路等运输部门营运机制也在发生变革，如长途客运汽车、列车上的行李车包租给个人，这使违法托运未经检疫检验的动物、动物

产品者有机可乘。因此,动物防疫监督机构与铁路等运输部门应密切配合,制订制度,向托运人、承运人,特别是一些常年托运动物、动物产品的托运人宣传动物防疫法,并采取联合检查行动,严防疫区动物、动物产品和私屠乱宰的动物产品运输。除此,加大检疫执法力度,严防贩运动物尸体。

（2）赶运动物注意事项

由于赶运的动物易与沿途动物直接接触,造成疫病传播。首先选好赶运路线,如避开疫区、避开公路,尽量避免与当地动物接触。途中病、死动物不能随意丢弃。当发现动物有异常时,及时与沿途动物防疫监督机构取得联系,进行妥善处理。

（3）合理运输

动物、动物产品运输不同于其他物资,活畜禽易掉膘死亡,肉类易腐败变质,禽蛋易碎。这样不仅给经营者造成损失,而且会直接或间接引发疾病,造成环境污染。因此,运输动物、动物产品时要结合实际,选择合理的运载工具和运输线路,采用科学的装载方法和管理方法,减少途病途亡,方便运输检疫,使整个运输过程符合卫生防疫要求。

3.4 市场检疫监督

3.4.1 市场检疫监督的概念和意义

1）市场检疫监督的概念

市场检疫监督是指进入市场的动物、动物产品在交易过程中进行的检疫。市场检疫监督的目的是发现依法应当检疫而未经检疫或检疫不合格的动物、动物产品,发现患病畜禽和病害肉尸及其他染疫动物产品,保护人体健康,促进贸易,防止疫病扩散。

2）市场检疫监督的意义

市场检疫的主要意义在于保护人、畜,促进贸易。市场是动物及其产品集散的地方,动物集中时,接触机会多,来源复杂,容易互相传染疫病。动物及其产品分散到各个地方,容易造成动物传染病的扩散传播。做好市场检疫可以防止患有检疫对象的动物上市交易,确保动物产品无害,起到保护畜禽生产发展,保证消费者安全,促进经济贸易,促进产地检疫的作用。同时,市场采购检疫的好坏,可以直接影响中转、运输和屠宰动物的发病率、死亡率和经济效益。所以,必须做好市场检疫,管理好市场检疫工作。同时,应当知道集贸市场检疫是产地检疫的延伸和补充,应努力做好产地检疫,把市场检疫变为监督管理,才是做好检疫工作的方向。

3.4.2 市场检疫监督的分类和要求

1）市场检疫监督的分类

市场检疫监督包含几种不同的情况:

（1）农贸集市市场检疫监督

在集镇市场上对出售的动物、动物产品进行的检疫称为农贸集市市场检疫。农村集市多是定期的,如隔日一集、三日一集等,亦有传统的庙会。活畜交易主要在农村集市。

(2)城市农贸市场检疫监督

对城市农副产品市场各经营摊点经营的动物、动物产品进行检疫。城市农贸市场多是常年性的,活禽的交易主要在城市农贸市场。

(3)边境集贸市场检疫监督

对我国边民与邻国边民在我国边境正式开放的口岸市场交易的动物、动物产品进行检疫。目前,我国许多边境省区正式开放的口岸市场,动物、动物产品交易量逐年增多,在促进当地经济发展的同时,畜禽疫病亦会传入我国,必须重视和加强边境集贸市场检疫监督,防止动物疫病的传入和传出。

除此,据上市交易的动物、动物产品种类不同,有宠物市场检疫监督、牲畜交易市场检疫监督。牲畜交易市场检疫监督是指在省、市或县区较大的牲畜交易市场或地方传统的牲畜交易大会上对交易的动物进行检疫,还有专一性经营的肉类市场检疫监督、皮毛市场检疫监督等。

2)市场检疫监督的要求

(1)要有检疫证明

进入交易市场出售的家畜和畜禽产品,畜主或货主必须持有检疫证明、预防注射证明,接受市场管理人员和检疫人员的验证检查。无证,则不准进入市场。当地农牧部门有权进行监督检查。家畜出售前,必须经当地农牧部门的畜禽防检机构或其委托的单位,按规定的检疫对象进行检疫,并出具检疫证明。凡无检疫证明,或检疫证明过期、证物不符者,由动物检疫人员补检、补注、重检,并补发证明后才可进行交易。凡出售的肉,出售者必须凭有效期内的检疫合格证明和胴体加盖的合格验讫印间上市;凡无证、无章者,不准出售。

(2)市场上禁止出售下列动物、动物产品

①封锁疫点、疫区内与所发生动物疫病有关的动物、动物产品。

②疫点、疫区内易感染的动物。

③染疫的动物、动物产品。

④病死、毒死或死因不明的动物及其产品。

⑤依法应当检疫而未经检疫或检疫不合格的动物、动物产品。

⑥腐败变质、霉变、生虫或污秽不洁、混有异物和其他感官性状不良的肉类及其他动物产品。

(3)在指定地点进行交易

凡进行交易的动物、动物产品应在有关单位指定的地点进行交易,尤其是农村集市上活畜的交易。交易市场在交易前、交易后要进行清扫、消毒,保持清洁卫生;对粪便、垫草、污物要采取堆积发酵等方法进行处理,防止疫源扩散。

(4)建立检疫检验报告制度

任何市场检疫监督,都要建立检疫检验报告制度,按期向辖区内动物防疫监督机构报告检疫情况。

（5）检疫人员要坚守岗位

市场检疫监督，对检疫员除了着装整洁等基本要求外，还要求其必须坚守岗位，秉公执法，不漏检。

3.4.3 市场检疫监督的程序和方法

1）市场检疫监督的程序

市场检疫监督的一般程序是验证、查物：合格的→准予交易；不合格的→检疫→处理。

2）市场检疫监督的方法

（1）验证

向畜主、货主索验检疫证明及有关证件，核实交易的动物、动物产品是否经过检疫，检疫证明是否处在有效期内。县境内交易的动物、动物产品，查《动物产地检疫合格证明》《动物产品检疫合格证明》；有运载工具的，查《动物及动物产品运载工具消毒证明》。出县境交易的动物、动物产品，查《出县境动物检疫合格证明》《出县境动物产品检疫合格证明》及运载工具消毒证明，胴体还须查验讫印章。

对长年在集贸市场上经营肉类的固定摊点，经营者首先应具备四证，即《动物防疫合格证》（详见表3.4）、《食品卫生合格证》《营业执照》以及本人的《健康检查合格证》。经营的肉类须有检疫证明。

表3.4 动物防疫合格证

		贴照片处
DFJ	动物防疫合格证	
	（ ）动防（合）字第 号	
业主姓名		
住 址		
经营范围		
经营地址		
经审查，动物防疫条件合格，特发此证。		
		年 月 日

（2）查物

查物即检查动物、动物产品的种类、数量，检查肉尸上的检验刀痕，检查动物的自然表现。核实证物是否相符。

（3）结果

通过查证验物，对持有有效期内的检疫证明及胴体上加盖有验讫印章，且动物、动物产品符合检疫要求的,准许畜主、货主在市场交易。对没有检疫证明、证物不符、证明过期或验讫标志不清或动物、动物产品不符合检疫要求的,责令其停止经营,没收违法所得;对未售出的动物、动物产品依法进行补检和重检。

3)补检和重检

(1)检疫的方法

市场检疫的方法,应力求快速准确,以感官观察为主,活畜禽结合疫情调查和测体温;鲜肉类视检结合剖检,必要时进行实验室检验。

(2)检疫的内容

①活畜禽的检疫。向畜主询问产地疫情,确定动物是否来自非疫区;了解免疫情况;观察畜禽全身状态,如体格、营养、精神、姿势等,确定动物是否健康,是否患有检疫对象。

②动物产品的检疫。动物产品因种类不同,检疫各有侧重。骨、蹄、角多带有外包装,要观察外包装是否完整、有无霉变等现象;皮毛、羽绒,同样观察毛包、皮捆是否捆扎完好,皮张是否有"死皮";对于鲜肉类,重点检查病、死畜禽肉,尤其注意一类检疫对象的查出,检查肉的新鲜度,检查三腺摘除情况。

3.4.4 市场检疫监督发现问题的处理

①对补检和重检合格的动物、动物产品准许交易。

②对补检和重检后不合格的动物、动物产品进行隔离、封存,再根据具体情况,由货主在动物检疫员监督下进行消毒和无害化处理。

③在整个检疫过程中,发现经营禁止经营的动物、动物产品的,要立即采取措施,收回已售出的动物、动物产品;对未出售的动物、动物产品予以销毁,并据情节对畜、货主采取其他处理办法。

复习思考题

1. 国内动物检疫的目的要求是什么?

2. 产地检疫的概念和意义是什么?

3. 产地检疫有什么要求?

4. 出具《动物产地检疫合格证明》的条件是什么?

5. 什么叫宰前检疫?其要求是什么?

6. 什么叫宰后检疫?有什么意义?

7. 简述宰后检疫的程序和方法。

8. 宰后组织器官有哪些常见变化?

9. 简述运输检疫的程序和方法。

10. 为什么把市场检疫监督的重点放在验证查物上?

实训指导1　产地检疫的调查

1. 实习内容

①当地疫情的调查。
②产地检疫的方法。
③产地检疫的出证。
④产地检疫的结果登记。

2. 目的要求

①明确产地检疫的内容。
②学会产地检疫证明的填写。
③学会产地检疫结果的登记。
④能开展产地检疫调查工作。

3. 实习材料

①产地检疫合格证明及有关证明,产地检疫记录本。
②体温计、听诊器、酒精棉球等。
③一个合适的规模化养殖场(以猪场、鸡场、奶牛场为主)或一个以分散经营方式为主的村(屯)。如果条件具备,可同时联系距离相近的两个检疫点,将学生分成两大组,交叉进行实习,效果更好。
④联系动物防疫监督机构。
⑤运送师生实训的往返车辆。

4. 方法步骤

1)由教师或当地检疫人员介绍动物产地检疫的内容

(1)动物产地检疫项目

产地检疫项目包括当地疫情情况、免疫接种情况、临诊检疫情况,以及按规定必须进行的实验室检疫。

(2)动物产地检疫对象

产地检疫对象主要是区域内检疫对象,同时各地可根据具体情况进行酌情增减。

(3)动物产地检疫的方法

一般应先在掌握当地流行病学情况的基础上进行临诊检疫,然后再进行按规定必须进行的实验室检疫。

2）由教师或当地检疫人员介绍产地检疫的流行病学调查内容

（1）当前疫病流行现状

①当前疫病的发病时间、地点、蔓延过程以及该疫病的流行范围和空间分布现状。

②疫病流行区域内各种畜禽的数量和其他发病动物的种类、数量、性别、年龄、感染率、发病率、病死率等。

（2）疫情来源

①本地调查。本地过去是否发生过该疫病或类似疫病。若发生过，是何时、何地发生，是否进行确诊，确诊何病，当时流行情况如何，当时采取过什么措施，效果如何。有无历史资料可查。

②邻地调查。若本地以往未发生过该种疫病，可调查是否曾从邻地引进过家畜家禽、畜禽产品以及饲料等。新引进畜禽的饲养地是否发生有类似疫病。

（3）传播途径

①当地各种畜禽的饲养管理方法、放牧情况、畜禽流动情况，以及收购情况等。

②当地畜禽卫生防疫情况。

③当地助长或控制疫病传播因素的情况。

（4）一般情况

①自然情况。发病地区的地形、交通、河流、气候、昆虫、野生动物的情况。

②社会情况。当地人民群众生活、生产、活动情况，当地主要领导、有关干部、兽医以及有关人员对疫情的态度。

3）检疫方法

动物检疫员或指导教师进行产地检疫示范，然后学生分组到养殖户或圈舍进行实际操作。

（1）介绍活畜产地检疫对象

根据国家所规定的由地方政府检疫的对象进行检疫（参见第1章）。在检疫时，应根据检疫实际，如检疫时的季节、产地地理条件、产地近期疫情、动物饲养管理方式、动物种类、年龄、动物外在表现等情况，有针对性地重点检查某些疫病，而不是检查每种检疫对象。

（2）介绍活畜产地检疫的方式

到场入户进行检疫，并现场出证。

（3）介绍活畜产地检疫的方法

活畜产地检疫的方法以临床检查为主，结合流行病学调查。必要时进行某些疫病的实验室检查。

（4）实施检疫的程序和内容

①动物检疫人员到场入户后向畜主或有关人员说明来意，出示证件。

②向畜主询问畜禽饲养管理情况，例如，该畜禽是自繁自养还是外购；饲料来源，是否应用添加剂，添加剂的种类；畜禽的饮食情况、饲料消耗情况；该畜禽在本户饲养时间的长短，生产性能如何；饲养过程中是否患过疾病，是否治疗；饲养畜禽的变更情况，经济收入；邻户、本村及邻村畜禽饲养情况，近期及近年内疫病发生情况，是否影响到本户。

最终确定被检动物是否处在非疫区。

询问的同时查看畜禽圈舍卫生及周围环境卫生,提出防疫要求。

③向畜主索验免疫证明,并核实是否处在保护期内及证明的真伪。

④实施临床检查。根据现场条件分别进行群体和个体检查。群体静、动、食态检查结合群体测体温(注意检查学生测体温的方法是否正确)。个体视、触、叩、听结合测体温。

畜禽临床检查健康的标准,应是静、动、食表现正常,体温、心率、呼吸指标在生理范围以内。各种动物的正常体温、脉搏、呼吸数见第3章。

⑤按规定收取检疫费。

⑥符合检疫要求时,出具检疫证明。

5. 填写产地检疫证明及有关证照

1)动物检疫证明填写和使用的基本要求

①出具证照的机构和人员必须是依法享有出证职权者,各种证明必须按规定签字盖章后才有效。

②严格按适用范围出具检疫证明,检疫证明混用无效。

③证明所列项目要逐一填写,内容简明准确、字迹清楚。

④涂改检疫证明无效。

⑤填写方法。二联检疫书证用圆珠笔复写方式填写,单联检疫书证用蓝黑墨水钢笔或碳素笔填写。

⑥除检疫证明的签发日期可用阿拉伯数字外,数量、有效期等必须用大写汉字填写。

⑦因检疫证明填写不规范给畜主、货主造成损失的,应由出证单位负责,不得归咎于货主。

2)产地证明及有关证明的格式和项目填写说明

分别参见表3.5,表3.6,表3.7,表3.8。

表3.5　动物产地检疫合格证明

畜主:　　　　　　　　　　　　　　　　　　　　　　　　No.

动物种类		产地	乡(镇)村
单位		数量(大写)	
免疫证号		用途	
本证自签发之日起_____日内有效			
动物检疫员(签章)			单位(盖章)
			年　月　日签发

注:①大中动物一头一证。

②此证仅限县境内使用。

表3.5的填写说明：

表中畜主,填写动物所有者的姓名或名称;动物种类,填写被检动物的种类,如猪、牛、羊等;产地,填写动物产地的乡镇和村的名称;单位,填写头、匹、只等;数量,对猪、牛、羊、马、骡、驴、犬等大中动物一头一证,对同一畜主、同一来源、同一批次、同一启运地、同一运载工具的禽、兔等,可出具一张检疫证明,如实填写数量;免疫证号,填写《动物免疫证》登记的免疫编号;用途,视情况填写,如种用、乳用、役用、饲养、屠宰、试验、参展、演出、比赛等。

表3.6 动物产品检疫合格证明

动物产品检疫合格证明存根

货主： No.

产品名称		产地	
单位		数量（大写）	
数量（大写）			

动物检疫员（签章）
单位（章）

年 月 日

动物产品检疫合格证明

货主： No.

产品名称		产地	
单位		数量（大写）	

本证自签发之日起_____日内有效

动物检疫员（签章） 单位（章）

注:1.大中动物一头一证;
　　2.此证仅限县境内使用。

年 月 日签发

注:表中产品名称;填写动物产品的确切名称,如"猪皮""羊毛"等,不得只填写为"皮""毛";产地,填写动物产品生产地和生产单位名称;单位,生皮填写张,胴体、肉类填写头、只、千克,种蛋填写枚,脂、脏器、血液、绒、骨、角、头、蹄填写千克;数量,猪、牛、羊、马、骡、驴、犬等大中家畜的胴体一头一证;对同一货主、同一来源、同一批次、同一启运地、同一运载工具、同一到达地的禽、兔等小动物产品,可出具一张检疫证明。

表3.7 动物免疫证

正面

编　号_____

畜　主_____

地　址_____

发证单位（章）

发证日期　年 月 日

反面

动物种类： 单位： 数量：

免疫项目	免疫日期	防疫员（签章）

注:①免疫编号,以乡为单位编号;
　②畜主,填写动物所有者的姓名或单位名称;
　③地址,填写动物饲养地所在的乡(镇)、村、组的名称;
　④发证单位,加盖乡镇畜牧兽医站或动物防疫监督机构印章;
　⑤免疫项目,按实际实施免疫的病种名填写;
　⑥免疫日期,填写每次免疫的日期;
　⑦防疫员(签章):由实施免疫的人员签名。

表3.8　畜禽及其畜禽产品检疫收费标准

动物种类	单位/次	动物检疫收费标准	动物产品检疫收费标准	最低收费金额/元	备　注
大家畜	货值	0.5%	0.7%	3(每项)	指牛、马、驴、骆驼
中家畜	货值	0.5%	0.7%	2(每项)	指猪、羊等
犬	货值	0.5%	0.7%	3(每项)	
禽、兔、鸟类	羽	0.2~0.25元	0.2~0.3元		
雏　禽	羽	0.05~0.1元			10日龄以内
蜜　蜂	箱	0.80~1.0元			
大型野生动物等	头(匹)	20.0元			指象、狮、虎、狼等
中型野生动物	只	10.0元			
小型野生动物	货值	0.1%		1(每项)	
其他动物	货值	0.4%		2(每项)	含各类观赏动物
实验小动物	只	0.4元			
零散脏器类	千克		0.05元		含头、蹄、血
种　蛋	枚		0.15~0.2元		

6. 产地检疫结果登记

每次产地售前检疫结束,都应进行结果登记,并填写登记表,具体参见表3.9和表3.10。

表3.9　××乡活畜禽产地检疫登记表　　　　单位:头、匹、只

项目	活畜禽检疫数							检出病畜禽数							病畜禽处理方法							备注
	猪	鸡鸭鹅	牛羊	马属动物	兔	犬	驼	猪	鸡鸭鹅	牛羊	马属动物	兔	犬	驼	猪	鸡鸭鹅	牛羊	马属动物	兔	犬	驼	
××村																						
××村																						

表3.10 ××乡活畜检出疫病登记表 单位:头、匹、只

项 目 村 名	猪		牛羊		鸡(鸭、鹅)		马(骡、驴)		兔		犬		骆驼		备注
	病名	数	病名	数	病名	数	病名	数	病名	数	病名	数	病名	数	
××村															
××村															

7. 实训报告

①简述产地检疫调查的项目、对象、方法和流行病学调查的内容。

②填写出规范的《动物产地检疫合格证明》和《动物产品检疫合格证明》,产地自拟。

实训指导2 猪宰后检疫

1. 实习内容

①猪宰后检疫的顺序、要点。

②猪头部、体表、肉尸、内脏及旋毛虫检验的操作方法。

2. 目的要求

①掌握猪宰后检疫的要点和鉴别检疫要点,发现和检出对人有害及可致病的肉和肉品。

②初步掌握猪宰后检疫的基本方法。

3. 实训材料

①选择一个正规的屠宰场或肉类联合加工厂。

②检验刀具,每人一套;防水围裙、袖套及长统靴,每人一套;白色工作衣帽、口罩等。

4.方法步骤

1)猪宰后检疫的程序

宰后检疫的程序包括统一编号(胴体、内脏和其他副产品)、头部检疫、皮肤检疫、内脏检疫、胴体检疫、旋毛虫检疫、肉孢子虫检疫和复验盖印。

2)宰后检疫的操作要点

(1)编号

在宰后检疫之前,要先将分割开的胴体、内脏、头蹄和皮张编上同一号码,以便在发现问题时进行查对。编号的方法可用红的或蓝的铅笔在皮上写号,或贴上有号的纸放在该胴体的前面,以便对照检查。有条件的屠宰场(厂)可设定两个架空轨道,进行胴体和内脏的同步检疫。

(2)头部检疫

①剖检颌下淋巴结。颌下淋巴结是浅层淋巴结,位于下颌间隙的后部,颌下腺的前端,表面被腮腺覆盖。呈卵圆形或扁椭圆形。

剖检方法:助手以右手握住猪的右前蹄,左手持长柄铁钩,钩住切口左壁的中间部分,向左牵拉使切口扩张。检验者左手持钩,钩住切口左壁的中间部分,向右牵拉切口使其扩张;右手持刀将切口向深部纵切一刀,深达喉头软骨。再以喉头为中心,朝向下颌骨的内侧,左右各作一弧形切口,便可在下颌骨的内沿、颌下腺的下方找出左右颌下淋巴结并进行剖检(见图3.5)。观察是否肿大,切面是否呈砖红色,有无坏死灶(紫、黑、灰)。检视周围有无水肿、胶样浸润。

②必要时检疫扁桃体及颈部淋巴结,观察其局部是否呈出血性炎、溃疡、坏死,切面有无楔形的、由灰红到砖红的小病灶,其中是否有针尖大小坏死点。

③头、蹄检疫有无口蹄疫、水疱病等传染病。

④剖检咬肌。如果头部连在肉尸上时,可用检验钩钩着颈部断面上咽喉部,提起猪头,在两侧咬肌处与下颌骨平行方向切开咬肌,检查猪囊虫。如果头已从肉尸割下,则可放在检验台上剖检两侧咬肌(见图3.6)。

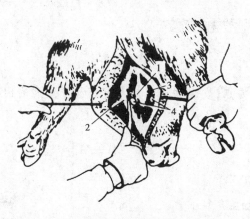

图3.5 猪头部检疫
1.咽喉隆起;2.下颌骨;3.颌下腺;4.下颌淋巴结

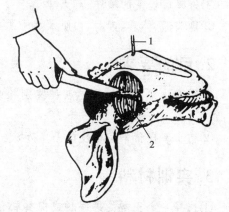

图3.6 猪咬肌检疫
1.提起猪头的铁钩;2.被切开的咬肌

（3）皮肤检疫

①带皮猪在烫毛后编号时进行检疫,剥皮猪则在头部检疫后洗猪体时初检,然后待皮张剥除后复检,可结合脂肪表面的病变进行鉴别诊断。

②检查皮肤色泽,有无出血、充血、疹块等病变。如呈弥漫性充血状(败血型猪丹毒),皮肤点状出血(猪瘟),四肢、耳、腹部呈云斑状出血(猪巴氏杆菌病),皮肤黄染(黄疸),皮肤呈疹块状(疹块型猪丹毒),痘疹(猪痘),坏死性皮炎(花疮),皮脂腺毛囊炎(点状疮)。

③检疫员通过对以上皮肤的这些不同病变进行鉴别诊断,作为疑似病猪应及时剔出,保留猪体及内脏,便于下道检疫程序再作最后整体判断同步处理。

（4）内脏检疫

①胃、肠、脾的检查(白下水的检查)。有非离体检查和离体检查两种方式。

非离体检查。国内各屠宰场多数在开膛之后,胃、肠、脾未摘离肉尸之前进行检查。检查的顺序是脾脏→肠系膜淋巴结→胃肠。

肠系膜淋巴结包括前肠系膜淋巴结(位于前肠系膜动脉根部附近)和后肠系膜淋巴结(位于结肠终袢系膜中),数量众多,称之为肠系膜淋巴群。在猪的宰后检疫中,常剖检的是前肠系膜淋巴结。

开膛后先检查脾脏(在胃的左侧、窄而长、紫红色、质较软),视检其大小、形态、颜色或触检其质地。必要时可切开脾脏,观察断面;然后提起空肠观察肠系膜淋巴结,并沿淋巴结纵轴(与小肠平行)纵行剖开淋巴结群,视检其内部变化(见图3.7)。这对发现肠炭疽具有重要意义;最后视检整个胃肠浆膜有无出血、梗死、溃疡、坏死、结节、寄生虫。

离体检查。如果将胃、肠、脾摘离肉尸后进行检查,要编记与肉尸相同的号码,并按要求放置在检验台上检查。首先视检脾、胃肠浆膜面(视检的内容同上),必要时切开脾脏;然后检查肠系膜淋巴结。把胃放置在检查者的左前方,把大肠圆盘放在检查者面前,再用手将此两者间肠管较细、弯曲较多的空肠部分提起,并使肠系膜在大肠圆盘上铺开,便可见一长串索状隆起即肠系膜淋巴结群。用刀切开肠系膜淋巴结进行检查(见图3.8)。

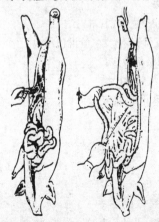

图3.7 猪的脾脏和肠系膜淋巴结检疫

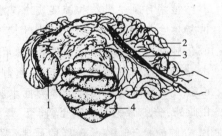

图3.8 胃肠放置法

1.胃;2.小肠;3.肠系膜淋巴结;4.大肠圆盘

猪的寄生虫有许多寄生在胃肠道,如猪蛔虫、猪棘头虫、结节虫、鞭虫等。当猪蛔虫大量寄生时,从肠管外即可发现;猪结节虫在肠壁上形成结节。对寄生虫的检疫除观察病变外,要结合胃肠整理,以有利于产地寄生虫普查和防治。

②肺、心、肝的检查(红下水的检查)。肺、心、肝的检查亦有非离体与离体检查两种方式。

非离体检查。当屠宰加工摘除胃、肠、脾后,割开胸腔,把肺、心、肝一起拉出胸腔、腹腔,使其自然悬垂于肉体下面,按肺→心→肝的顺序依次检查。

离体检查。离体检查的方式又有悬挂式和平案式两种。两种方式都应将被检脏器编记与肉尸相同的号码。悬挂式是将脏器悬挂在检验架上受检,这种方式基本上同于非离体检查;平案式是把脏器放置在检验台上受检,使脏器的纵隔面(两肺的内侧)向上,左肺叶在检验者的左侧,脏器的后端(膈叶端)与检验者接近。

不论采取非离体还是离体、悬挂式还是平案式检查,都应按先视检、后触检、再剖检的顺序全面检查肺、心、肝,并且注意观察咽喉黏膜与心耳、胆囊等器官的状况,综合判断。

A.肺脏的检验。主要观察肺外表的色泽、大小,有无充血、气肿、水肿、出血、化脓、坏死、肺丝虫、肺吸虫或霉形体肺炎等病变,并触检其弹性。但须与因电麻时间过长或电压过高所造成的散在性出血点相区别。此外,还须注意屠宰放血时误伤气管而引起肺吸入血液和为泡烫污水灌注(后者剖切后流出淡灰色污水带有温热感)。必要时剖检支气管淋巴结(见图3.9)和肺实质,观察有无局灶性炭疽、肿瘤以及小叶性或纤维素性肺炎等。

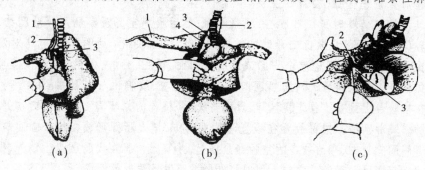

图3.9 肺支气管淋巴结剖检法

(a)肺左支气管淋巴结剖检法:1.食管;2.主动脉;3.左支气管淋巴结

(b)肺左支气管淋巴结剖检法:1.肺尖叶;2.食管;3.气管;4.右支气管淋巴结

(c)肺尖叶支气管淋巴结和右支气管淋巴结剖检法:

1.右肺尖叶;2.尖叶支气管淋巴结;3.右支气管淋巴结

a.结核病可见淋巴结和肺实质中有小结节、化脓、干酪化等特征。

b.肺丝虫病以突出表面白色小叶性气肿灶为特征。

c.猪肺疫以纤维素性坏死性肺炎(肝变状)为特征。

d.猪丹毒以卡他性肺炎和充血、水肿为特征。

e.猪气喘病以对称性肺炎的炎性水肿肉变为特征。

f.此外,猪肺常见到肺吸虫、肾虫、囊虫、细颈囊尾蚴、棘球蚴等。

B.心脏的检验。在检验肺的同时,察看心脏外表色泽、大小、硬度,有无炎症、变性、出血、囊虫、丹毒、心浆膜丝虫等病变,并触摸心肌有无异常。必要时剖切左心,检视二尖瓣有无花菜样疣状物。猪心脏切开法见图3.10。

C.肝脏的检验。首先观察形状、大小、色泽有无异常,触检其弹性;其次剖检肝门淋巴结(见图3.11)及左外叶肝胆管和肝实质,有无变性(在猪多见脂肪变性及颗粒变性)、淤血、出血、纤维素性炎、硬变或肿瘤等病变，以及有无肝片吸虫、华枝睾吸虫等寄生虫，有无副伤寒性结节(呈粟状黄色结节)和淋巴结细胞肉瘤(呈白色或灰白色油亮结节)。

猪心、肝、肺平案检验法见图3.12。

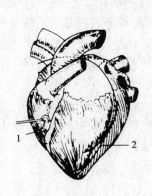

图3.10 猪心脏切开法
1.左纵沟;2.纵剖心脏切开线

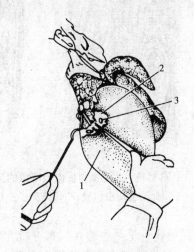

图3.11 肝门淋巴结剖检法
1.肝的膈面;2.肝门淋巴结周围的结缔组织;3.被切开的肝门淋巴结

(5)旋毛虫检验

在宰后检验中,猪旋毛虫的检验非常必要。特别是在本病流行的地区及有吃生肉习惯的地方更为必要。其方法有以下几种:

①肉眼检察。这是提高旋毛虫检出率的关键,因为在可检面上挑取可疑点进行镜检,要比盲目剪取24个肉粒压片镜检的检出率高。

②采样。旋毛虫的检验以横隔膜肌脚的检出率最高,尤其是横隔膜肌脚近肝脏部较高,其次是膈膜肌的近肋部。

从肉尸左右膈肌脚采取重量不少于30 g的肉样两块,编上与肉尸相同的号码,送实验室检查。

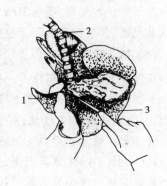

图3.12 猪心、肝、肺平案检验法
1.右肺尖叶;2.气管;3.右肺膈叶

③视检。检查时,光线以自然光线较好,检出率高。按号取下肉样,先撕去肌膜,在良好的光线下,将肌肉拉平,仔细观察肌肉纤维的表面,或将肉样拉紧斜看,或将肉样左右摆动,使成斜方向才易发现。有两种情况:一种是在肌纤维的表面,看到一种稍凸出的卵圆形的针头大小发亮的小点,其颜色和肌纤维的颜色相似而稍呈结缔组织薄膜所具有的灰白色,折光良好;另一种,肉眼可见肌纤维上有一种灰白色或浅白色的小白点应可疑。另外,刚形成包囊的呈露点状,稍凸于肌肉表面,应将病灶剪下压片镜检。

④显微镜检查法(压片法)。

A.压片标本制作。用弓形剪刀,顺肌纤维从肉块的可疑部位或其他不同部位随机剪取麦粒大小的24个肉粒(两块肉共剪24块),使肉粒均匀地排列在夹压器的玻板上,每排12粒。盖上另一块玻板,拧紧螺旋或用手掌适度地压迫玻板,使肉粒压成薄片(能透过肉片看清书报上的小字)。

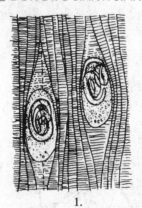

图3.13 旋毛虫与住肉孢子虫的区别
1.旋毛虫幼虫包囊；2.住肉孢子虫包囊

无旋毛虫夹压器时，可用普通载玻片代替。每份肉样则需要4块载玻片，才能检查24个肉粒。使用普通载玻片时需用手压紧两玻片，两端用透明胶带缠固，方能使肉粒压薄。

B.镜检。将压片置于50～70倍的显微镜下观察，检查由第一肉粒压片开始，不能遗漏每一个视野。镜检时，应注意光线的强弱及检查的速度，如光线过强、速度过快，均易发生漏检。

旋毛虫的幼虫寄生于肌纤维间，典型的形态呈梭形、椭圆形或圆形的包囊，囊内有螺旋形蜷曲的虫体。有时候会见到肌肉间未形成包囊的杆状幼虫、部分钙化或完全钙化的包囊（显微镜下见一些黑点）、部分机化或完全机化的包囊。

显微镜下应注意旋毛虫与猪住肉孢子虫的区别。猪住肉孢子虫寄生在膈肌等肌肉中，一般情况下比旋毛虫感染率高，往往在检查旋毛虫时发现住肉孢子虫，有时同一肉样内既有旋毛虫，也有住肉孢子虫，注意鉴别（见图3.13）。

对于钙化的包囊，滴加10%稀盐酸溶液将钙盐溶解后，如果是旋毛虫包囊，可见到虫体或其痕迹；住肉孢子虫不见虫体；囊虫则能见到角质小钩和崩解的虫体团块。

(6)肉尸检查

在屠宰加工过程中，肉尸一般是倒挂在架空轨道上依次编号，进行检查。首先判定其放血程度。放血不良的肌肉颜色发暗，切面上可见暗红色区域，挤压有少量血滴流出。根据肉尸的放血不良程度，检疫人员可怀疑该肉尸是来自疫病还是宰前过于疲劳等原因引起。

①一般检查。全面视检肉尸皮肤外表、皮下组织、肌肉、脂肪以及胸腹膜等部位有无异常。当患有猪瘟、猪肺疫、猪丹毒时，皮肤上常有特殊的出血点或出血斑。

②腰肌的检验。其方法是：检验者以检验钩固定肉尸，然后用刀自荐椎与腰椎结合部起做一深切口，沿切口紧贴脊椎向下切开，使腰肌与脊柱分离；然后移动检验钩，用其钩拉腰肌使腰肌展开，顺肌纤维方向做3～5条平行切口，视检切面有无猪囊虫（见图3.14）。

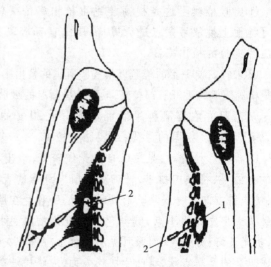

图3.14 腰肌和肾脏的检疫
左侧 肾脏剥离肾包膜术式:1.肉钩牵引及转动的方式;2.刀尖挑拨肾包膜切口的方向
右侧 肾脏剥离肾包膜术式:1.刀尖挑拨肾包膜切口的方向;2.钩子着钩部位和剥离时牵引方向

③剖检肉尸淋巴结。在正常的检疫中,必检的淋巴结有腹股沟浅淋巴结、腹股沟深淋巴结,必要时再剖检股前淋巴结、肩前淋巴结、腘淋巴结。剖检时应纵向切开为宜。

腹股沟浅淋巴结(乳房淋巴结)位于最后一个乳头平位或稍后上方(肉尸倒挂)的皮下脂肪内,大小 (3~8) cm×(1~2) cm。剖检时,检验者用钩钩住最后乳头稍上方的皮下组织向外侧牵拉,右手持刀从脂肪组织层正中切开,即可发现被切开的腹股沟浅淋巴结(见图3.15)。检查其变化。

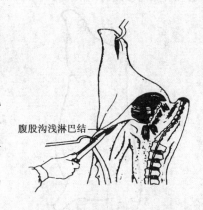

图3.15 猪腹股沟浅淋巴结检疫

腹股沟深淋巴结往往缺无或并入髂内淋巴结。一般分布在髂外动脉分出旋髂深动脉后,进入股管前的一段血管旁,有时靠近旋髂深动脉起始处,甚至与髂内淋巴结连在一起。剖检时,首先沿腰椎虚设一垂线 AB(见图 3.16),再自倒数第1,2腰椎结合处斜向上方虚引一直线 CD,使 CD 线与 AB 线呈35°~45°相交。然后沿 CD 线切开脂肪层,见到髂外动脉,沿此动脉可找到腹股沟深淋巴结。进行剖检,观察变化。

股前淋巴结见图3.17,肩前淋巴结(颈浅背侧淋巴结)位于肩关节的前上方,肩胛突肌和斜方肌的下面,长 3~4 cm。采用切开皮肤的剖检方法,检查时在被检肉尸的颈基部虚设一水平线 AB,于该水平线中点始向背脊方向移动 2~4 cm 处作为刺入点。以尖刀垂直刺入颈部组织,并向下垂直切开 2~3 cm 长的肌肉组织,即可找到该淋巴结(见图3.18)。剖检该淋巴结,观察变化。

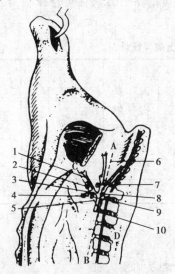

图3.16 猪腹股沟淋巴结检疫

1.髂外动脉;2.腹股沟深淋巴结;3.旋髂深动脉;

4.髂外淋巴结;5.检查腹股沟淋巴结的切口线;

6.沿腰椎假设 AB 线;7.腹下淋巴结;8.髂内动脉;

9.髂内淋巴结;10.腹主动脉

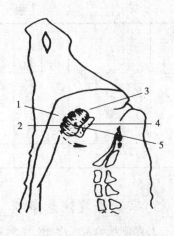

图3.17 猪股前淋巴结检疫

1.腰;2.切口线;3.剖检下刀处;

4.耻骨断面;5.半圆形红色肌肉处

图 3.18 猪肩前淋巴结剖检术示图
（AB 为颈基底宽度；CD 为 AB 线的等分线）
1. 肩前淋巴结；2. 术式示意

④肾脏的检验。一般附在胴体上检疫。先剥离肾包膜，用检疫钩钩住肾盂部，再用刀沿肾脏中间纵向轻轻一划，然后刀外倾以刀背将肾包膜挑开，用钩一拉肾脏即可外露。观察肾的形状、大小、弹性、色泽及病变。必要时再沿肾脏边缘纵向切开，对皮质、髓质、肾盂进行观察。摘除肾上腺。肾脏检疫见图 3.14。

3）盖印章

动物检疫员认定是健康无染疫的肉尸，应在胴体上加盖验讫印章，内脏加封检疫标志，出具动物产品检疫合格证明。有自检权的屠宰厂、肉类联合加工厂，经厂内检疫人员检疫符合防疫要求的胴体，加盖本厂的验讫印章和动物防疫监督机构使用的验讫印章，内脏加封检疫标志，并出具畜牧兽医行政管理部门统一规定的动物产品检疫合格证明。

对不合格的肉尸，在肉尸上加盖无害化处理验讫印章，并在防疫监督机构监督下，进行无害化处理。

4）宰后检疫结果的登记

猪宰后检疫完成后，对每天所检出的疫病种类进行统计分析（包括宰前检出），这对本地猪病流行病学研究和采取防制对策有十分重要的意义。检疫结果统计可参考表 3.9 和表 3.10 进行，每月或每季度总评分析见表 3.11。

表 3.11 生猪屠宰检疫检出病类统计　　　　单位：头

时间	产地	屠宰总数	猪瘟	猪丹毒	猪肺疫	结核病	炭疽	囊虫病	旋毛虫病	弓形虫病	住肉孢子体病	钩端螺旋	黄疸	白肌肉	…	…	死因不明

5）宰后检疫注意事项

①在使用检疫工具时，注意安全，不要伤到检验者及周围人员。

②为了保证肉品的卫生质量和商品价值，剖检时只能在规定的部位切开，且要深浅适度，切勿乱划和拉锯划切割。肌肉应顺肌纤维切开，以免形成巨大的裂口，导致细菌的侵入或蝇蛆的孳生。

③内脏器官暴露后，一般都应先视检外形，不要急于剖检。按要求，需要剖检的器官应剖检要到位。

④检疫人员要穿戴干净的工作服、帽、围裙、胶靴,离开工作岗位时必须脱换工作服,并注意个人消毒。

⑤检疫人员在检疫过程中,注意力要集中,并严禁吸烟和随地吐痰。

5. 实训报告

①说出猪颌下淋巴结、腹股沟浅淋巴结、腹股沟深淋巴结、肩前背侧淋巴结的剖检术式。

②猪宰后如何进行旋毛虫的检验?

第4章
出入境动物检疫

> **本章导读**:本章主要对动物、动物产品的进、出境检疫进行详细的阐述。通过学习,要求学生掌握进出境检疫的对象、检疫的程序。

4.1　进境检疫

4.1.1　进境动物检疫

进境动物检疫是指对进入我国境内的贸易性和非贸易性动物按照规定所实施的检疫。根据《中华人民共和国进出境动植物检疫法》的规定,引进动物(如马、牛、羊、猪、禽类、狗、猫)、胚胎、精液、受精卵等动物遗传物质时必须按规定履行入境手续。

1)签订双边检疫议定书

输入动物、动物遗传物质前,先由两国政府动物检疫或兽医主管部门商签输入动物及动物遗传物质检疫议定书。两国之间未签订检疫议定书的,不得引进动物及动物遗传物质。

货主或其代理人通过贸易、科技合作、交换、赠送、援助等方式输入动物、动物遗传物质,由我国国家出入境检验检疫机关向有关国家提出签订双边检疫议定书问题。在征得对方国家动物检疫或兽医主管部门同意的情况下,由国家进出境检验检疫机关章拟从该国进口动物、动物遗传物质检疫条件提交对方。一般在考察了解输出国动物疫病发生、动物检疫法规、动物疫病检疫科学技术研究以及国家动物检疫及兽医机构设置和管理体制等的前提下,双方商谈检疫议定书。达成一致意见后,双方签署生效,并将作为中国从该国输入动物、动物遗传物质在合同或者协议中订明的中国法定检疫要求。

2)检疫审批

在签订输入动物、动物遗传物质贸易合同或赠送协议之前,进口商或接收单位应向国家进出境检验检疫机关提出申请,办理检疫审批手续。国家进出境检验检疫机关根据对申请材料的审核及输出国家的动物疫情及我国的有关检疫规定等情况,对同意进境的动物、动物遗传物质发给《中华人民共和国动物进境检疫许可证》。一般来说,要办理进境检疫审批手续,必须符合下列条件:

①输出国家或者地区无重大动物疫情。

②符合中国有关动物检疫法律、法规、规章的规定。

③符合中国与输出国家或者地区签订的有关双边检疫协定(含检疫协议、备忘录等)。

但是在办理进境检疫审批手续后,如果要变更进境的品种或者数量、变更输出国家或地区、变更进境口岸以及超过检疫审批有效期的,货主、物主或者其代理人还应当重新申请办理检疫审批手续。

3)报检

输入动物、动物遗传物质时,货主或者其代理人应当在进境前或者进境时按规定向进境口岸检验检疫机关报检。报检时,货主或其代理人应当如实填写报检单,并提交输出国家或者地区动物检验检疫机关出具的检疫证书、产地证书和贸易合同及信用证、发票等单证。如果依法应当办理检疫审批手续的,还应当提交检疫批单,出具《中华人民共和国动物进境许可证》等有关文件。一般来说,输入大、中饲养动物,应当在进境前60 d报检;输入种畜禽及其精液、胚胎的,应当在进境前30 d报检;输入其他动物的,应当在进境前15 d报检。

报检时,如果需要调离海关监管区检疫的,运达指定地点时,货主或者其代理人应当通知有关口岸动物检验检疫机关。

4)现场检疫

输入动物、动物遗传物质抵达入境口岸时,动物检疫人员可以到运输工具和货物现场实施检疫,核对货、证是否相符,并可以按照规定采取样品。

对动物,主要检查有无疫病的临床症状。若发现疑似感染传染病或者已死亡的动物时,在货主或者押运人的配合下查明情况,立即处理。动物的铺垫材料、剩余饲料和排泄物等,由货主或其代理人在检疫人员的监督下,作除害处理。

5)隔离检疫

输入种用大、中家畜的,应当在国家出入境检疫检验局设立的动物隔离检疫场所隔离45 d;输入其他动物的,应当在出入境检验检疫机关指定的动物隔离检疫场所隔离检疫30 d。

6)处理与放行

经检疫合格的,由口岸出入境检验检疫机关在报关单上加盖印章或者签发《检疫放行通知单》;若需要调离进境口岸海关监管区检疫的,由进境口岸检验检疫机关签发《检疫调离通知单》,将进境动物、动物遗传物质调离到口岸检验检疫机关指定的场所做进一步全面的隔离检疫。货主或其代理人凭上述单证办理报关、运递手续。海关也凭上述单证验收放行。运输、邮电部门凭单运递,运递期间国内其他检疫机关不再检疫。经检疫不合格的,由口岸出入境检验检疫机关签发《检疫处理通知单》,通知货主或者其代理人在口岸出入境检验检疫机关的监督和技术指导下,作除害处理;需要对外索赔的,由口岸出入境检验检疫机关出具检疫证书。

4.1.2 进境动物产品检疫

动物产品的种类很多,按用途可分为动物性食品、动物性工业原料、动物性饲料、动物性肥料和动物性药材等。由于动物产品同样能携带和传播病原,因此,凡进入中华人

民共和国国境(或关境)的,来源于动物未经加工或者虽然加工但仍有可能传播疫病的动物产品均应接受检疫,经检疫合格后方准进境。

1)检疫审批

进口所有法定应检的动物产品,均须办理检疫审批手续。申办检疫审批手续的货主或其代理人应填报《进境动植物检疫许可证申请表》,审批机关应同时核实申报单位的《进境动物产品生产加工存放检疫许可证》。

2)报检

输入动物产品到达口岸前或到达时,货主或者其代理人应向口岸出入境检验检疫报检。进境动物产品的报检,除报检时间无明确规定外,其余均与进境动物检疫的报检管理规定相同。

3)现场检疫

对进境动物产品实施现场检疫的内容应包括:

①核对货、证是否相符。即查验有关单证,核对产品标记、产地、品种、数量、重量等是否相符。承运人、货主或者其代理人应向检疫人员提供装载清单和有关资料。

②外观检查。检查产品有无腐败变质的现象,容器、包装是否完好。符合要求的,允许卸离运输工具;发现散包、容器破裂的,由货主或者其代理人负责修理完好,方可卸离运输工具。

③消毒。根据情况,对运输工具及装载动物产品的容器、外包装、铺垫材料、被污染场地等进行消毒处理。

④采取样品。需要实施实验室检疫的,按照规定采取样品。

⑤其他。其他有关规定包括:对易滋生植物害虫或者混藏杂草种子的动物产品,同时实施植物检疫;对动植物性包装物、铺垫材料,检查是否携带病虫害、混藏杂草种子、粘带土壤,并按照规定采取样品。

4)实验室检疫

实验室检疫是对采取的样品在实验室通过感官检查、理化检查及细菌学、病毒学和寄生虫学等病原学检查和血清学检验,以确定该进境动物产品的品质。需要在实验室进行植物检疫的,也应同步进行。

5)检疫出证

进境动物产品经检疫合格的,由口岸出入境检验检疫机关签发《检验检疫结果证明》;需要调离检疫的,签发《通关单》。货主凭《通关单》办理报关、运递手续,海关凭《通关单》验放。运递期间,其他检疫机关不再检疫。检疫调离的进境动物产品,到达指运地时,货主或其代理人凭《通关单》和其他单证,向到达地出入境检验检疫机关报检,并按规定检疫。经检疫不合格的,出入境检验检疫机关签发《兽医卫生证书》,可作为货主对外索赔的依据。

6)检疫处理

输入动物产品经检疫不合格的,由口岸出入境检验检疫机关签发《检疫处理通知单》,通知货主或者其代理人作除害、退回或者销毁处理。经除害处理合格的,准予进境。

4.2 出境、过境及运输工具检疫

4.2.1 出境检疫

出境检疫是指对动物、动物产品和其他检疫物在输出国外前所进行的检疫。出境检疫对维护我国的国际信誉,促进对外经济贸易有着重要的意义。

1) 出境检疫依据

输出动物无须事先办理检疫审批,但货主或者代理人在对外签约之前,应先向出入境检验检疫机关咨询,由国家质检总局根据输入国的检疫要求予以确认,然后再对外签订有关合同。输出动物、动物产品和其他检疫物的检疫依据是:

①输入国家或者地区和中国有关动物检疫规定。

②双边检疫协定。

③贸易合同中订明的检疫要求。

④输入国未提出具体检疫对象时,可按我国规定检疫。

2) 出境检疫的程序

①报检。货主或其代理人在动物、动物产品或其他检疫物出境前 60 d,应向口岸出入境检验检疫机关报检。报检时,除填报检单外,还应提供合同或者协议及有关单证。

②产地检疫。如输入国无特殊要求,出境动物可在动物原产地经出入境检验检疫机关实施检疫,并出具《动物检疫证书》,由口岸出入境检验检疫机关现场验证、进行临床检查、通关放行。如输入国要求在出境口岸进行隔离检疫的,由动物所在地检验检疫机关或县级以上动物防疫监督机构实施产地检疫,经检疫合格的,出具《动物检疫证书》或《动物产地检疫合格证明书》,并在运抵口岸实施出境前隔离检疫。

③出境前口岸检疫。对输出动物不需在口岸实施隔离检疫的,动物运抵出境口岸时,出境口岸检验检疫机关只进行验证和临床检查,检查合格的同意出境;输出动物,出境前需要隔离检疫的,在口岸出入境检验检疫机关指定的隔离检疫场所检疫。隔离检疫的时间,视动物种类、用途及输入国的检疫要求而定;没有要求的,按照我国规定检疫项目确定。经检疫不合格的动物,不准出境,并根据具体情况参照进境动物检疫处理有关规定,作退回原地、扑杀或销毁处理。若发现重大疫情,应及时上报国家质检总局和动物来源地的畜牧兽医行政管理部门,并立即采取相应措施扑灭疫情。

④出证。所有的检验工作完毕后,若检验结果准确无误,并符合输入国兽医当局及我国动物检验检疫机关的有关规定和要求时,由口岸检验检疫机关出具《动物检疫证书》和《通关单》出境。输入国没有要求出具《动物检疫证书》时,出境口岸检验检疫机关可根据我国的具体规定实施检疫;输入国要求出具《动物检疫证书》的,应按有关检疫条款的要求出证。经检疫或检疫处理的草、料、用具,出具相应的《植物检疫证书》或《熏蒸/消毒证书》。

4.2.2 过境检疫

过境检疫是指对载有动物、动物产品和其他检疫物的运输工具从输出国运达输入国

时需途经我国国境时进行的动物检疫。过境的动物经检疫合格的,准予过境。

1)动物过境检疫

①审批(许可证制度)。由申请动物过境的货主或其代理人填写《中华人民共和国动物过境检疫许可证申请表》,提出拟进境口岸、隔离场所、出境口岸、运输工具、运输路线等,国家出入境检验检疫局对申请表进行审核,并根据输出国动物疫情等决定是否同意动物过境。同意过境的,由国家出入境检验检疫局签发《中华人民共和国过境检疫许可证》,在许可证中提出必要的检疫和卫生要求。许可证发给货主 1 份,同时发给有关的口岸出入境检验检疫机关,国家出入境检验检疫局留存 1 份。

②报检。过境动物的押运人或承运人持过境许可证及有关单证(货运单、输出国官方检疫部门出具的检疫证书、目的地国官方同意该动物入境的证明等)向进境口岸出入境检验检疫机关报检。

③检疫与监督。动物抵达进境口岸时,由动物检疫人员对动物进行临诊检查,并监督将动物运往指定隔离场所隔离,根据许可证要求进行有关实验室检验项目。经检疫合格的,准予过境。另外,根据具体情况可派动物检疫人员押运动物至出境口岸。

2)动物产品及其他检疫物过境检疫

与动物过境相比较,动物产品及其他检疫物的过境不需要办理许可证。其报检、检疫与监管程序与动物基本相同。其检疫重点应放在现场检查,看外包装是否完好,加强消毒工作以及过境期间的监管工作等。

4.2.3 运输工具检疫

运输工具包括船舶、飞机、火车和汽车,内陆边境贸易中常有各种机动和非机动车辆,如农用车、人力车及畜力车等。这些运输工具只要来自于动物疫区,进入我国国境时均应实施检疫。

①来自于动物疫区的运输工具。检疫法规定,来自于动物疫区的运输工具属于进出境动物检疫范围。这里所称的动物疫区即动物疫病正在流行的国家和地区,进境运输工具动物检疫疫区名单由国家动物检疫机关公布。只要运输工具从公布疫区国家出发或中途经过,在我国进境时,无论装载物是否属动物、动物产品及其他检疫物,都必须对运输工具实施检疫。

②来自动物疫区的船舶、飞机、火车抵达口岸时,由口岸出入境检验检疫机关实施检疫。检疫时,可以登机、登船、登车实施现场检查,并对可能隐藏病虫害的餐车、配餐间、厨房、储藏室、食品舱等动物产品存放、使用场所和泔水,以及动物性废弃物的存放场所和集装箱箱体等区域或部位实施检疫;必要时,作防疫消毒处理。若发现病虫害的,作熏蒸、消毒或者其他除害处理。

③进境拆解的废旧船舶,由口岸出入境检验检疫机关实施检疫。发现病虫害的,作除害处理。

④进境的车辆,由口岸出入境检验检疫机关作防疫消毒处理。

⑤装载动物出境的运输工具,装载前应当在口岸出入境检验检疫机关监督下进行消毒处理。

⑥装载动物产品和其他检疫物出境的运输工具,作除害处理后方可装运。运输工具经检疫或者经消毒等检疫处理合格后,由口岸出入境检验检疫机关签发《运输工具检疫证书》或《运输工具消毒证书》。

4.3　国际贸易与动物检疫检验

随着国际贸易和各国国内贸易往来的频繁,畜禽及其产品在国际间的流动,无论是数量上还是品种上都大大超越以往。但是,近年来,国外疯牛病、口蹄疫、尼帕病、西尼罗河热等传染病的肆虐,不仅给畜牧业带来沉重的打击,而且给人类生命和健康也带来了严重的危害,在世界各地引起普遍恐慌。除上述疫病外,高致病性禽流感、鸡新城疫、猪瘟、非洲马瘟、非洲猪瘟、牛瘟、小反刍兽疫、羊痘、猪水泡性口炎、牛结节皮肤病、绵羊痒病等外来和重大疫病对各国动物卫生、大众健康、国际贸易以及社会稳定都具有重大影响。

因此,要发展国际间的动物及动物产品贸易,检疫检验工作就显得非常重要。要加大我国动物性产品的出口,就必须加大我国在国际往来中的动物及其产品的检疫检验,冲破国际技术壁垒,按照国际动物卫生组织(OIE)制定的动物卫生国际标准和准则的要求,实施(SPS)协议的必要卫生措施,按照世界卫生组织制定的法典和标准实施(SPS)协议的国际规则进行动物及其产品的生产,使我国的动物及其产品在自由贸易的激烈竞争中和贸易技术壁垒的设置与反设置中立于不败之地,增强其出口创汇能力和市场竞争力。

4.3.1　有关动物检疫的国际贸易争端

由于疫病、有害物质残留等方面的问题,我国畜产品出口常常由于不符合国际标准而遭到限制、拒收、退回等歧视待遇。尽管中国在加入 WTO 的谈判中,与各谈判方就规范卫生与动植物检疫方面有着广泛的共同利益和合作前景,但同时也潜在着不少分歧和争端。如果这种问题不能从根本上得到解决,那么中国的畜产品将无法参与国际市场竞争。因此,要减少国际贸易争端的发生,我们必须抓好以下几项工作:

1)注重对 WTO 各项协议的研究

加强对 WTO 规则全面、系统、深入的研究,以便能够准确地把握履行承诺的义务和维护权益的权利。特别要注重对 WTO/SPS 协议、WTO/TBT 协议、贸易争端解决程序规则和相关国际组织(OIE,CAC,IPPC,FAO)准则、标准和建议的深入研究。此外,还要针对 WTO 其他成员国对我国贸易所采取的限制性或歧视性措施,积极地予以应对,注重跟踪、研究、积累资料和证据,在适宜时启动贸易争端解决程序,维护自己的合法权益。

2)尽快确立处理国际贸易争端的国内审议机制

入世后,我国在国际贸易中屡遭涉及 SPS 措施方面的不公正待遇,面对这种严峻的形势,作为 WTO 的成员,应当借鉴国外的先进做法,尽快建立我国解决国际贸易纠纷的国内政策审议机制;并针对其他成员国对我国贸易的限制性和歧视性措施,积极开展进口方贸易政策措施评议。同时,也要对国内相关政策措施进行审议,并使之制度化。因为,在 WTO 涉及 SPS 措施的贸易争端解决案例中,特别是提起公诉方,在证明对方的措施不符合国际规则的同时,还必须拿出自己的措施是符合 WTO 规则的证据,这样才有可

能促使提起的争端胜诉。

3）建立风险分析机制

通过对美国 SPS 协议实施机制的考察，它们所采取的 SPS 措施，都是建立在风险评估的基础上。而目前，我国的风险评估机制还很不完善，这对我们参与 WTO 活动，进行 SPS 措施谈判，以及启动国际贸易争端解决程序时的举证都会产生影响。

因此，应当参照国际规则，借鉴发达国家的成功经验，尽快健全和完善动植物病虫害风险分析机制，推广应用国际通行的风险分析技术，促进管理部门从注重事务（商品）管理向实行风险管理转变。

4）建立专家咨询机制

为了更好地行使 WTO 成员的权利，维护我国参与国际贸易的合法权益，我国应当建立 SPS 措施专家咨询机制。并坚持运用风险分析技术充分发挥专家咨询机制的作用。

4.3.2　加入 WTO 对中国动物检疫检验的影响

我国加入 WTO 以后，为我国畜牧业的发展带来了新的机遇，为扩大出口，发展开放型经济提供了更广阔的前景，同时也带来了严峻的挑战和考验。针对我国目前畜禽产品存在的质量安全问题以及层出不穷的国外技术壁垒，我们必须结合目前我国动物及动物产品的安全质量的管理现状，根据 WTO 框架下 SPS 协议的要求，加强对动物及动物产品的安全卫生及各种危害因素的评估、鉴定，制定出口动物及其产品的风险管理措施，进一步强化动物及其产品的检疫检验，以扩大我国动物及其产品的出口和打破国外技术壁垒，从根本上扭转我国动物及动物产品出口受阻的被动局面。

一是要全面开展产地、屠宰、加工冷藏、运输以及引种等各个环节的检疫，把疫病控制在源头，严防疫病传播和蔓延，确保畜牧业健康发展。

二是要严把兽医卫生监督、检查关，坚决杜绝未经检疫和检疫不合格的动物产品进入国际、国内市场。

三是依法加强对饲料和饲料添加剂的监督检测，确保饲料安全；按照规定使用兽药，减少兽药残留。

四是要比照国际通行做法，制定和完善所需的法规和标准，尽快与国际惯例接轨。

复习思考题

1. 出境检疫包括哪些内容以及怎样实施检疫？
2. 出入境动物及动物产品风险分析包括哪些基本内容？怎样进行分析？
3. 加入 WTO 对我国动物检疫检验有何影响？

第5章
动物共患疫病的检疫检验

> **本章导读:**本章主要就多种动物共患疫病的检疫检验作了相关的阐述,内容包括共患疫病的检疫要点、常见共患疫病的鉴别检疫要点以及实训指导等。通过本章的学习,要求掌握每一种共患疫病的临场检疫要点、实验室检疫的主要方法以及检出检疫对象时的检疫处理;通过实训练习,学会共患疫病的检疫技术,具备独立进行多种动物临诊检疫和实验室检疫的能力。

5.1 共患疫病的检疫要点

5.1.1 口蹄疫

口蹄疫俗名"口疮""蹄癀",是由口蹄疫病毒引起的偶蹄动物的一种急性、热性、高度接触性传染病。其临诊特征是在口腔黏膜、蹄部和乳房皮肤发生水泡和溃烂。

1)临诊检疫要点

①传染性强,传播迅速,常引起大规模流行。感染和发病率高,病死率低;但幼畜死亡率高。牛、羊、猪最易感。有明显的季节性,秋末开始,冬季加剧,春天减缓,夏季平息。

②最短潜伏期 1 ~ 2 d,最长 6 ~ 7 d。病畜体温升高到 40 ~ 41 ℃,在口腔的唇内、舌面、齿龈和颊部黏膜以及蹄部柔软部皮肤和乳房上发生水泡,水泡大小不一,小如绿豆,大如拇指,有的融合成更大的水泡。水泡多在一昼夜破溃,形成边缘整齐、底面浅平的烂斑。猪以蹄部水泡为主,严重的蹄壳脱落,跛行(见图5.1)病猪站立不住或卧地不起。牛多侵害口腔(见图5.2),除有水泡、烂斑外,还见大量流涎,

图 5.1 猪口蹄疫蹄部水疱与烂斑

89

图5.2　牛口蹄疫齿龈上的水疱和烂斑

反刍停止。

恶性口蹄疫主要见于犊牛和仔猪,侵害心肌,呈急性心脏麻痹死亡。

③除口腔和蹄部的病变外,咽喉、气管、支气管和前胃黏膜有时发生圆形烂斑和溃疡,上盖有黑棕色痂块。真胃和大、小肠黏膜有出血性炎症。幼畜呈心肌炎,心内外膜和心肌切面有不规则的灰白色或淡黄色条纹与斑点,称"虎斑心"。

2)实验检疫方法

取水泡皮或水泡液或血液等病料进行实验检疫。

①特异性诊断的常规方法是补体结合反应实验和乳鼠中和试验。

②相关抗原 VIA 琼脂免疫扩散试验和对流免疫电泳试验。

③目前实际条件下,反向间接红细胞凝集试验具有重要的检疫实用价值。口蹄疫反向间接红细胞凝集试验的判定:被检病料与某种毒型红细胞诊断液出现" ＋＋"以上凝集的即为某型口蹄疫;或者某种毒型的凝集效价高于其他毒型效价 2 个对数滴度以上者,也可判为某型口蹄疫。

另外,在毒型诊断中也可用交叉保护试验、琼脂扩散沉淀试验、补体结合试验、生物数学法、双夹心酶联免疫吸附试验以及直接双抗体放射免疫测定法等。口蹄疫诊断技术方法现已发展到应用克隆抗体技术,并进而期望应用核糖酸探针技术。

3)检疫后处理

确检是口蹄疫时,应迅速上报疫情、鉴定毒型、划定疫区、严格封锁、组织联防。疫点要封死,人、畜、畜禽产品不得出入。关闭家畜交易市场,交通要道必须设立临时性检疫消毒哨卡。

死畜焚烧或深埋,病畜和可疑病畜扑杀处理。病畜排泄物,分泌物污染的用具、场所用2%烧碱溶液或1% ～2%福尔马林溶液、20%石灰乳喷洒消毒。对疫区和受威胁区的健康易患家畜进行紧急预防注射。

疫区内最后一头病畜痊愈、死亡或急宰后 14 d,并经全面消毒,由县级以上农牧部门检查合格,方可解除封锁。但痊愈的病畜在解除封锁后 3 个月内不得运出。

5.1.2　炭疽

炭疽病是由炭疽杆菌引起的各种家畜和人的一种急性、热性、败血性传染病。临诊特征是突然高热,可视黏膜发绀和天然孔出血;病变特点是败血症变化、脾脏显著肿大、皮下和浆膜下出血性胶样浸润、血凝不良呈煤焦油状、尸僵不全等。

1)临诊检疫要点

①各种家畜和野生动物均可感染,其中草食兽中牛、羊、马最易感,常呈地方性流行。有一定的季节性,夏季雨水多、洪水泛滥,吸血昆虫多,易发生传播。

②潜伏期 1 ～5 d,最长 14 d。最急性型,发病急剧,多在数分钟至数小时死亡。急性

病例发病突然,病势迅猛,全身颤抖,倒地;高热、呼吸促迫;初便秘,后腹泻带血;腹痛、尿暗红。有时混有血液;黏膜发绀或有出血点,天然孔出血。部分病畜在颈、胸、肩、腹下皮肤松软处和直肠、口腔黏膜等处,出现痛性肿胀。

③尸体迅速腐败、膨胀明显,尸僵不全,肛门突出,天然孔有黑色血液,血液不凝呈煤焦油状;全身皮下、肌间、浆膜下胶样浸润全身淋巴结肿大出血,呈黑色或黑红色,脾脏肿大 2~5 倍,脾髓软化如泥;肺充血水肿,胃肠道呈出血性坏死性炎症,尤以十二指肠和空肠严重,有炭疽痈。

2)实验检疫方法

①细菌学检查。以镜检方法为主。在防止病原扩散的条件下采取病料,生前耳静脉采血,死后消毒切耳。涂片用瑞氏染色(荚膜染色更好)镜检。发现单个、成对或短链状有荚膜的粗大杆菌(见图5.3)。在已腐败的尸体材料上,炭疽杆菌常崩解消失,镜检只见到荚膜即"菌影"。

②环状沉淀试验。把可疑病料的浸出液制备沉淀原。沉淀原与炭疽沉淀素在沉淀反应管中重叠,接触面呈清晰白色环状者为阳性反应;呈现模糊不清的类似白色环状者为可疑;接触面无白色环状者为阴性反应。

图 5.3 炭疽病料中的炭疽杆菌

③其他试验。有动物试验、琼扩沉淀试验、荧光抗体试验、间接凝集试验、对流免疫电泳、SPA 协同凝集试验等。

3)检疫后处理

确检是炭疽病时,立即上报疫情,并积极采取扑灭措施。封锁疫点,就地隔离病畜,追查疫源。病畜和可疑家畜,用青霉素、链霉素结合抗炭疽血清治疗;对假定健康动物用炭疽无毒芽孢苗紧急预防接种。尸体严禁解剖,立即焚烧深埋 2 m 以上。粪便、垫草、废弃物也应焚烧。凡被病死畜接触过的地方、用具等都要用20%漂白粉或10%热水碱溶液彻底消毒,连续 3 次。疫点内最后一头病畜死亡或痊愈,经 15 d 无新病例,预防接种已产生免疫,再经过一次彻底的终末消毒,方可解除封锁。

5.1.3 布氏杆菌病

布氏杆菌病是由布氏杆菌引起的一种人、畜共患的地方性慢性传染病。其特征是生殖器官和胎膜发炎,引起母畜流产、早产、不孕,公畜睾丸、附睾炎、滑液囊炎等。

1)临诊检疫要点

①家畜中牛、羊、猪最易感。性成熟家畜较幼畜易感,母畜比公畜易感,尤其怀孕母畜最易感。无明显季节性,在产犊、产羔季节多发。呈慢性经过,地方性流行。

②潜伏期长短不一,短的两周,长的可达半年。孕畜流产,流产可发生于怀孕的任何时期,但通常以怀孕后期多见,牛常发生在妊娠后 6~8 个月;羊常发生在妊娠后 3~4 个月;猪则常发生在妊娠后 4~12 周。流产前可能出现阴唇、乳房肿胀,阴道黏膜潮红、水

肿,阴道流出灰白色分泌物等分娩症状。流产多为死胎,弱胎产出不久即死亡。牛还可见胎衣滞留、子宫炎,有的经久不育。此外,还可见乳房炎、关节炎和滑液囊炎。公畜,睾丸炎、附睾炎,睾丸、附睾肿胀、疼痛、硬固(见图5.4)。

③子宫绒毛膜间隙黄色胶样渗出物,绒毛膜坏死,胎膜水肿,黄色胶样浸润(见图5.5)。胎儿皮下及肌肉间结缔组织出血性浆液性浸润,黏膜和浆膜有出血斑点,胸腔和腹腔有微红色液体。

肝、脾和淋巴结不同程度的肿大,有时有坏死灶。

图 5.4 病猪睾丸肿胀

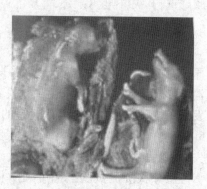

图 5.5 猪布氏杆菌病(流产的胎儿)

2)实验检疫方法

①细菌学检查。以镜检方法为主。取流产胎儿胃液、胎盘或母畜流产2~3 d内阴道分泌物抹片,用改良姜——尼二氏鉴别染色法,或改良柯氏鉴别染色法,染色镜检,布氏杆菌呈红色或橙黄色,其他细菌或组织呈蓝色。

②血清学检查。以凝集反应应用最广泛。常用的凝集试验有试管凝集试验和平板凝集试验。被检血清50%以上凝集的最高稀释度为凝集价。大家畜(马、牛)凝集价在1∶100以上则为阳性,1∶50为可疑;小家畜(猪、羊)凝集价在1∶50则为阳性,1∶25为可疑。

③变态反应。用于猪、羊的布氏杆菌病。猪、羊感染布氏杆菌后1个月左右出现皮肤变态反应。注射部位明显水肿,凭肉眼即可观察出者,为阳性反应;肿胀不明显,通过触诊与对侧对比方能察觉者,为可疑反应;注射部位无反应或仅有一个小的硬结者,为阴性反应。

3)检疫后处理

检出布氏杆菌病时,不得调运。阳性猪、羊立即淘汰,阳性奶牛可在严密隔离条件下进行治疗;对污染的畜舍、产房、牧地、用具等用5%热烧碱或20%石灰乳进行彻底消毒。病畜流产的胎儿、胎衣、粪便和污物要深埋、发酵等无害处理。对健康家畜及时免疫接种。

5.1.4 结核病

结核病是由结核分枝杆菌引起的人、畜和禽类的一种慢性传染病。其特征为渐进性消瘦和在患病组织器官形成结核结节、干酪样病灶和钙化病变。

1)临诊检疫要点

①家畜中以牛尤其是奶牛最易感,其次是猪和鸡。慢性经过且多隐性感染,呈散发

或地方性流行。

②潜伏期长短不一,短的十几天,长者几个月,甚至数年,牛以肺结核、淋巴结核和乳房结核最为多见。原因不明的渐进性消瘦,顽固性咳嗽,体表淋巴结(肩前、股前、腹股沟、颌下等)肿大,有硬结而无热痛。乳房上淋巴结肿大,乳腺上有大小不等的凸凹不平的无热痛硬结(见图5.6)。犊牛的顽固性腹泻和迅速消瘦;猪结核主要见扁桃体和颌下淋巴结有结核病灶,表现淋巴结肿大、硬固,表面凸凹不平,以后化脓或干酪样变,破溃后不易愈合;鸡结核常发生在肠道、肝和脾。病鸡食欲减退,日见消瘦、贫血、腹泻。

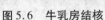

图5.6 牛乳房结核　　　　　　图5.7 牛乳房结核、牛肺结核干酪样坏死

③患病组织器官上发生增生性结核结节和渗出性干酪样坏死或形成钙化灶。牛结核病灶最常见于肺、肺门淋巴结、纵隔淋巴结;其次是肠系膜淋巴结和头颈淋巴结;也见于胃肠道黏膜、乳房和胸腹腔浆膜等处。在患病器官上有很多突起的白色或黄色结节,切开后呈干酪样坏死(见图5.7)。有的见钙化,有的坏死组织溶解排出后形成空洞。禽结核病灶多见于肠道、肝、脾、骨和关节。肠管表面有突出的溃疡,肝脾肿大,切面有大小不等的结节状干酪样病灶。感染关节肿大,且内含干酪样物。

2)实验检疫方法

①细菌学检查。以镜检方法为主。取乳、淋巴结作病科,抗酸性染色,镜检。结核分枝杆菌为红色,其他菌为蓝色。

②变态反应。这是畜群检疫诊断的主要方法,即用结核菌素皮内注射和点眼。牛皮内注射,局部有热痛,呈界限不明显的弥漫性水肿,触及硬固如捏粉状,肿胀面积在35 mm×45 mm 以上;或上述反应较轻,而皮厚差超过8 mm 以上者,为阳性反应;炎性反应不明显,肿胀面积在35 mm×45 mm 以下,或皮厚差在5~8 mm 以下者,为疑似反应;无炎性水肿,或仅有无热坚实的明显界限的硬结,皮厚差不超过5 mm 者,为阴性反应。点眼试验,在眼睛周边或结膜囊及眼角内,有两个大米粒大或2 mm×10 mm 以上的黄白色脓性分泌物流出;或上述反应较轻,但有明显的结膜充血、水肿、流泪,并有全身反应者,为阳性反应。

鸡用禽型结核菌素肉髯外侧注射,48 h 后检查肉髯增厚、下垂、发热呈弥漫性水肿者,为阳性反应;肿胀不明显者,为疑似反应;无变化者,为阴性反应。

3)检疫后处理

确检为结核病时,应立即淘汰开放性病牛和阳性猪、禽。有特殊价值的阳性种畜,应隔离治疗。对出现阳性病例的畜禽舍,用5%来苏水,10%漂白粉或3%福尔马林溶液进行彻底消毒。平时做好定期检疫和临诊检查,培育健康畜群。

5.1.5 巴氏杆菌病

巴氏杆菌病又叫出血性败血症,简称出败,是由多杀性巴氏杆菌引起的多种畜禽和野生动物的一种急性、热性传染病,包括猪肺疫、禽霍乱、牛出败、兔出败等。其特征,急性型呈败血症和出血性炎症;慢性型常为皮下组织、关节、各脏器的局灶性化脓性炎症。

1)临诊检疫要点

①多种动物都可感染,猪、兔、鸡、鸭发病较多,发病受外界诱因影响较大。当饲养管理和外界环境发生大的变化,如饲料突变、营养缺乏、寒冷、闷热、气候剧变、潮湿、拥挤、通风不良、长途运输等诱因,而使机体抵抗力降低时,易感染发病。无明显季节性,一般散发或地方性流行。

②猪肺疫潜伏期1~5 d,最短可在12~24 h出现症状。最急性病例发病突然,高热,全身症状严重,卧倒不食,耳后和颈下皮肤发红,常于数小时后死亡。急性病例呼吸困难呈犬坐姿势,张口吐舌,剧烈咳嗽,颈下咽喉部红肿,可视黏膜蓝紫色;初便秘、后腹泻,皮肤淤血或有小出血点。慢性病例表现慢性肺炎和慢性胃肠炎,病猪呼吸困难,持续性咳嗽,鼻流脓性分泌物,食欲不振,下痢,逐渐消瘦,衰竭死亡。

图5.8 禽霍乱肉垂肿胀

禽霍乱潜伏期2~9 d。鸡霍乱最急性的见于流行初期,以高产、肥壮母鸡多见。往往无可见症状而突然发病死亡,病程短则几分钟,长则数小时。急性病例体温升高,精神沉郁,羽毛蓬乱,缩颈闭目,两翅下垂,口鼻流出黏液,食欲减退或不食;剧烈腹泻,排黄白色或灰白带绿色稀粪;呼吸困难,鸡冠青紫。一般在发病后1~3 d死亡。慢性的见于流行后期,消瘦、腹泻,肉垂肿胀(图5.8),关节肿大跛行。

鸭霍乱以急性为主,与病鸡症状相似,但常摇头,多发性关节炎明显,跗、腕及肩关节肿胀,站立困难,瘫痪,不愿下水。

牛出败潜伏期2~5 d。败血型呈现高热,饮食及反刍停止,鼻镜干燥,结膜潮红,腹痛,腹泻,粪便呈稀糊状,有时混有黏液和血液,常在一天内死亡。浮肿型,主要表现头、颈、咽喉和胸前出现炎性水肿,结膜炎及流泪;口腔黏膜潮红肿胀,呼吸和吞咽困难,可视黏膜蓝紫色,常在一天内窒息死亡。肺炎型,以急性纤维素性胸膜肺炎为主,咳嗽,呼吸困难,从鼻孔流出浆液性和脓性鼻液,后期有血性下痢,病程3~7 d,因虚脱衰竭而死亡。

兔出败潜伏期2~9 d。高热、腹泻、肺炎、中耳炎、鼻炎。

③病理剖检,猪肺疫全身黏膜、浆膜和皮下组织大量出血,咽喉周边组织出血性浆液浸润;全身淋巴结出血,切开呈红色;肺有不同程度的病变区,并伴有水肿和气肿(图5.9);胸膜有纤维素性附着物,严重时与肺发生粘连。

禽霍乱心包及心外膜多呈点状出血,心包液增多,肝脏肿大,呈黄色或黄棕色,质脆,表面有许多灰白色针尖大坏死灶(图5.10)。肠道尤其是十二指肠呈卡他性或出血性炎症。

败血型病牛,内脏器官充血,黏膜、浆膜、皮下组织和肌肉均有出血点;肝、肾实质变

图5.9 病猪肺脏肝变、水肿

图5.10 鸭霍乱
（心外膜出血、肝脏表面坏死灶）

性，淋巴结水肿、出血；心、肺和肠道出血。浮肿型，在咽喉部或颈部皮下，有时在肢体部皮下有胶样浸润，间有出血；咽周围呈黄色胶样浸润，其淋巴结高度肿胀，上呼吸道卡他性炎症。肺炎型，肺脏和胸膜小点状出血，并盖有一层纤维素性膜；肺脏肝变，因不同的肝变期和小叶间结缔组织增宽及浆液浸润，切面呈大理石状。

兔出败皮下有脓肿，浆膜和黏膜出血，肺充血、水肿和肺炎；胸腔有纤维素性炎症；淋巴结肿大，肝有坏死小点。

2）检疫方法

①细菌学检查。采取心血、病变淋巴结、肝、肺、肾及胸腹腔内渗出液等作为检样，涂片，用碱性美蓝或瑞士染色，镜检，发现大量革兰氏阴性及两极浓染的小球杆菌，即可判断为巴氏杆菌病。也可取1∶10的病料乳剂0.2 ml，皮下或腹腔接种于小鼠，死后取心血和肝脏作涂片标本，用瑞氏染色后镜检，见大量浓染病原细菌，即可做出确诊。

②血清学检查。比较快速的有玻片凝集反应：用每毫升含10亿～60亿菌体的抗原，加上被检动物血清，在5～7 min内发生凝集的为阳性。另外，还可用血液龙胆紫培养基培养法、噬菌体诊断法等。

③生化反应试验。多杀性巴氏杆菌的生化反应为靛基质阳性，MR和V—P试验均为阴性，在含有胆汁的培养基中一般不能生长，石蕊牛乳中呈中性。能发酵葡萄糖和蔗糖，产酸而不产气；不能发酵乳糖、棉糖和鼠李糖等。

④综合判定。多杀性巴氏杆菌是呼吸道常在菌，在实际检疫工作中，必须将实验室检查与临场检疫结合起来，才能得出可靠的检疫结论。

3）检疫后处理

确检为巴氏杆菌病时，病畜禽不得调运，采取隔离治疗措施，发病畜禽群实行封锁；假定健康畜禽，可用疫苗作紧急预防接种；病死畜禽，深埋或焚烧。圈舍可用2%热烧碱溶液或10%～20%石灰乳消毒。

5.1.6 沙门氏菌病

沙门氏菌病是由沙门氏菌属细菌引起的人和各种畜禽及野生动物的一类疾病的总称，又称副伤寒。它能引起多种动物的急性、慢性和隐性感染，对于幼畜和雏禽有较大的危害性。其特征多呈败血症和肠炎，怀孕母畜易发生流产。

1)临诊检疫要点

①各种年龄的畜禽均可感染,但幼龄畜禽易感染性更高,猪以 1~4 月龄者发生较多,牛以出生后 30~40 d 以内的犊牛最易感,鸡主要发生于出壳后 1~2 周的育雏阶段。一年四季均可发生,饲养管理不良、饲料和饲养方式的突然改变、阴雨潮湿、育雏拥挤、温度过高过低、通风不良,均可成为本病发生的诱因。多呈散发或地方性流行。

②猪副伤寒潜伏期 2 d 至数周不等。急性病例呈现为败血症,多见于断奶前后不久体弱的幼猪。高热 41~42 ℃,精神委顿,呼吸困难,下痢,濒死期耳根、腹部皮肤呈蓝紫色或有红色斑点,常于 2~4 d 死亡,病死率很高。亚急性和慢性病例主要表现为肠炎,典型症状是消瘦、下痢、排出恶臭稀粪,粪内混有组织碎片或纤维素性渗出物。

牛沙门氏菌病,犊牛发病较急,表现为发热,食欲废绝,迅速衰弱。通常伴有腹泻,排出稀薄含有血液、黏液及组织碎片的恶臭粪便。成年牛多为慢性、较轻。急性见于弱牛,症状与犊牛相似。孕牛流产,多发生于怀孕后 200 d 左右。

禽沙门氏菌病,主要以鸡白痢为主。雏鸡常于出壳后 1~3 周发病,表现怕冷、尖叫、不食、两翅下垂、闭目团缩、排出白色糊状粪便、肛门周围污秽(图 5.11);有的呼吸困难,张口喘气,共济失调,运动失衡。病死率高。成年鸡多为慢性或隐性经过,主要表现为下痢,排出像"石灰渣"样稀粪,营养发育不良,消瘦,群体生产水平低下,常有零星死亡。禽伤寒在成年鸡中零星发生,表现下痢、羽毛蓬乱、不食、体温升高,迅速死亡。病程长的日渐消瘦贫血,鸡冠和肉髯苍白而皱缩。禽副伤寒以孵化后两周内的幼禽发病最多。特别是 6~10 日龄幼雏,表现嗜眠、呆立、头翅下垂、羽毛松乱、畏寒和水性下痢,死亡迅速。

图 5.11　鸡白痢
(肛门周围污秽)

图 5.12　猪副伤寒
(肠黏膜麸皮样坏死)

③病死畜禽剖检,猪急性型主要为败血症变化,全身各黏膜、浆膜均有不同程度的出血,全身淋巴结肿大、出血,脾肿大,颜色蓝紫色,胃肠急性卡他性炎。亚急性和慢性主要呈坏死性肠炎,盲肠和结肠后段出现分散或融合成大块灰色溃疡,并附着一层麸皮样坏死假膜(图 5.12)。

犊牛呈急性出血性胃肠炎病变,皱胃黏膜出血水肿,肠黏膜特别是小肠黏膜,有出血斑点,脾出血、肿大,肝色淡有灰黄色小坏死灶。

雏鸡白痢,肝肿大、充血、有条纹状出血和黄白色坏死灶(图 5.13);病程稍长者,卵黄吸收不良;肺、心肌、盲肠和肌胃等处有坏死灶或结节;输尿管充满白色尿酸盐,盲肠内常有干酪样物堵塞肠腔,有时混有血液。成年母鸡表现为卵子变形、变质,呈淡青或墨绿色,卵泡膜增厚,呈囊状,内含油脂样或豆渣样物质。变性的卵泡常以长短不一的系带与

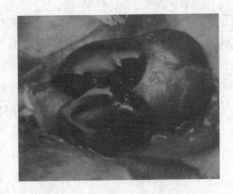

图5.13 鸡白痢 图5.14 鸡副伤寒肝脏铜绿色

（肝肿大、淡黄色坏死灶）

卵巢相连,有的坠入膜腔,引起广泛性膜腹炎。

禽伤寒急性死亡的鸡常有肝、脾、肾充血肿大的变化;亚急性和慢性病死者,肝呈绿褐色或青铜色(图5.14),肿大、质脆,并有灰白色的小坏死灶。禽副伤寒呈出血性肠炎变化,肺、肾出血,心包炎及心包粘连,心、肺、肝、脾有类似于鸡白痢的结节。

2）实验检疫方法

①细菌学检查。采取肝、脾、淋巴结、肠内容物、死雏的卵黄、成年禽的卵巢、变形卵子等病料,镜检或分离培养鉴定细菌,发现沙门氏菌即可确检,沙门氏菌为革兰氏阴性、圆形或卵圆形、边缘整齐的无色半透明的光滑菌落,无芽孢。

②血清学检查。目前,临床上常用血清学试验对2月龄以上的鸡进行鸡白痢检测,在大群鸡的检疫中最常用的方法是全血平板凝集试验。鸡白痢全血平板凝集抗原与被检鸡全血在2 min内出现明显颗粒凝集或块状凝集者为阳性反应。

3）检疫后处理

确检为沙门氏菌病时,病畜隔离治疗,成年鸡群尤其是种用鸡群阳性者立即淘汰,胴体及无病变内脏高温处理后利用。有病变的内脏销毁,病雏尸体深埋或焚烧,疫群中尚未发病的雏鸡全部实行药物防治,反复检疫,淘汰带菌鸡。对病死畜禽污染的圈舍可用2%～4%烧碱溶液或2%～5%漂白粉溶液消毒。

5.1.7 狂犬病

狂犬病俗称"疯狗病",是由狂犬病病毒引起的一种人、畜和野生动物共患的急性接触性传染病。临床特征是中枢神经高度兴奋和意识紊乱,最后全身麻痹死亡。

1）临诊检疫要点

①各种畜禽和人对本病都有易感性,尤以犬科和猫科动物最敏感。人和其他家畜多为狂犬病病犬咬伤而感染。散发,呈链锁状传播,无明显的季节性,一年四季均可发生,死亡率高达100%。

②潜伏期2～8周,最短8 d,长者可达数月或1年以上。犬首先出现精神沉郁,躲在暗处,神态反常,不听主人召唤;食欲反常,异食,吃碎布或木头片;后高度兴奋,狂暴、攻击人畜,无目的地游荡,狂吠,叫声嘶哑、咽麻痹、舌拖出,流涎增加并有夹尾、斜视和下颌

下垂等症状;最后,意识紊乱,出现局部或全身麻痹,高度衰弱,疲惫,吞咽困难,夹尾,卧地不起;终因呼吸中枢麻痹和衰竭死亡。

牛病初沉郁,不久表现兴奋不安,吼叫,凝视,冲抵墙壁、饲槽;不同的肌群发生震颤,性欲亢进,攻击人畜,反复发作;以后出现麻痹,有吞咽困难,流涎;消化机能紊乱,而有前胃迟缓、臌气、便秘和腹泻等;最后,肢体麻痹,摔倒或卧地不起,衰竭而死。

猪兴奋不安,惊恐,无目的地奔跑,最后麻痹而死。

③尸体消瘦。体表常有咬伤或裂伤,胃内空虚有异物。

2)实验检疫方法

①包涵体检查。采取发病动物的海马角、小脑或延脑作触片,用 Seller 氏染色剂染色,神经细胞的胞核呈深蓝色,胞浆呈蓝紫色,包涵体即尼氏小体呈鲜红色,位于细胞浆内或游离在细胞外,呈圆形、卵圆形、梭形等。

②荧光抗体试验。这是一种特异性高且快速诊断的方法。取可疑脑组织或唾液腺制成触片,荧光抗体染色,荧光显微镜下观察,胞浆内出现黄绿色颗粒者为阳性。

③动物接种试验。取脑病料制成乳剂,用30日龄的小鼠(3日龄以内乳鼠更敏感)经脑内接种,如有狂犬病病毒,则在接种后 1~2 周内小鼠出现麻痹症状和脑膜脑炎变化,或以死亡小鼠脑作触片,发现尼氏小体即可得到诊断。

④酶联免疫吸附实验(ELISA)。检测抗原或抗体的技术是很有前途的检测方法;应用基因探针位点杂交技术检测实验感染小鼠中枢神经系统中的狂犬病病毒的 RNA,也取得了进展。

3)检疫后处理

检出狂犬病时,病畜采取不放血的方法扑杀,化制或销毁,不得剥食。被狂犬病畜咬伤的动物,超过 8 d 而未出现症状者,按病畜处理;未超过 8 d 也未出现症状者,可屠宰,肉尸和内脏高温处理利用。怀疑患病动物隔离观察 14 d,怀疑感染动物观察期至少 3 个月,怀疑患病动物及其产品不可利用。

5.1.8 伪狂犬病

伪狂犬病是由伪狂犬病病毒引起的多种家畜和野生动物的一种急性、热性传染病。其特征为发热、奇痒和脑脊髓炎,成年猪常有流产和死胎而无奇痒。

1)临诊检疫要点

①家畜中猪、牛、羊、犬、猫、兔都可感染,其中猪、牛最易感。除猪以外,死亡率极高。无明显季节性,但冬春多见。呈散发或地方性流行。

②潜伏期3~6 d。猪因感染年龄不同,临诊特征也有所区别,新生猪常突然发病,倦怠,体温高达41 ℃以上,发抖、运动不协调、震颤、痉挛、共济失调、发展至角弓反张(图5.15)、癫痫,有的病猪后躯麻痹,转圈或做游泳状动作,有的呕吐、腹泻,常发生大

图 5.15 猪伪狂犬病
(病猪麻痹瘫痪、共济失调)

批死亡。断奶猪和架子猪症状较轻,发热、精神不振、间或咳嗽、呕吐,有明显的神经症状,兴奋不安,乱跑乱碰,有前冲后退和转圈运动,呼吸困难,一般呈良性经过。怀孕母猪可发生流产、死胎、弱胎和木乃伊胎。弱胎常于生后 2 ~ 3 d 死亡。成年猪一般呈隐性感染。

牛主要表现为身体某部皮肤的剧痒,无休止地舐舐患部。延髓受侵害时,表现咽麻痹、流涎、呼吸促迫、心律不齐和痉挛、吼叫,多在 48 h 死亡。

③猪常有不同程度的卡他性胃肠炎;中枢神经系统症状明显时,脑膜明显充血,脑脊髓液量过多,肝脾等实质脏器可见 1 ~ 2 mm 直径的灰白色坏死病灶(图 5.16),肺充血、水肿(图 5.17)。

图 5.16　猪伪狂犬病
(肝脏灰白色坏死灶)

图 5.17　猪伪狂犬病
(肺水肿、斑驳状)

牛患部皮肤撕裂,皮下水肿,肺常充血水肿,心外膜出血,心包积水。

2)实验检疫方法

①荧光抗体染色检查。取扁桃体、淋巴结病料,用伪狂犬荧光抗体进行细胞染色。在被检病料中出现特异的荧光时,即证明该病毒的存在。

②细胞中和试验。用已知标准病毒抗原,检验待检血清中的抗体。由于感染本病的其他动物均难以幸存,由此血清抗体的检查主要用于猪。将被检猪血清 2 倍稀释,56 ℃下30 min灭活,加入标准伪狂犬病毒培养液等量混合,37 ℃水浴 1 h。每份血清混合感作液接种细胞培养管 3 支,37 ℃培养 7 d,逐日观察,以出现细胞病变为判定指标。呈现完全中和的血清判为阳性。

③动物接种试验。采取病患部水肿液和侵入部的神经干、脊髓以及脑组织,接种于家兔腹侧皮下,接种后 36 ~ 48 h,注射部位出现剧痒,可见家兔自行咬啮,直至脱毛,破皮出血,继而四肢麻痹,很快死亡。

3)检疫后处理

检出伪狂犬病时,应立即隔离病禽、污染的用具、圈舍和环境,用2%烧碱溶液或10%石灰乳消毒;疫区的假定健康动物,注射疫苗;开展灭鼠工作。

5.1.9　钩端螺旋体病

钩端螺旋体病是由钩端螺旋体类微生物引起的各种畜、禽、野生动物和人的一种自然疫源性传染病。大多数家畜呈隐性感染,少数呈急性发病。急性病例的特征是发热、

贫血、黄疸、血红蛋白尿、流产、皮肤黏膜出血、坏死和水肿。

1) 临诊检疫要点

①自然疫源性疾病，家畜中猪、牛、羊、犬、猫、兔等，家禽中鸡、鸭、鹅、鸽以及人都可感染。有明显的地域性和季节性，多发生在夏秋雨季的热带、亚热带地区。暴雨洪水和饲养管理不良常成为发病诱因。呈散发或地方性流行。

②潜伏期 2 ~ 20 d。猪高热 40 ~ 41 ℃，精神、食欲不振，结膜黄染、浮肿或苍白，皮肤发红或黄染。有的上下颌、头部甚至全身水肿，尿呈黄色或茶色；有的发生抽搐、摇头等神经症状。孕猪发生流产，产出死胎、木乃伊胎或弱胎。

牛急性型突然高热，黏膜发黄，尿色暗，含有大量白蛋白、血红蛋白和胆色素，常见皮肤干裂、坏死和溃疡，病死率高。亚急性型表现轻热、减食、黄疸，产奶量显著下降或停止，乳色变黄并有血凝块。孕牛常发生流产。

犬表现高热、黄疸、呕吐、腹痛、尿量少且呈黄红色，口腔黏膜发生坏死和溃疡。

③皮肤、皮下组织、浆膜和黏膜有不同程度的黄疸、贫血和出血；皮肤有干裂坏死性病灶，口腔黏膜有溃疡；肝肿大，褐黄色或土黄色；肾稍肿，有的有出血点或灰白色的小的坏死灶；肺、心、脾和淋巴结常有出血斑点；膀胱积有深黄色或红色尿液；胸腹腔和心包积有黄色液体。

2) 实验检疫方法

①病原检查。以镜检方法为主。取发热期血液（加抗凝剂）或无热期中段尿或肝肾病料（死后 2 h 内采取），差速离心沉渣制片，暗视野镜检。钩端螺旋体纤细、螺旋盘绕规则紧密，菌端弯曲成钩状。

②血清学检查。目前，常用的是凝集溶解实验。马血清凝集价 1∶400 为阳性，1∶200 为可疑；其他动物 1∶200 为阳性，1∶100 为可疑。另外，还可用补体结合试验、平板凝集试验、酶联免疫吸附实验等方法。

③动物接种试验。取经过处理的血液、尿液、病理组织悬液、脑脊髓液等腹腔接种于幼龄豚鼠、仓鼠或仔兔，3 ~ 5 d 后如有体温升高、减食、迟钝和黄疸症状即发病；剖检病变为广泛性黄疸和出血，肺部出血明显；取肝、肾制片镜检，可检查出钩端螺旋体。

3) 检疫后处理

确检为钩端螺旋体病时，病畜隔离治疗，死畜销毁或化制。清除和清理被污染的水源、污水、淤泥、饲料、场所、用具等，以防止传染和散播。加强消毒，可用 2% 热烧碱溶液或 3% 漂白粉溶液。对假定健康的动物，加强饲养管理和及时预防接种。

5.1.10 弓形虫病

弓形虫病是由龚弓形虫引起的人、畜和野生动物共患的一种高度发热性疾病。多为隐性感染，显性感染的特征为发热、呼吸困难、肺炎、体表皮肤发绀和孕畜流产。

1) 临诊检疫要点

①终末宿主是猫；中间宿主广泛，包括人、畜、禽及野生动物等。一般多呈隐性感染，感染率高，发病率低。而幼龄动物多呈显性感染且症状较重、死亡率高。没有严格的季

节性,但秋冬季和早春发病率较高。呈散发或地方性流行。

②猪感染后可呈隐性,但仔猪常呈急性发作。高热稽留 40～42 ℃,呼吸困难,呈腹式呼吸,有的有咳嗽和呕吐症状;初便秘,有的后期腹泻。体表淋巴结,尤其是腹股沟淋巴结明显肿大,耳朵和四肢下端出现紫红色斑块,或有大面积的发绀(图5.18)。怀孕母猪易发生流产、死胎。

图5.18 猪弓形虫病
(腹部、四肢紫红色斑)

牛、羊多不表现症状,少数羊有呼吸系统和神经系统症状,极少数牛发热、咳嗽、呼吸困难、腹泻、孕畜流产、死胎、畸形胎。

③特征性病变在肺、淋巴结和肝。肺水肿、出血和坏死(图5.19);全身淋巴结肿大,尤以肠系膜淋巴结最为显著,呈绳索状,切面外翻,多汁,常有大小不一的灰白色或灰黄色坏死灶和出血点;肝脏灰红色,常见散在针尖大到米粒大的坏死灶;脾肿大,棕红色(图5.20);肾土黄色,有散在的小点状出血或坏死灶。

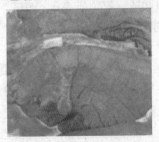

图5.19 猪弓形虫病
(肺部水肿、出血)

图5.20 猪弓形虫病
(肝脏灰白色、脾肿大)

2)实验检疫方法

①寄生虫学检查。取血液、淋巴结或肝、肺等病料,直接涂片,姬姆萨氏染色镜检。在胞质内外的弓形虫滋养体呈桔瓣状或新月形,一端稍尖,一端钝圆,长 4～7 mm,宽 2～4 mm,胞质蓝色,核紫红色。也可见到组织细胞内的虫体集落,内含数个或数十个弓形虫。

②动物接种试验。取死亡动物的肺、肝、淋巴结,或急性病例的腹水、血液作为病料,于小白鼠腹腔接种,一般经 20～30 h 发病,取其腹水或脏器抹片,染色镜检,发现弓形虫滋养体即判为阳性。

③血清学检查。主要有色素试验和间接血凝试验。色素试验检查 100 个游离弓形虫,50% 不被染色者为阳性指标。间接血凝试验被检血清在 1∶64 以上者为阳性,1∶32 为可疑,1∶16 为阴性。

3)检疫后处理

确检为弓形虫病时,对患病动物及时隔离治疗,病死畜尸体深埋或高温处理;猪场应严格消毒,灭鼠;避免饲料、饮水被猫粪污染;禁用生肉或流产胎儿饲喂猪、猫等健康动物。

5.1.11 附红细胞体病

附红细胞体病是由附红细胞体附着在动物红细胞表面或游离在血浆中而引起的一种严重的人畜共患传染病。临床上以发热、贫血和黄疸为主要特征。近年来该病发生较

多,给养殖生产造成了严重损失。

1)临诊检查

①家畜当中多种动物均可感染,近年来猪、牛、羊发病较多,犬、猫、兔也常有发生,各种年龄、性别的家畜均可感染,但幼龄动物和体弱动物发病较多。有一定的季节性,多发生于夏秋两季,高温高湿及吸血昆虫活动繁殖期。世界各地均有本病发生,多呈散发或地方性流行。

②各种动物的潜伏期各不相同,猪6~10 d,牛9~40 d,绵羊4~15 d。

病猪精神不振,食欲废绝,卧地,高热40.5~42 ℃,稽留不退;呼吸困难、咳嗽、喘气;可视黏膜初期潮红、后期黄染或苍白;病猪贫血、消瘦。大部分病猪眼圈、肛门周围发青,耳尖变干,边缘向上卷起,两耳、鼻端、颈下、胸前、腹下、大腿内侧皮肤颜色发红,严重者变紫,有时身体各部位皮肤的红紫连成一片。粪便初期干燥带有黏膜,后期有时腹泻,尿呈棕色,严重者呈红色。怀孕母猪常流产、死胎、不发情或发情后屡配不孕。

病牛体温升高到40.5~41.5 ℃,精神萎靡,食欲下降或废绝,反刍、嗳气减少或停止;可视黏膜苍白,消瘦,脱水严重,鼻镜干燥,粪便干,尿色发黄、发红。

③主要病理变化为贫血和黄疸,可视黏膜苍白,血液稀薄、色淡、不易凝固;皮下水肿,多有胸水、腹水、心包积液;肺充血并高度水肿;肝肿大变性,呈黄棕色,表面有黄色条纹状或灰白色坏死灶;脾肿胀呈暗黑色,质地变软,边缘有突出的红色出血点;肾脏肿大,表面有针尖大小的出血点;膀胱充盈,膀胱壁有针尖大小的出血点;全身淋巴结肿大,切面有灰白色坏死灶、呈土黄色;胃底部和小肠有时出血。

2)实验检疫方法

①病原学检查。可用鲜血涂片镜检,取发热病畜耳尖静脉血一滴加等量生理盐水,加盖玻片在高倍油镜下检查,可见附红细胞体呈球形、逗点形、杆状或颗粒状,附着在红细胞表面。也可取耳静脉血涂片姬姆萨染色镜检,发现附红细胞体即可确诊。

②血清学检查。包括补体结合试验、荧光抗体试验、间接血凝试验和酶联免疫吸附试验等。补体结合试验率先用于猪附红细胞体病的诊断,临床发病后第3 d,患畜血清即呈阳性反应,保持2~3周,然后逐渐转为阴性;荧光抗体试验率先用于诊断牛附红细胞体病。抗体在感染后第4日出现,并随感染率上升,在第28日达到高峰;间接血凝试验Smith等已研究成功,并将滴度大于1:40定为阳性;酶联免疫吸附试验敏感度较高,比ELISA和IHA更为敏感。

3)检疫后处理

确检为附红细胞体病时,禁止病畜上市,及时隔离治疗,进行全场消毒,加强通风,搞好卫生,杀灭畜体身上的虱、螨和其他吸血昆虫,防止吸血昆虫叮咬。对未发病的畜群,可用阿散酸拌料以防本病发生。

5.1.12 旋毛虫病

旋毛虫病是由旋毛虫引起的人、畜和野生动物的一种共患的寄生虫病。成虫寄生在哺乳动物小肠,幼虫寄生于肌肉组织。临诊特征为急性卡他性肠炎和急性肌炎。

1) 临诊检疫要点

①易感动物广泛,家畜中猪、犬感染率高,鼠易感,存在广大的自然疫源。对人危害大,呈地方性流行。

②猪感染时往往不显症状,严重感染时初期呈急性卡他性肠炎,呕吐、腹泻,严重者粪中带血。随后出现肌肉疼痛、步伐僵硬、呼吸和吞咽也有不同程度障碍,有时眼睑、四肢水肿,死亡较少,多于4~6周症状自行消失。

③肠黏膜增厚水肿,有卡他性炎症或出血斑。肌肉间结缔组织增生,肌纤维萎缩,横纹消失,关节囊肿。

2) 实验检疫方法

①寄生虫学检查。主要用肌肉压片法和消化法。常用压片法,取左右膈肌脚各一小块,剪成麦粒大小24块,用厚玻片压片镜检,可发现旋毛虫包囊,大小为0.8~1.0 mm,呈圆形、椭圆形或梭形,内有1~2个蜷缩成螺旋状的幼虫。

②血清学检查。有间接荧光抗体反应、间接血凝试验、补体结合反应、酶联免疫吸附试验等。但尚未广泛应用于实践。

3) 检疫后处理

确检为旋毛虫病时,病猪治疗或淘汰,病肉不可上市销售,应进行无害化处理。养猪实行圈养饲喂。肉类加工厂废弃物或厨房泔水,必须做无害化处理。加强饲养场的灭鼠工作,改善卫生环境。

5.2 常见共患疫病的鉴别检疫要点

5.2.1 以急性发热为主的共患疫病

1) 多数病例以急性发热为主的共患疫病

主要有口蹄疫、炭疽、恶性水肿、巴氏杆菌病、沙门氏菌病、伪狂犬病、痘病、梨形虫病、附红细胞体病。

①口蹄疫。偶蹄兽急性发热伴有口腔、蹄部和乳房皮肤的水泡和烂斑。

②炭疽。急性发热伴有黏膜发绀、天然孔出血、血凝不良。

③恶性水肿。急性发热伴有创伤部位界限不清的炎性气性肿胀和全身性毒血症。

④巴氏杆菌病。急性发热伴有高度呼吸困难、剧咳和黏膜发绀。

⑤沙门氏菌病。急性发热伴有腹泻,粪便恶臭。

⑥伪狂犬病。急性发热的同时,牛伴有局部皮肤剧痒,猪伴有脑脊髓炎,孕猪则有流产和死胎。

⑦痘病。急性发热伴有皮肤和黏膜发生特征性的丘疹和疱疹。

⑧梨形虫病。急性发热伴有贫血、黄疸和血红蛋白尿。

⑨附红细胞体病。急性发热的同时伴有贫血、黄染、血液稀薄不易凝固。

2) 少数病例有发热症状的共患疫病

主要有结核病、流行性乙型脑炎、钩端螺旋体病、弓形虫病、旋毛虫病、日本血吸虫病。

①结核病。少数病例长期低热并伴有咳嗽、体表淋巴结肿大和渐进性消瘦。

②流行性乙型脑炎。马发热伴有中枢神经机能显著障碍；孕猪流产、死胎,公猪伴有睾丸炎。

③钩端螺旋体病。少数病例有急性短期发热,同时伴有贫血、黄疸、出血、血红蛋白尿以及皮肤和黏膜的出血与坏死。

④弓形虫病。少数病例有急性发热,伴有皮肤紫斑、呼吸困难、血便和后躯麻痹。

⑤旋毛虫病。部分病例有慢性发热,伴有腹泻、肌肉疼痛和眼睑、四肢水肿。

⑥日本血吸虫病。少数病例发热,伴有腹泻带血、贫血消瘦和衰弱。

5.2.2 以皮肤局部炎性肿胀为主的共患疫病

1)呈急性皮肤局部炎性肿胀的共患疫病

有炭疽、恶性水肿、仔猪水肿病、巴氏杆菌病。

①炭疽。皮肤局部炎性肿胀多发生于颈、胸、肩、腹下皮肤松软处和直肠、口腔黏膜等处,触之似捏粉样。

②恶性水肿。皮肤局部炎性肿胀多发生在创伤部位,指压有捻发音。

③仔猪水肿病。肿胀多发生于眼部、面部和颈部,并常有神经症状,且生长速度快的健壮仔猪多发生。

④巴氏杆菌病。皮肤局部炎性肿胀多发生于颈下喉头部和冠、髯,指压无捻发音,伴有呼吸障碍。

2)呈慢性皮肤局部炎性肿胀的共患疫病

有钩端螺旋体病、锥虫病、旋毛虫病。

①钩端螺旋体病。少数病例头颈和下颌部乃至全身有水肿,伴有黄疸和血红蛋白尿。

②锥虫病。水肿常发生于胸前、腹下、四肢下部及外生殖器等部位,伴有黏膜的苍白、黄染和出血斑。

③旋毛虫病。眼睑、四肢有时发生水肿,患病局部皮肤肌肉有肿胀,伴有肌肉疼痛和腹泻。

5.2.3 以流产为主的共患疫病

1)以流产为主,其他症状不明显的共患病

有布氏杆菌病、马沙门氏菌病、猪流行性乙型脑炎。

①布氏杆菌病。流产多发生于第一次妊娠母畜怀孕后期,流产胎儿皮下、浆膜下出血,胎衣水肿,呈黄色胶冻样浸润,覆有纤维蛋白碎片或脓液。

②马沙门氏菌病。流产集中发生于产驹季节,均为死胎,流产胎儿皮下、浆膜下出血,胎衣水肿,有出血点。

③猪流行性乙型脑炎。流产多发生于蚊虫滋生的夏秋季节,流产胎儿大小不等、差

别很大,多为死胎或木乃伊胎;也有活胎,但生后不久即死亡。

2)流产伴有其他突出病状的共患疫病

有钩端螺旋体病、附红细胞体病、猪伪狂犬病、野兔热、锥虫病、弓形虫病、日本血吸虫病。

①钩端螺旋体病。流产伴发高热、贫血、黄疸、血红蛋白尿以及皮肤和黏膜的出血与坏死。

②附红细胞体病。流产同时伴有发热、厌食、贫血、黄疸以及四肢、耳尖和腹下出血。

③猪伪狂犬病。母猪流产、死产、木乃伊胎;仔猪有明显的脑脊髓炎症状。

④野兔热。流产伴有高热、衰弱、麻痹和体表淋巴结肿大。

⑤锥虫病。伊氏锥虫病流产伴有间隙热,可视黏膜贫血、黄染、出血斑,胸前、腹下浮肿及皮肤坏死。

⑥弓形虫病。流产伴有发热、呼吸困难、淋巴结肿大和体表紫红斑。

⑦日本血吸虫病。流产伴有腹泻、血便、贫血消瘦、衰弱。

5.2.4 以肺部症状为主的共患疫病

主要有巴氏杆菌病、结核病、弓形虫病。

①巴氏杆菌病。呈急性经过,具有明显的肺部症状以外,呈现高热、颈下咽喉部肿胀和黏膜发绀。

②结核病。呈慢性经过,具有肺部症状的同时,呈渐进性消瘦和体表淋巴结的肿胀。

③弓形虫病。猪多呈急性经过,具有肺部症状的同时,呈现体表淋巴结,尤其是腹股沟淋巴结的明显肿胀和耳部、身体下部的大面积紫斑。

复习思考题

1. 口蹄疫的临诊检疫要点是什么?
2. 炭疽的临诊检疫要点是什么?
3. 布鲁氏菌病实验室检疫的主要方法有哪些?
4. 以流产为主的共患疫病有哪些? 临诊如何鉴别?
5. 肺部症状明显的共患病的鉴别检疫要点是什么?

实训指导1 炭疽病的检疫

1. 实习内容

①炭疽病的临诊检疫要点。

②炭疽病的实验室检查方法。

2. 目的要求

①熟悉炭疽病的临诊检疫方法。
②掌握炭疽病的实验室检疫技术。

3. 设备和材料

载玻片、剪刀、镊子、手术刀、采血针、纱布、酒精灯、接种环、革兰氏染色液、碱性美蓝染色液、福尔马林、显微镜、香柏油、二甲苯、擦镜纸、沉淀反应管、毛细吸管、清洁试管、玻璃漏斗、漏斗架、滤纸、小号铝锅、肉汤培养基、琼脂平板、血液琼脂平板、炭疽沉淀素血清、被检材料(疑似炭疽病畜血液、脏器、皮毛等)、工作衣帽、靴子等。

4. 方法

1)临诊检疫

(1)流行病学调查

了解发病动物所处地区是否为炭疽疫源地区;发病动物的种类以及是否是在夏季暴雨洪水后突然发生;疫病发生后,病情的发展情况、结果如何。

(2)临诊症状

根据已学的炭疽病的症状进行仔细观察,特别注意动物有无急性热性败血症经过,主要以病情急剧、突然倒地、高热、腹痛、呼吸困难、黏膜发绀或出血点、天然孔出血、血凝不良呈煤焦油状、尸僵不全、迅速膨胀为临诊检疫要点。

2)实验室检疫

(1)病料的采集

在严密消毒和防护的条件下,采取耳静脉血液;如为痈型炭疽时,可抽取水肿液;疑似肠炭疽时,可采取带血粪便。必要时做局部切口采取小块脾脏,放入装有30%甘油生理盐水试管中,用石蜡密封管口。可能已腐败的尸体,可将耳根部用细绳结扎,由中间割下耳朵,用浸过5%石炭酸溶液的纱布包裹。

(2)涂片染色镜检

用新鲜病料制成涂片或触片;干燥固定,革兰氏染色或美蓝染色,瑞氏染色、荚膜染色更佳,镜检。如发现单个、成对或排成短链、革兰氏染色阳性,有荚膜的竹节状粗大杆菌,即可做出初步诊断。注意当材料不新鲜时,炭疽菌体易于消失,不能见到,只剩下荚膜,即所谓"菌影"。因此,若未发现此种细菌时,切不可轻易否定。

(3)分离培养

把采取的新鲜病料直接在琼脂平板或血液琼脂平板上划线分离后,置37 ℃下培养18～24 h,观察结果。

如检查材料已陈旧或污染,则应用加热分离法。将病料用肉汤或灭菌生理盐水制成

5～10倍乳剂,于80 ℃水浴中15 min或60～70 ℃水浴中30 min,杀死无芽孢细菌,冷却后取0.5 ml于琼脂平板或血液琼脂平板上分离培养。

本菌在琼脂平板上为灰白色、不透明、边缘不整的扁平菌落。放大镜下观察,边缘呈卷发状。在血液琼脂平板上,不溶血。

(4)动物接种试验

肉汤培养物及血液可直接作注射;脾、淋巴结作为1:5乳剂,取上清液作注射,皮下注射小白鼠0.1 ml、豚鼠0.2～0.3 ml、家兔0.2～1 ml。动物接种后12 h可见局部水肿,24～72 h后败血症死亡。剖检可见注射部位胶样浸润及脾脏肿大等病理变化。取心血和脾脏作分离培养,涂片镜检,当发现有荚膜的竹节状大杆菌时,即可确诊。

(5)环状沉淀试验

当病料陈旧腐败、细菌学诊断得不到正确结果,以及必须检查大量畜产品时,可进行环状沉淀反应诊断。此法是利用已知的抗体(沉淀素血清),检查未知沉淀原(用待检病料制备)的一种特异性反应。操作简单、灵敏度较高、出结果快,具有重要的应用价值。

①沉淀原的制备。分热浸法和冷浸法两种。

热浸法:血液、实质器官多用此法制备沉淀原。取可疑病料1 g在乳钵中研细,用生理盐水作成1:(5～10)乳剂,或病畜的血液、渗出液用生理盐水5～10倍稀释,混匀后移入试管内水浴煮沸30 min,取出冷却后,滤过或经离心沉淀,获得透明液体即为沉淀原。

冷浸法:干燥皮毛、皮革用此法制备沉淀原。取干皮毛(鲜皮须在37 ℃恒温箱中烘干)数小块,718 Pa高压灭菌30 min,取出冷却后剪成微细碎块,称重后加入5～10倍的0.3%石炭酸生理盐水,室温下浸泡18～24 h,用中性石棉或滤纸过滤,获得透明液体即为沉淀原。

②操作方法及结果判定。用毛细吸管吸取炭疽沉淀素血清注入沉淀反应管内,装至管的1/3处;另取一毛细吸管,吸取沉淀原沿着管壁慢慢加入,使之层叠于沉淀素血清之上,达到管的2/3处(注意不要产生气泡)。将反应管直立于架上,观察反应,在15 min内判定结果。如在两液接触面处出现一清晰白色环状者,为阳性反应;在两液接触面无白色环者,为阴性反应。

(6)注意事项

进行炭疽杆菌病检疫时,操作过程中必须注意无菌操作,用过的试验动物尸体、检验材料、受污染的废弃物均应焚烧,注意个人防护。

5. 实训报告

①炭疽病的临场检疫要点是什么?
②炭疽病实验室检疫的方法、操作步骤和判定标准是什么?
③在进行炭疽病实验室检疫时,应注意哪些问题?

实训指导 2　布鲁氏菌病的检疫

1. 实习内容

①布鲁氏菌病的临诊检疫要点。
②布鲁氏菌病的实验室检疫技术。

2. 目的要求

①了解布鲁氏菌病的临诊检疫方法。
②掌握实验室检疫技术,学会试管与平板凝集反应、全乳环状试验的操作方法及判定标准。

3. 设备和材料

无菌采血试管、采血针头及注射器、皮内注射器及针头、灭菌小试管及试管架、清洁灭菌试管(0.2 ml、1 ml、5 ml、10 ml)、平板凝集试验箱、清洁玻璃板(20 cm×25 cm)、玻璃笔、酒精灯、牙签或火柴、脸盆、毛巾、工作服、布鲁氏菌水解素、5%碘酊棉球、70%酒精棉球、0.5%石炭酸生理盐水或5%~10%浓盐水、布鲁氏菌试管凝集抗原和平板凝集抗原、阳性和阴性血清。

4. 方法

1)临诊检疫

①流行病学调查。了解患病家畜的种类、发病数量及饲养管理和畜群的免疫接种情况。
②临诊检疫。根据所学的此病的症状进行仔细观察,特别注意怀孕后期的母畜是否有流产症状、牛流产后有无胎衣滞留,公畜睾丸及附睾有无肿胀、疼痛、硬固。
③病理变化。对流产胎儿及胎衣仔细观察,结合所学知识注意观察特征性的病理变化。

2)实验室检疫

(1)细菌学检查

病料最好用流产胎儿或其胃内容物、羊水、胎盘(如无此病料,也可采用母畜阴道分泌物、乳汁或尿液)。无菌取上述病料,用接种棒蘸取在血清肝汤琼脂培养基上划线,37 ℃恒温箱内培养2~3 d,取出观察结果。如平板上有湿润、闪光、无色、圆形、隆起、边缘整齐的小菌落,则为布鲁氏菌的可疑菌落。取以上菌落,用革兰氏染色后镜检,布鲁氏菌呈单个散在(少数呈短链)无芽孢、无荚膜的革兰氏阴性短小杆菌。

(2)血清凝集反应试验

①采血及血清分离。马、牛、羊颈部静脉采血,猪以耳静脉采血,局部剪毛并用

70% ~75%酒精消毒后,无菌采血7~10 ml于灭菌试管中,摆成斜面使之凝固。经10~12 h,待析出血清后,用毛细吸管吸取血清于灭菌小瓶中,封存置冰箱中备用,并记录畜号。如不及时应用,按9 ml血清加1 ml 5%石炭酸液保存,但不得超过15 d。

②试管凝集试验。

A.操作方法。取反应管6支,立于试管架上,并标明血清和试管号,按表5.1分别加入0.5%石炭酸生理盐水(羊用5%~10%浓盐水);被检血清和抗原,充分混合后,置于37~38℃恒温箱中4~10 h,取出再在室温中静置18~24 h,判定结果。

B.记录反应。按反应的有无和强度,分别用-,+,++,+++,++++等记号作记录。

++++表示抗原完全凝集而沉淀于管底,上层液体清亮透明。

+++表示75%抗原被凝集而沉淀,液体浮悬25%抗原而稍浑浊。

++表示50%抗原被凝集而沉淀,液体乳悬50%抗原而半透明。

+表示25%抗原被凝集而沉淀,液体浮悬75%抗原而较浑浊。

-表示抗原完全不凝集,液体完全混浊。

表5.1 试管凝集反应表解

血清稀释倍数 / 成分/ml	血清稀释管	1	2	3	4	对 照
	1:12.5	1:25	1:50	1:100	1:200	
0.5%石炭酸生理盐水(或5%~10%浓盐水)	2.3	—	0.5	0.5	0.5	0.5
被检血清	0.2	0.5	0.5	0.5	0.5	弃去
20倍稀释抗原	—	0.5	0.5	0.5	0.5	0.5
结果(以大家畜为例) 阴性反应	-	+ +	+	-	-	-
可疑反应	-	+ + +	+ +	+	-	-
阳性反应	-	+ + + +	+ + +	+ +	+	-

C.判定结果。出现50%以上的凝集的最高血清稀释度,就是这份血清的凝集价。大家畜血清凝集价在1:100倍以上为阳性,1:50为可疑;猪羊血清凝集价在1:50倍以上为阳性,1:25为可疑。可疑反应的家畜,经过3~4周重新采血检查一次,如重检仍为可疑反应,畜群中过去和现在都没有发现阳性反应时,可判为阴性;否则,判为阳性。

③平板凝集反应。

A.操作方法。取清洁玻璃板一块,用玻璃笔画成4 cm方格若干。按表5.2滴加被检血清、平板凝集抗原和生理盐水;用牙签或火柴将抗原与血清混合均匀,注意每格血清用一根牙签或火柴;将玻璃板在酒精灯或反应箱上微微加温至30℃左右,并摇动玻璃板,5~8 min内记录反应结果。

109

表5.2　平板凝集反应表解

格　号 成分/ml	1	2	3	4	对　照
被检血清	0.08	0.04	0.02	0.01	
抗　　原	0.03	0.03	0.03	0.03	0.03
生理盐水					0.03
结果（以大 家畜为例）　阴性反应	+	−	−	−	−
可疑反应	+	+	−	−	−
阳性反应	+	+	+	−	−
相当于试管凝集效价	1∶25	1∶50	1∶100	1∶200	

B. 记录反应。

＋＋＋＋表示100%抗原被凝集，出现大凝集片或小的颗粒，液体完全透明。

＋＋＋表示75%抗原被凝集，有明显的凝集片或颗粒，液体几乎透明。

＋＋表示50%抗原被凝集，有可见凝集片或颗粒，液体不太透明。

＋表示25%抗原被凝集，仅有可见颗粒物，液体浑浊。

−表示无凝集现象，液体均匀混浊。

C. 判定标准。同试管凝集反应。

④全乳环状试验。主要用于检查牛乳中的凝集素。全乳环状试验抗原用苏木紫染成蓝色，或用四氮唑染成红色。

A. 操作方法。取新鲜全脂乳1 ml置于一小试管内，然后加入抗原1滴约0.05 ml，旋转试管数次，混合均匀，置于37 ℃温箱中60 min，取出后判定结果。

B. 判定标准。

阳性反应（＋）：乳柱上层的乳脂形成明显的红色或蓝色环带，乳柱呈白色，分界清楚。

阴性反应（−）：乳脂层无任何变化，乳柱呈均匀浑浊的红色或蓝色。

可疑反应（±）：乳脂层环带不明显，与乳柱界限模糊，乳柱带有红色或蓝色。

⑤变态反应试验。布氏杆菌水解素皮内注射变态反应，用于羊的布病检疫。

A. 试验方法。在羊尾根皱褶或肘关节后方无毛处，先用酒精棉球消毒，用皮内注射器注射布氏杆菌水解素0.2 ml，注射正确时，在注射部位形成绿豆大小的水泡，分别在注射24 h后和48 h后进行两次检查，肉眼观察或触诊检查，如两次检查反应不符时，以反应最强的一次作为判定的依据。

B. 判定标准。以注射部位炎性反应的有无和反应强度为标准。

阳性反应（＋）：注射部位明显水肿，无须触诊凭肉眼即可观察出者。

可疑反应（±）：注射部位肿胀不明显，须通过触诊并与对侧比较方能觉察出者。

阴性反应（−）：注射部位无任何反应，或仅有一个小的硬结者。

可疑反应者，经30 d后复检，如复检仍为可疑反应者，判定为阳性。

5. 实训报告

①布氏杆菌病的临场检疫要点是什么?
②现有疑似布鲁氏菌病绵羊流产胎儿一只,如何进行细菌学检查?
③简述布鲁氏菌病试管凝集反应实验的方法与步骤。

实训指导3 旋毛虫病的检疫

1. 实习内容

①旋毛虫病的临诊检疫要点。
②旋毛虫病的实验室检查方法。

2. 目的要求

熟悉旋毛虫病临诊检疫的操作要点,掌握肌肉压片检查法,学习和了解肌肉消化检查法,认识肌旋毛虫。

3. 设备和材料

旋毛虫压定器或载玻片、剪子、镊子、绞肉机、组织捣碎机、显微镜、旋毛虫检查投影仪、0.3 ~ 0.4 mm铜筛、贝尔曼氏幼虫分离装置、磁力加热搅拌器、600 ml 三角烧瓶、分液漏斗、烧杯、纱布、天平等;5%和10%盐酸溶液、0.1% ~ 0.4%胃蛋白酶水溶液、50%甘油溶液、胃蛋白酶(每克含酶 30 000 u)。

4. 方法

1)临诊检疫

猪感染旋毛虫时,症状往往不明显;严重感染时,以出现食欲不振、呕吐、腹泻、肌肉疼痛、步伐僵硬和眼睑、四肢的水肿为临诊检疫要点。

2)实验室检疫

(1)肌肉压片检查法

①采样。自肉体左右膈肌脚各采取一块 30 ~ 50 g 的肉样,并与肉体编成相同号码。如果被检对象是部分胴体,可从腰肌、肋间肌或咬肌等处采样。

②制片。将肉样剪成 24 个小粒,用旋毛虫检查压定器或两块载玻片压成厚度均匀又很薄的薄片,用显微镜或实体显微镜检查。

③判定。

未形成包囊的旋毛虫幼虫在肌纤维之间,虫体呈直杆状或蜷曲状态,有时因压片时压力过大而把虫体挤在压出的肌浆中。

形成包囊后的旋毛虫在淡黄蔷薇色的背景上,可见到发亮透明的圆形或椭圆形包囊,囊内有蜷曲的旋毛虫。有时因压片致包囊破裂,幼虫游离于包囊外周。

钙化的包囊幼虫镜下呈黑色的团块状,滴加10%的盐酸溶液脱钙后,可见到完整的幼虫虫体,此系包囊钙化;或可见断裂段,模糊不清的虫体,此系幼虫本身钙化。前者钙化是从包囊腔两端开始,渐而向中间扩展;后者钙化是从虫体本身开始,逐渐向包囊边缘扩展。

发生机化的包囊幼虫,由于其周围的结缔组织增生,使包囊明显增厚,眼观为一较大的白点;压片镜检时,呈云雾状,如果滴加50%甘油透明剂,数分钟后检样透明。镜检时,发现虫体或虫体崩解后的残骸。

(2)消化法

将肉样中的腱膜、肌筋及脂肪除去,用绞肉机把肉磨碎后称量25 g置于600 ml三角烧瓶中,倾入消化液500 ml,在37 ℃温箱中搅拌和消化8~15 h,然后将烧瓶移入冰箱中冷却。消化后的肉汤通过贝尔曼氏装置滤过,过滤后再倒入500 ml冷水静置2~3 h后倾去上层液,取10~30 ml沉淀物镜检。

5.实训报告

记录实习操作情况,并根据检查结果写一份关于猪旋毛虫的检疫报告。

实训指导4　附红细胞体病的检疫

1.实习内容

①附红细胞体病的临诊检疫要点。
②附红细胞体病的实验室检查方法。

2.目的要求

①了解附红细胞体病的临场检疫方法。
②掌握附红细胞体病的实验室检验技术。

3.设备材料

灭菌小试管、采血针头、10% EDTA抗凝剂、小吸管、载玻片、盖玻片、姬姆萨染色液、5%碘酊棉球、70%酒精棉球、来苏水或新洁尔灭、毛巾、脸盆、工作服、酒精灯、牙签、玻璃笔。

4.内容和方法

1)临诊检疫

(1)流行病学调查

了解患病家畜的种类,发病数量及饲养管理情况,药物治疗的效果;本病的流行是否是在夏秋吸血昆虫孳生的季节以及高温、高湿或饲养管理较差的状况发生的。

（2）临诊检疫

根据所学的附红细胞体病的症状进行仔细观察，特别注意有无高烧、贫血、呼吸困难、黄疸、消瘦和腹泻等症状。

（3）**病理变化**

对病死畜进行剖检，结合学过的知识注意观察实质器官心、肝、肺等肿大、脂肪变性和血液稀薄等特征变化。

2）实验室检疫

（1）**新鲜血液检查**

取病畜耳静脉血1滴置于载玻片上，加等量生理盐水混合均匀后盖上盖玻片，在400～600倍显微镜下观察，可见球形、豆点状、杆状或颗粒状虫体；或迅速置油镜下观察，可见红细胞内及血浆中有不规则斑点状虫体，虫体在红细胞内较多。大量红细胞出现变形，呈菠萝状、锯齿状、星状等不规则形态。血浆呈不规则的波折状，虫体游离在血浆中，较活跃，能做伸展、旋转、翻腾等方向运动。

（2）**血涂片镜检**

取病猪耳静脉血制成血涂片，用姬姆萨染色液染色，于800～1 000倍油镜下观察，可见红细胞表面和血浆中有大小不等、形状不一的虫体，呈蓝紫色或紫红色。虫体包膜较厚，有较强的折光性。

（3）**直接涂片检查法**

用耳尖血或心血直接涂片（尽量要薄），自然干燥后直接镜检。如为阳性即可见红细胞周围有多个小点状物附着，少则几个，多则十几个；严重者，红细胞已变成星芒状。多观察几个视野，有的视野红细胞很正常，有的视野可见大量红细胞感染。一般情况下，阳性者，大多数血片白细胞数量很少，以至很难发现白细胞。用10×40倍率观察镜即可清晰辨别，这说明该机体免疫力相当低下。

（4）**血清学检查**

包括 IHA 试验、补体结合试验和 ELISA，但抗体的产生与病原数量的增多（而不是与感染发生的时间）有暂时的相关性。这意味着，抗体的产生呈波浪形。即使数次急性发作后，抗体滴度也只能在一定时间内维持较高水平，之后便会下降到阈值以下，这表明假阴性是常见的现象。血清学诊断方法只适用于群体检查。

5. 实训报告

记录附红细胞体病的实验室检验方法及结果。

第6章
猪疫病的检疫检验

> **本章导读**:本章主要介绍猪疫病检疫检验的临诊检疫要点、方法以及检疫后的处理。通过学习,使每个学生能够掌握常见猪疫病的流行病学、临床症状及病理变化的鉴别检疫要点,具备在生产实践中实施鉴别检疫的能力。

6.1 猪疫病的检疫要点

6.1.1 猪瘟

是由猪瘟病毒引起猪的高度传染性和致死性的传染病。特征为高热稽留,小血管变性而引起的广泛出血、梗死和坏死。

1)临诊检疫要点

(1)流行特点

仅限于猪发病,不同品种、年龄、性别的猪均能感染,发病率和病死率都高,无季节性。急性暴发时,最先发病1~2头,呈最急性型,1~3周内达发病流行高峰,且多为急性型,以后出现亚急性型,至流行后期少数呈慢性型。病程较长者常有其他细菌继发感染。免疫母猪所产仔猪1月龄以内很少发病。

(2)典型猪瘟

①最急性型。常见突然高热稽留,皮肤黏膜紫绀;浆膜、黏膜、内脏有少量出血点;5 d内死亡。

②急性型。体温40.5 ℃左右,稽留,沉郁嗜眠,好钻草窝压擦,弓腰,腿软,行动缓慢,易退槽,喜饮污水,间有呕吐;先便秘后腹泻,粪便恶臭,内有纤维素白色黏液和血丝;黏脓性结膜炎,眼睑粘封;鼻、唇、耳、下颌、四肢、腹下、外阴等处的皮肤点状出血,指压不褪色;淋巴结大理石样出血,尤以边缘出血严重;肾色淡,有出血斑,同麻雀蛋样;脾,尤其边缘有出血点。公猪积尿混浊异臭,1~3周死亡。

③亚急性型。同急性型相似,但病情缓和。病程3~4周。

④慢性型。多见消瘦贫血,衰弱无力,行动蹒跚,体温时高时低,食欲时好时坏,便秘腹泻交替;皮肤有紫斑或坏死干痂;坏死性肠炎,回肠和结肠有同心圆、轮层状的纽扣状

溃疡(图6.1)。病程1个月以上。

（3）非典型猪瘟

①神经型。见阵发性神经症状,嗜眠磨牙,全身痉挛,转圈后退,侧卧游泳状,感觉过敏,触动时尖叫。

②温和型。病情缓和,稍有轻热,病程较长。成年猪能康复,发病率和病死率较典型猪瘟低。

③颤抖型。发生于新生仔猪,症状如霹雳舞样,病程不长,先后死亡。

图6.1 猪瘟大肠中的纽扣状溃疡

2）检疫方法

①依据流行病学、临床症状和特征变化可初步作出诊断。

②病毒学检查。猪体交互免疫试验或兔体交互免疫试验具有可靠的确定检疫意义,但所需时间稍长。鸡新城疫病毒强化试验,病料为无菌浸出液,接种于猪睾丸细胞培养,4 d后加入新城疫强毒,再培养4 d,若细胞出现病变则为猪瘟。此法也可加入抗猪瘟血清进行中和试验。

③血清学检查。补体结合反应试验、琼脂双向扩散试验已被荧光抗体试验和间接标记免疫吸附试验所取代。这些免疫标记技术能获得可靠的确定检疫结论。

3）检疫后处理

发现猪瘟时,应尽快确诊上报疫情,立即隔离病猪,严格消毒场圈,禁止向非疫区运生猪及其产品。对无利用价值的病猪应尽快扑杀、深埋,其他猪群立即进行免疫处理。

6.1.2 猪传染性水疱病（SVD）

由猪水疱病病毒引起猪的急性、热性高度接触性传染病。特征为蹄部或偶尔在口、鼻、乳房皮肤发生水疱和烂斑。在症状上与口蹄疫极为相似,但牛、羊等家畜不发病。

1）临诊检疫要点

①仅发生于猪。流行性强,发病率高,最常流行于高度集中、调运频繁的猪群中。收购猪的饲养密度越大,饲养时间越长,场舍越潮湿,发病率越高。分散舍饲的条件下,极少发生流行。猪群感染后,往往是初见几头猪发病,随之很快波及全群。

②病猪体温升高,跛行,蹄部充血、肿胀、敏感,不久可在一个或几个蹄的蹄冠、蹄叉出现大小不一的水疱,很快破溃形成糜烂,并波及趾部、跖部、蹄踵。严重者,蹄壳脱落,行动困难,卧地不起。水疱偶尔见于乳房、口腔、舌面和鼻端。水疱破后体温下降。10～11 d逐渐康复,很少死亡(图6.2)。

③个别猪的心外膜有出血点。

2）检疫方法

①生物学检查。有动物接种试验、致死2日龄乳鼠试验等。

②血清学检查。有补体结合反应试验、血清中和试验、荧光抗体试验、琼脂扩散试验、放射免疫分析、免疫电泳、反向间接血凝试验等。目前,实际应用的主要方法是血清中和试验、反向被动血细胞凝集试验、琼脂扩散试验和荧光抗体试验。

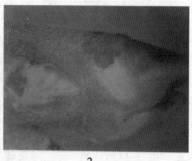

1   2

图6.2   猪水疱病

1.鼻盘水疱破后形成烂斑;2.蹄壳脱落出现溃疡

3)检疫后处理

对有病猪的疫区必须采取法定的措施进行处理。发现本病时,立即上报;并本着早、快、严、小的原则规划定疫区,采取隔离、封锁以及严格消毒等措施。

6.1.3   猪繁殖与呼吸综合征(PRRS)

本病是一种由病毒引起猪繁殖障碍和呼吸道疾病的传染病。其特征为厌食、发热,怀孕后期发生流产、死胎和木乃伊胎;幼龄仔猪发生呼吸道症状。在英国称为"蓝耳病",母猪临床上会有这种症状。

1)临诊检疫要点

①仅发生于猪。各种年龄、性别、品种、体质的猪均能感染,而以妊娠和1月龄以内的仔猪最易感,并表现出典型的临床症状。肥育猪症状较轻。本病发病无明显的季节性。

图6.3   死胎及木乃伊胎

②流行过程慢,一般为3~4周,长的可达6~12周。饲养管理不当、天气寒冷等因素是诱发本病的主要原因。

③潜伏期一般为14 d。种母猪主要表现为呼吸困难,发情期延长或不孕;怀孕母猪发生早产、流产、死胎、木乃伊胎和产弱仔等症状(图6.3)。2~3周后,母猪开始康复,再次配种时受精率可降低50%,发情推迟。

④仔猪以2~28日龄感染后症状明显,死亡率高达80%。大多数出生仔猪表现呼吸困难,肌肉震颤,后肢麻痹,共济失调;少数病例耳部发紫,皮下出现一过性血斑。

⑤公猪精液质量下降,数量减少,活力低。感染本病的猪有时表现为耳部、外阴、尾、鼻、腹部发绀,其皮肤出现淤青紫色斑块,故又称为蓝耳病。

⑥育成猪双眼肿胀、结膜炎和腹泻,并出现间质性肺炎。

2)检疫方法

①病毒分离与鉴定。将病猪的肺、死胎儿的肠和腹水、胎儿血清、母猪血液、鼻拭子和粪便等进行病毒分离。病料经处理后,再经 0.45 μm 滤膜,取滤液接种猪肺泡巨噬细胞培养,培养 5 d 后,用免疫过氧化物酶法染色,检查肺泡巨噬细胞中 PRRSV 抗原;或将上述处理好的病料接种 CL-2621 或 Mark-145 细胞培养,37 ℃培养 7 d 观察 CPU,并用特异血清制备间接荧光抗体,检测 PRRSV 抗原。也可以在 CL-2621 或 Mark-145 细胞培养中进行试验,鉴定病毒。

②应用间接 ELISA 法检测抗体。其敏感性和特异性都较好,法国将此法作为监测和诊断的常规方法。RT-PCR 法能直接检测出细胞培养物中和精液中的 PRRSV。

③荷兰提出了简易诊断方法。即以母猪 80% 以上发生流产,20% 以上发生死胎,25% 以上仔猪死亡为指标。若 3 项指标中有 2 项符合就可以确诊为本病。

3)检疫后处理

发现繁殖与呼吸综合征的病猪后,最根本的处理办法,一是消除病猪、带毒猪和彻底消毒,切断传播途径,猪舍注意通风;二是清除感染的断奶猪,保持保育室无 PRRS 病猪;三是加强进口猪的检疫和本病监测,以防本病的扩散。

6.1.4 猪圆环病毒病

本病是由猪圆环病毒(PCV)引起猪的一种新的传染病。现已知 PCV 有两个血清型,即 PCV1 和 PCV2。PCV1 为非致病性的病毒;PCV2 为致病性的病毒,它是断奶仔猪多系统衰竭综合征的主要病原。主要感染 8 ~ 13 周龄猪,其特征为体质下降、消瘦、腹泻、呼吸困难。

1)临诊检疫要点

①主要发生在断奶后仔猪,哺乳猪很少发病并且发育良好。一般本病集中于断奶后 2 ~ 3 周和 5 ~ 8 周龄的仔猪。

②同窝或不同窝仔猪有呼吸道症状、腹泻、发育迟缓、体重减轻。有时出现皮肤苍白,有 20% 的病例出现贫血,具有诊断意义(图6.4)。

③一般临床症状可能与继发感染有关,或者完全是由继发感染所引起的。在通风不良、过分拥挤、空气污浊、混养以及感染其他病原等因素时,病情明显加重,一般病死率为 10% ~30% 。

④剖检淋巴结肿大,脾肿、肺膨大,间质变宽,表面散在大小不等的褐色突变区。肝脏有以肝细胞的单细胞坏死为特征的肝炎;肾脏有轻度至重度的多灶性间质性肾炎;心脏有多灶性心肌炎。

图 6.4 猪圆环病毒病的病猪
体质下降、消瘦、腹泻、呼吸困难

2)检疫方法

①病理学检查。此法在病猪死后极有诊断价值。当发现病死猪全身淋巴结肿大,肺

退化不全或形成固化、致密病灶时,应怀疑是猪圆环病毒病。可见淋巴组织内淋巴细胞减少,单核吞噬细胞类细胞浸润及形成多核巨细胞,若在这些细胞中发现嗜碱性或两性染色的细胞质内包涵体,则基本可以确诊。

②血清学检查。是生前诊断猪圆环病毒最有效的一种方法。诊断本病的方法有间接免疫荧光试验(IFA)、酶联免疫吸附测定法(ELISA)、聚合酶链式反应(PCR)方法。

IFA 方法主要用于检测细胞培养物中的 PCV 抗原;ELISA 方法主要用于检测血清中的病毒抗体。其检出率为 99.58%,IFA 的检出率仅为 97.14%。因此,该方法可用于 PCV2 抗体的大规模监测;PCR 方法是一种快速、简便、特异的诊断方法。采用 PCV2 特异的或群特异的引物从病猪的组织、鼻腔分泌物和粪便进行基因扩增,根据扩增产物的限制酶切图谱和碱基序列确认 PCV 感染。并可对 PCV1 和 PCV2 定型。

3)检疫后处理

一旦发现可疑病猪,应及时隔离,并加强消毒;同时切断传染途经,杜绝疫情传播。

6.1.5 猪丹毒

这是猪的一种急性、热性传染病,它由猪丹毒杆菌引起。特征是急性病例为败血症变化,亚急性为皮肤疹块型,慢性多发生关节炎、心内膜炎。

1)临诊检疫要点

(1)流行特点

主要发生于 3～12 月龄的猪,尤其是生长(架子)猪最易感。其他动物和人也可感染,但很少发病。常呈散发性或地方流行性,个别情况下也呈暴发流行。一年四季都可发生,但炎热多雨的夏季发病较多。土壤污染有重要的传播意义。

(2)临诊表现

①急性型(败血型)。个别病猪不显任何症状而突然死亡;多数猪病情稍缓,体温在 42 ℃以上,稽留,眼结膜充血、眼亮有神,粪干便秘。耳、颈、背部等处皮肤出现充血、淤血的红斑,指压褪色。病猪常于 3～4 d 死亡,死亡率高。

②亚急性型(疹块型)。体温升高,皮肤上有圆形、方形疹块,稍凸出于皮肤表面,呈红色或紫色,中间色浅,边缘色深,指压褪色并有硬感(图 6.5)。病程 1～2 周。

③慢性型。常见有多发性关节炎和慢性心内膜炎,也可见慢性坏死性皮炎。病程一月至数月。

(3)特征性病变

图 6.5 猪丹毒病猪皮肤疹

急性败血型猪丹毒,全身淋巴结肿大,切面多汁,有出血点;肾常发生急性出血性肾小球肾炎的变化,体积增大,呈弥漫性暗红色,纵切面皮质部有小红点;脾肿大柔软,呈桃红色,脾髓易刮下;变色的肝充血块,由红棕色转为特殊的鲜红色;胃和十二指肠弥漫性严重出血。亚急性型皮肤上有菱形、方形、圆形的疹块或形成淡褐色的痂。慢性型见菜花样心内膜炎、穿山甲样皮肤坏死、关节纤维素性炎症。

2)检疫方法

(1)细菌学检查

①取高热期的猪耳静脉血液、皮肤疹块边缘部血液或渗出液、慢性病例关节滑囊液作病料,涂片染色镜检,可见革兰氏阳性、纤细的小杆菌。

②分离培养。取上述病料,分离培养,在血液琼脂上可见生长出针尖大透明露滴状的细小菌落,有的菌株可形成狭窄的绿色溶血环,明胶穿刺呈试管刷状生长。

③动物接种。取被检病料加生理盐水按(1:5)~(1:10)做成乳剂,接种鸽子,用量为0.5~1 ml,于2~5 d 因败血症死亡。

(2)血清学检查

①平板凝集试验。取丹毒抗原2滴,分别滴于载玻片上,其中一滴抗原加被检血液或血清一滴,另一滴加正常血液或阴性血清一滴作对照,混匀后,2 min 内凝集为阳性,2 min 以后凝集为阴性。但应注意接种过猪丹毒疫苗的猪也呈阳性。

②荧光抗体试验。用荧光素标记猪丹毒免疫球蛋白,制成荧光抗体,与病料抹片中的猪丹毒杆菌发生特异性结合,在荧光显微镜下观察,可见菌体呈亮绿色。本法可用做猪丹毒的快速确定检疫。

③血清培养凝集试验。在装有灭菌30%蛋白胨肉汤试管中,按(1:40)~(1:80)加入猪丹毒高免血清,再加入0.05%叠氮钠及0.000 5%结晶紫即成猪丹毒血清诊断液。试验时,将诊断液装入小管,取被检猪耳静脉血1滴或组织病料少许,接种培养4~24 h。若管底出现凝集颗粒或团聚者,即为阳性反应。此法是用已知猪丹毒血清检测病料中的抗原,是急性猪丹毒的一种简便易行的确定检疫方法。

④琼脂扩散试验。用pH7.4磷酸缓冲液制备1.2%的琼脂平板,采用双扩散法,孔径6.5 mm,孔距3 mm,分别将已知抗原与被检血清加在各自的孔中,置室温中8~24 h 观察结果。抗原与抗体孔之间出现沉淀线为阳性。

3)检疫后处理

①病猪应立即进行消毒、无害化处理,病死猪尸体应深埋或化制。

②同时对未发病的猪进行药物预防,并隔离观察2~4 周,表现正常时方可认为健康。

③急宰病猪的血液和病变组织应化制。

6.1.6 猪传染性萎缩性鼻炎(AR)

猪传染性萎缩性鼻炎是猪的一种慢性呼吸道传染病,它是由支气管败血波氏杆菌引起的。特征为鼻炎、鼻甲骨萎缩、头面部变形。

1)临诊检疫要点

①多种动物可感染,但发病仅见于猪。各种年龄的猪都易感,发病的差异性较大,一般多在哺乳期感染,年龄较大时发病,发病率随年龄的增长而下降。不同品种猪的易感性有差异,如长白猪特别易感,国内地方猪种较少发病。多为散发性,猪群中传播缓慢,

**图6.6　猪传染性萎缩性鼻炎的病猪
鼻端歪斜、眼下角有半月形泪斑**

全群感染常需相当长的时间。饲养管理好坏直接影响本病的发生和流行。其他微生物参与致病时，病情复杂加重。

②乳猪波氏杆菌肺炎，剧烈咳嗽，呼吸困难，常使全窝乳猪发病死亡。猪萎缩性鼻炎早期症状，多见于6～8周龄的仔猪，喷嚏、鼻塞、呼吸困难，个别鼻出血，有摇头、拱地、搔抓或摩擦鼻部等不安表现。眼内眦下的皮肤上，形成弯月形湿润区，常粘结成黑色泪痕。鼻甲骨萎缩期，鼻和面部变形，鼻腔小，鼻短缩，鼻后皮肤皱褶，鼻歪向一侧，眼内距缩小（图6.6）。

③肺气肿和水肿，肺的尖叶、心叶和膈叶背侧呈现炎症斑。萎缩性鼻炎的鼻甲骨卷曲萎缩、鼻中隔弯曲。常在两侧第一、二对前臼齿间的连线上，将鼻腔横断锯开，或者沿鼻梁正中线锯开，再剪断下鼻甲骨的侧连接，观察鼻甲骨的形状变化。这是比较可靠的确定检疫的方法之一。

2）检疫方法

①X线检查。可用于早期诊断。

②细菌学检查。用灭菌鼻拭子探进鼻腔1/2深处取病料，接种于葡萄糖血清麦康凯琼脂培养48 h，菌落大小约2 mm，圆形，灰褐色、半透明、隆起、光滑，有特殊的腐败气味。再用本菌能凝集绵羊红细胞的特性鉴定之。

③血清学检查。凝集试验对确定本病有一定的价值。病料培养分离菌的悬浮液，分为两份，一份100 ℃30 min 水浴破坏K抗原，另一份加0.4%福尔马林灭活，保留K抗原，分别与标准抗O血清和抗K血清，作玻片凝集试验，或试管凝集试验，若都凝集而呈现阳性反应，可确定为支气管波氏杆菌I相菌。另外，也可以用已知O,K抗原诊断液，与被检猪血清作玻片凝集试验（或试管凝集试验），确定该被检猪是否感染。猪感染支气管波氏杆菌后2～4周可呈现阳性反应，凝集价在1：10以上时可持续4个月。

3）检疫后处理

检疫中发现猪传染性萎缩性鼻炎时，应隔离饲养，同群猪不能调运；凡与病猪接触的猪应观察6个月，无可疑症状，方可认为健康。对污染的环境彻底消毒。

6.1.7　猪链球菌病

猪链球菌病是由多种不同群链球菌感染引起的不同临诊类型传染病的总称。链球菌主要有C,D,E,L群。常见有败血性链球菌病和淋巴结脓肿两种类型。猪急性败血型链球菌病的特征为高热、出血性败血症、脑膜脑炎。由C群链球菌引起的，发病率高，病死率也高，危害大；慢性型链球菌病的特征为关节炎、心内膜炎及组织化脓性炎，以E群链球菌引起的淋巴肿胀最为常见，流行最广。

1）临诊检疫要点

①各种年龄的猪都易感，但新生仔猪和哺乳仔猪的发病率、病死率最高，其次是生长

肥育猪,成年猪较少发病。急性败血型链球菌病呈地方流行性,可于短期内波及同群,并急性死亡。四季均可发生,以5—11月发病较多。慢性型多呈散发。

②少数猪呈最急性型,不见症状突然死亡。

③多数猪呈急性型败血型,突然高热稽留,绝食,流泪,结膜充血出血,流鼻液,呼吸急迫;颈部皮肤最先发红,由前向后发展,最后于腹下、四肢下端和耳的皮肤变成紫红色并有出血点;便秘或腹泻,粪带血,1~2 d内死亡。

④急性脑膜脑炎型,除有上述症状外,还有突发性神经症状,尖叫抽搐,共济失调,盲目行走,转圈运动,运步高踏,口吐白沫,昏迷不醒,最后衰竭麻痹,常在2 d内死亡。个别的还有头、颈、背水肿,或胸膜肺炎症状。

⑤亚急性型与急性型相似,但病情缓和,病程稍长。

⑥慢性型,主要表现为关节炎、心内膜炎、化脓性淋巴结炎、子宫炎、乳房炎、咽喉炎、皮炎等。

2)检疫方法

①涂片镜检。病料(病猪的耳静脉血、前腔静脉血、胸腹腔和关节腔的渗出液或肝、脾等组织)涂片染色镜检,可见革兰氏阳性的链球菌短链。

②动物试验。10%病料悬液接种于小鼠(皮下0.1~0.2 ml)或家兔(皮下或腹腔0.5~1 ml),12~72 h死亡。

③环状沉淀试验。用于检查慢性型病猪、带菌猪或恢复猪,病猪感染后2~3周出现抗体并可保持6~12个月。具体方法同炭疽环状沉淀试验,在两液重叠后15~20 min观察反应结果。

3)检疫后处理

检疫中发现病猪急性败血性链球菌病时,应隔离治疗病猪,对死猪应认真进行无害化处理。有可能污染的场地、用具应严格消毒,并采取预防性防疫措施。

6.1.8 猪气喘病

本病又称猪地方流行性肺炎,它是由猪肺炎支原体引起的一种猪的慢性呼吸道传染病。主要症状为咳嗽和气喘,病变的特征是肺的尖叶、心叶、中间叶和膈叶前缘呈肉样或虾肉样实变。

1)临诊检疫要点

①仅见于猪,不同年龄、性别、品种均易感。以哺乳仔猪和幼猪多发,病死率高;其次是怀孕后期母猪及哺乳母猪。新疫区常暴发流行,多呈急性经过;流行后期或老疫区以哺乳仔猪、断奶小猪多发生,且多慢性经过。一年四季都可发生,但气候骤变、阴湿寒冷时发病多而较严重。饲养管理和卫生条件是影响本病发生和流行的主要因素。

②急性型,呼吸次数增多呼吸困难,张口喘气,喘鸣似拉风箱,口鼻流沫;犬坐姿势,腹胁部起伏冲动,咳嗽次数少而低沉,体温正常;病程3~5 d。慢性型,病初长期单咳,早晚、运动、进食后咳得多;以后严重,呈连续性或痉挛性咳嗽,咳时站立、垂头、弓背、伸颈,直至呼吸道分泌物咳出咽下为止;随后,呼吸困难,次数增加,腹式呼吸,夜发鼾声。这些症状时急时缓。隐性型仅偶有咳嗽。

图6.7　猪气喘病的肺脏病变
大面积肺炎及气肿

③肺的心叶、尖叶、中间叶及膈叶前下缘呈灰红色半透明的肉变，病健部分界限明显，严重时呈灰白色坚韧的肝变(图6.7)。恢复期，肺膨胀不全，支气管和纵隔淋巴结明显肿大呈灰白色。

2)检疫方法

①X线检查对本病的诊断有重要价值，对隐性或可疑患猪通过X线透视阳性可作出诊断。在X线检查时，猪只以直立背胸位为主，侧位或斜位为辅。病猪在肺野的内侧区以及心膈角区呈现不规则的云絮状渗出性阴影，密度中等，边缘模糊，肺野的外周区无明显的变化。

②血清学检查。有补体结合反应试验、微量补体结合反应试验、荧光抗体试验、免疫酶吸附试验、琼脂扩散试验、间接血凝试验、生长抑制试验、凝集试验等都可用于本病的诊断。

3)检疫后处理

检疫中发现猪本病时应立即进行全群检查，按检查结果分群隔离，加强饲养管理，免疫接种，合理治疗，淘汰病猪；对病猪污染的环境、用具进行彻底消毒。

6.1.9　猪疾痢

本病曾称为血痢、黏液出血性下痢或弧菌性痢疾，现称为猪痢疾。猪痢疾是由致病性猪痢疾蛇形螺旋体引起的一种肠道传染病。其特征为大肠黏膜发生卡他性出血性炎症，有的发展为纤维素坏死性炎症，临床表现为黏液性或黏液出血性下痢。

1)临床检疫要点

①仅发生于猪，不分品种、年龄、性别，以断奶仔猪发病率高，一般认为发病率约为75%，病死率为5%～25%；成年的公、母猪和哺乳仔猪次之。多散发，流行过程缓慢，持续时间长，经数月后才能扩散到全群。部分康复的猪在短时间内可复发。多种应激因素可促进本病发生。新疫区多呈急性，老疫区多呈慢性。

②潜伏期为3d至2个月以上。最急性型，仅几小时就突然死亡。急性的体温升高，厌食，卧地不动，随即出现下痢，粪臭呈黄灰色，其中含有大量黏液、血液、脓汁或坏死组织，口渴、眼球下陷。慢性型反复下痢，消瘦贫血，呈恶病质。

③大肠，尤其是回盲口处的肠壁充血、水肿，黏膜肿胀，覆有带黏液、血液的纤维素性渗出物，坏死的黏膜表层形成假膜，似麸皮或干酪样，假膜下有浅表的糜烂面。

2)检疫方法

①细菌学检查。有直接镜检和病原体分离鉴定法。直接镜检法为取急性病猪粪便黏膜抹片，或染色检查，或暗视野检查，可以见到革兰氏染色阴性以及多呈4～6个螺弯曲且两端尖锐、形状如蛇样的螺旋体。如每个视野中可见到3～5个以上，可作为确定检疫的参考标准。必须注意本法对急性型后期病猪、慢性型病猪、阴性感染以及用药后的病猪检出率很低。

②微量凝集试验。其方法是在96孔微量滴定板上进行,每孔滴入0.05 ml PBS作为稀释液。每排第一孔加入被检血清0.05 ml,然后将血清按1∶4,1∶8,…,1∶4 096稀释(至第11孔),最后一孔不加血清作对照。每孔加入抗原0.05 ml,在微量振荡器上混匀约1 min,盖上黑色塑料盖板后置38 ℃水浴内作用18~24 h后,可见到呈膜状覆盖孔底,边缘卷曲;或可看到孔底中央呈一圆形白点,大小与对照孔相似,但边缘不光滑,周围有少量颗粒状沉着物,为阳性反应。凝集试验的检出率与分离培养相同,因此有一定的确定检疫价值。

此外,荧光抗体试验、酶联免疫吸附试验、间接红细胞凝集试验等也可用于本病的诊断。

3)检疫后处理

检疫中发现猪痢疾时,严禁调运;发病猪群最好全群淘汰,并彻底消毒。也可采用隔离、消毒、药物防治等综合措施进行控制,重新建健康群。

6.1.10 猪囊虫病

猪囊虫病又叫猪囊尾蚴病。是人畜共患病,由猪带绦虫(有钩绦虫)的幼虫—猪囊尾蚴寄生于猪的肌肉和其他器官中引起的一种寄生虫病。其终末宿主是人,中间宿主是猪、野猪和人,犬和猫也可感染,是严重的人畜共患病。

1)临诊检疫要点

①常发生于存在有绦虫病人的地区,卫生条件差和猪散放的地区常呈地方流行。一年四季均可发生。

②猪囊尾蚴主要寄生于猪的横纹肌,尤其是活动性较强的咬肌、心肌、舌肌、膈肌等处。臂三头肌及股四肌等处最为多见,严重感染者还可寄生于肝、肺、肾、眼球和脑等器官。

③轻者不显症状;重者可有不同的症状,如癫痫、痉挛、急性脑炎死亡。病猪叫声嘶哑,呼吸加速,短促咳嗽,跛行,舌麻痹,咀嚼困难,心肌炎、心包炎,腹泻,贫血,水肿等。

2)检疫方法

①舌肌检查法。在舌头的底面可见到突出舌面的猪囊尾蚴,囊包米粒大小、灰白色、透明。有时肉眼也可见到猪囊尾蚴寄生。

②肌肉切开检查。切开嚼肌、心肌或舌肌等,可找到囊尾蚴,囊包像豆粒或米粒大小、椭圆形、白色半透明,囊内含有半透明的液体和一个小米粒至高粱粒大小的白色头节。

③免疫学检查。最常用的是猪囊尾蚴病酶联免疫吸附测定法(ELISA)。其原理、材料、方法及判定与一般的ELISA诊断法相似,唯抗原及判定标准不同。囊尾蚴病检疫以囊液提纯抗原为好,制作方法是,囊液于4 ℃下以3 000 γ/min离心30 min,取上清液再以5 000 γ/min离心60 min的上清液即为诊断液。判定标准是:样品均值,超过0.134为阳性,低于0.134为阴性。

此外,还有变态反应、环状沉淀试验、补体结合试验、间接红细胞凝集试验等方法。

3）检疫后处理

检疫中发现猪囊虫病时，可按照肉品卫生检验规定严格处理。

6.2 猪疫病的鉴别检疫要点

6.2.1 猪肠道紊乱和皮肤红斑的热性疫病

猪肠道紊乱和皮肤红斑的热性传染病主要有猪炭疽、猪瘟、猪肺疫、猪弓形虫病、猪链球菌病、猪丹毒、猪副伤寒、猪繁殖与呼吸综合征等病。

1）外观鉴别要点

（1）明显的咽部肿胀

①多呈慢性经过——猪炭疽。

②多呈急性经过——猪肺疫。

（2）不出现咽部肿胀

①各种年龄均可发生，红斑指压不褪——猪瘟。

②多发生于架子猪，红斑凸出皮肤指压褪色——猪丹毒。

③多发生于仔猪，红斑指压不一定褪色红斑多在体末梢：

伴有跛行神经症状——猪链球菌病。

伴有拉稀皮肤湿疹——猪副伤寒。

伴有呼吸困难，体表淋巴结肿胀——猪弓形虫病。

伴有拉稀、跛行或瘫痪——猪繁殖与呼吸综合征。

2）临诊鉴别要点

①猪炭疽。一般情况下散发；多数无明显症状，慢性经过。少数猪炭疽局部咽喉炎症状明显，颈部疼痛不能活动。颌下和咽后淋巴结肿胀。

②猪肺疫。呈地方性流行，发病急剧。体温升高，呼吸困难，呈犬坐姿势，口鼻流泡沫，咽喉部和颈部有炎性水肿。在检疫中，应注意猪肺疫既可单独发生，又可与猪瘟等其他疫病混合感染，因而在临床上要注意区分。当猪肺疫与猪瘟等其他疫病混合感染时，除具有猪肺疫的上述要点外，还具有其他疫病的特点。

③猪瘟。各品种、年龄的猪均易感染，发病率和死亡率都高。高温稽留，脓性结膜炎，先便秘后腹泻，粪便带血或纤维素性黏液，皮肤有出血斑或出血点，指压不褪色。

④猪丹毒。多发生于架子猪，常呈地方性流行。体温升高达 42 ℃以上，皮肤有凸出于表面的红斑，指压褪色。慢性关节肿胀、跛行。

⑤猪急性败血型链球菌病。多发生于仔猪，地方流行，传播快，发病急，经过短。腹下、四肢下端、耳尖等末梢部位紫红色，有出血点。有神经症状，跛行。

⑥猪急性败血型副伤寒。多发生于仔猪，散发或地方性流行。饲养管理差、阴雨连绵季节多见。耳根、胸、腹下等处皮肤有紫斑，拉稀、腹痛。但在临床上应注意猪副伤寒除可单独发生外，还常继发于猪瘟等其他疫病。

⑦猪弓形虫病。多发生于仔猪,散发或地方性流行。高热,呼吸困难,咳嗽,耳、下腹部、下肢等处皮肤有紫斑,体表淋巴结肿大,特别是腹股沟淋巴结肿大明显。

⑧猪繁殖与呼吸综合征。主要危害种猪和繁殖母猪及其仔猪,呈地方流行性。腹泻、跛行、呼吸困难,耳部、外阴、尾、鼻、腹部皮肤发绀。

6.2.2 猪呼吸器官症状明显的疫病

在猪的检疫中,呼吸器官症状明显的疫病主要有猪传染性萎缩性鼻炎、猪霉形体肺炎、猪肺疫、猪流行性感冒、猪瘟、猪伪狂犬病、猪弓形虫、猪繁殖与呼吸综合征等病。

1) 外观鉴别要点

(1) 体温正常

①呼吸困难,鼻有病变——猪传染性萎缩性鼻炎。

②呼吸困难,鼻无病变——猪气喘病。

(2) 体温升高

①多流行性。

经过不良——猪瘟(亚急性胸型)。

良性经过——猪流行性感冒。

②多散发性或地方流行性。

良性经过——猪伪狂犬病(类流感型)。

经过不定——猪肺疫(胸型)。

经过不良——猪弓形虫病。

经过不良——猪繁殖与呼吸综合征。

2) 临诊鉴别要点

(1) 猪传染性萎缩性鼻炎

呈现明显的吸气困难,打喷嚏,有黏性或脓性鼻汁。鼻面部变形,眼下方有半月形泪斑。但在检疫中,本病应注意与猪传染性坏死性鼻炎、猪骨软病相区别。猪传染性坏死性鼻炎虽有组织坏死,但它是由坏死杆菌引起,发生于外伤,不仅骨组织坏死,而且软组织也坏死;猪骨软病也呈现颜面变形,但鼻部肿大而变形,无萎缩现象,无喷嚏,无泪斑。

(2) 猪气喘病

猪气喘病主要表现呼吸困难,气喘、咳嗽、腹式呼吸。在检疫中,猪气喘病应注意与猪肺丝虫病、猪蛔虫幼虫性肺炎相鉴别。后两者的呼吸困难没有猪霉形体肺炎严重,药物驱虫有效。另外,猪蛔虫幼虫引起的咳嗽为一过性。在临床上猪气喘病还可以与猪肺丝虫病、猪蛔虫病同时发生,应注意鉴别。

(3) 猪瘟

同前。

(4) 猪流行感冒

猪流行感冒简称猪流感。多发生在晚秋、早春及寒冷的冬季,暴发流行。突然发病,体温升高,咳嗽,肌肉关节疼痛,良性经过。

（5）猪伪狂犬病

①猪伪狂犬病主要呈脑膜炎和败血症的综合症状。由于猪的年龄不同,其差异很大。

②仔猪(尤其20日龄以内的仔猪)伪狂犬病为神经败血型,高热、呕吐和腹泻,精神不振,呼吸困难。表现特征性神经症状,先兴奋,后麻痹,多死亡。发病率和病死率都高。

③架子猪为类流感型,高热,呼吸困难,流鼻液,咳嗽,有上呼吸道炎症和肺炎症状。有时腹泻、呕吐。几天内可以康复,良性经过。

④大猪为隐性感染,少数呈上呼吸道卡他症状。孕猪流产。

（6）猪肺疫

同前。

（7）猪弓形虫病

同前。

（8）猪繁殖与呼吸综合征

同前。

6.2.3 猪神经症状明显的疫病

神经症状明显的传染病主要有猪传染性脑脊髓炎、猪血凝病毒性脑脊髓炎、猪伪狂犬病、猪狂犬病、猪流行性乙型脑炎、猪李氏杆菌病、猪水肿病、猪瘟（神经型）、猪链球菌病（脑膜炎型）、猪破伤风、猪繁殖与呼吸综合征等病。

1）外观鉴别要点

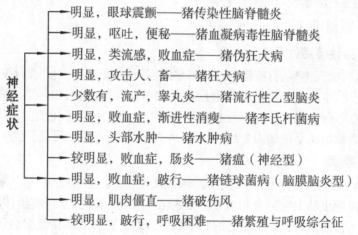

神经症状

- 明显,眼球震颤——猪传染性脑脊髓炎
- 明显,呕吐,便秘——猪血凝病毒性脑脊髓炎
- 明显,类流感,败血症——猪伪狂犬病
- 明显,攻击人、畜——猪狂犬病
- 少数有,流产,睾丸炎——猪流行性乙型脑炎
- 明显,败血症,渐进性消瘦——猪李氏杆菌病
- 明显,头部水肿——猪水肿病
- 较明显,败血症,肠炎——猪瘟（神经型）
- 明显,败血症,跛行——猪链球菌病（脑膜脑炎型）
- 明显,肌肉僵直——猪破伤风
- 较明显,跛行,呼吸困难——猪繁殖与呼吸综合征

2）临诊鉴别要点

①猪传染性脑脊髓炎。神经症状明显,眼球震颤。多发生于仔猪,冬、春季多发生,呈地方流行性或散发性。病死率80%。无肉眼病变。

②猪血凝病毒性脑脊髓炎。神经症状明显,呕吐,便秘。呈散发性或地方流行性,冬、春季多发生。多发生于仔猪,病死率高。呈败血症病变。

③猪伪狂犬病。神经症状明显,新生仔猪呈败血症,4月龄以上猪呈类流感症状,母

猪流产。呈地方流行性或散发性。多发生于仔猪,病死率80%。无肉眼病变。

④猪狂犬病。神经症状明显,对人、畜有攻击性。大、小猪都可感染,与咬伤有关。呈散发性,发病不分季节。病死率100%。无特征性肉眼病变。

⑤猪流行性乙型脑炎。神经症状仅少数猪出现,公猪睾丸炎,母猪流产。多发生于成猪。呈散发性,7—9月发生。病死率低。除公猪睾丸炎外,无其他特征性肉眼病变。

⑥猪李氏杆菌病。神经症状明显,呈败血症,渐进性消瘦。多发生于仔猪。呈地方流行性或散发性,冬、春季多发生。病死率达70%。败血症病变,肝脏有坏死,妊娠母猪常发生流产。

⑦猪水肿病。神经症状明显,头部水肿,呼吸困难,速发型过敏反应症状。多发生于仔猪,特别是体况健壮,生长快的仔猪最为常见。呈地方流行性,4—9月多发。病死率高。胃大弯黏膜和结肠肠系膜水肿。胆囊和喉头也常有水肿。淋巴结有水肿、充血和出血的变化。

⑧猪瘟(神经型)。神经症状明显,呈败血症,跛行。大、小猪都可感染。呈地方流行性,发病不分季节。病死率可达100%。有典型的猪瘟病变。

⑨猪链球菌病(脑膜脑炎型)。神经症状明显,呈败血症,跛行。大、小猪都可感染。呈地方流行性,一年四季可发生,但以5—11月较多,仔猪病死率较高。出血性病变,腹膜炎。

⑩猪破伤风。神经症状明显,全身肌肉僵直,应激性增高,叫声尖细,瞬膜外露,牙关紧闭、流涎,意识清醒。大、小猪都易感,呈散发性,无季节性。病死率高。无特征性肉眼病变。

6.2.4 猪口、蹄有水疱的疫病

猪口腔和蹄部有水疱的疫病主要有猪口蹄疫、猪水疱病、猪水疱性疹、猪水泡性口炎。

1)外观鉴别要点

①各种家畜均感染——猪水疱性口炎。

②偶蹄家畜和人都感染,病情重——猪口蹄疫。

③猪感染,人也可感染,病情轻——猪水疱病。

④仅猪感染——猪水疱性疹。

2)临诊鉴别要点

①猪水疱性口炎。各种家畜和人都易感染,常在一定地区散发。发病率30% ~ 95%,无病死。口腔水疱多,蹄部水疱很少或没有。

②猪口蹄疫。猪易感,人也可感染,呈流行性。主要发生于集中饲养的猪场,发病率高;病死率,成猪为30%,仔猪为60%。口腔水疱少,蹄部水疱多而严重。

③猪水疱病。猪易感,人也可感染,呈流行性。主要发生于集中饲养的猪场,发病率较高,不致死。口腔水疱少而轻,蹄部水疱多而轻。

④猪水疱性疹。仅猪感染,呈地方流行性或散发性。发病率10% ~ 100%,无病死。口腔和蹄部水疱都多。

复习思考题

1. 猪瘟的临诊要点是什么？
2. 猪气喘病的临诊要点是什么？
3. 猪圆环病毒病的临诊要点是什么？
4. 皮肤有红斑的热性疫病有哪些？如何鉴别？
5. 呼吸器官症状明显的疫病有哪些？说出各自的特征。
6. 如何区别猪口、蹄有水疱的疫病？
7. 猪繁殖与呼吸综合征临诊检疫要点是什么？

实训指导 1　猪瘟的检疫

1. 实习内容

①猪瘟检疫的临场要点。
②猪瘟实验室检疫的主要方法。

2. 目的要求

①掌握猪瘟的临诊检疫要点。
②初步掌握家兔的接种试验及实验室技术。

3. 实训材料

疑似猪瘟的新鲜病料(淋巴结、脾、血液、扁桃体等)、家兔(体重 1.5 kg 以上未做过猪瘟试验的)、猪瘟兔化弱毒冻干疫苗、生理盐水、青霉素(结晶)、体温计、灭菌乳钵、剪刀、镊子、煮沸消毒锅、蓝心玻璃注射器(1 ml)、5～10 ml 玻璃注射器、20～22 号及 24～26 号 2.5 cm 针头、铁丝兔笼、冰冻切片机、扁桃体采样器、猪瘟荧光抗体、荧光显微镜、伊文氏溶液等。

4. 方法步骤

1) 临诊检疫和尸体剖检

详细检查病猪的临诊症状，作白细胞计数和白细胞分类计数，调查发病的原因、经过、免疫接种、猪群的发病情况。了解传染源、症状、治疗效果、病程和死亡情况等。

病猪急宰或死亡后，应进行剖检，全面检查，特别应注意各器官组织尤其是淋巴结、肾脏和膀胱的出血变化，观察回肠末端、盲肠和结肠的坏死和溃疡情况。

从临诊症状、流行病学和病理变化等方面进行分析,注意有无其他疾病(如猪丹毒、猪肺疫、猪副伤寒等)的可能性,作出初步诊断。

2)兔体交互免疫试验

①选择健康、体重1.5 kg以上、未做过猪瘟试验的家兔4只,分成2组,试验前连续测温3 d。每天3次,间隔8 h,体温正常者可使用。

②采集可疑病猪的淋巴结和脾脏等病料制成1:10悬液,取上清液加青霉素各500 IU处理后,给试验组肌注,每头5 ml。如用血液,需加抗凝剂,每头接种2 ml;另一组不注射,作对照。

③继续测温,每隔6 h测温1次,连续3 d。

④7 d后,用猪瘟兔化弱毒1:(20~50)的清液各1 ml静脉注射,每隔6 h测温一次,连续3 d。第二组也同时作同样处理,供对照。

⑤记录体温。根据发生的热反应,进行诊断。

如试验组接种病料后无热反应,后来接种猪瘟兔化弱毒也不发生热反应,则为猪瘟。因一般猪瘟病毒不能使兔发生热反应,但可使之产生免疫力。

如试验组接种病料后有热反应,后来接种猪瘟兔化弱毒不发生热反应,则表明病料中含有猪瘟兔化弱毒。

如试验组接种病料后无热反应,后来接种猪瘟兔化弱毒发生热反应;或接种病料后有热反应,后来对猪瘟兔化弱毒又发生热反应,则都不是猪瘟。

3)实验室检疫

(1)荧光抗体检查法

①用猪扁桃体采样器采取猪瘟活体扁桃体,或取淋巴结、脾、其他组织,用滤纸吸干上面的液体。

②取灭菌干燥载玻片一块,将组织小片切面触压玻片,作成压印片,置于室温内干燥;或用所采的病理组织,做成切片(4 μl),吹干后,滴加冷丙酮数滴,置于-20 ℃固定15~20 min。

③用磷酸盐缓冲液(PBS)洗,阴干。

④滴上标记荧光抗体,置37 ℃饱和湿度箱内处理10~30 min。

⑤用pH7.2的PBS漂洗3次,每次5~10 min。

⑥干后,滴上甘油缓冲液数滴,加盖玻片封闭,用荧光显微镜检查。

⑦如细胞胞浆内有弥散性、絮状或点状的亮黄绿色荧光,为猪瘟;如仅见暗绿或灰蓝色,则不是猪瘟。

⑧对照试验用已知猪瘟病毒材料压印片先用抗猪瘟血清处理,然后用猪瘟荧光抗体处理。如上检查,应不出现猪瘟病毒感染的特异荧光。

⑨标本染色和漂洗后,浸泡于含有5%吐温~80的pH7.3,0.01 mol PBS中1 h以上,可除去非特异染色,晾干后,用0.1%伊文思蓝复染15~30 s,检查判定同上。

(2)酶标抗体检查

①采病猪血2~5 ml,注入1 ml装有3.8%枸橼酸钠液的试管内,混匀,静置2 h左右。吸取上面的血浆部分,尽量避免吸取红细胞,以2 000 r/min,离心10 min,除去上清

液,沉淀的白细胞用 5~10 倍量的 0.83% 氯化铵溶液(用 pH7.4,0.012 5 mol 的 Tris-HCl 缓冲液配制)处理 30 min,使残留的红细胞溶解,以 1 500~2 000 r/min,离心 5~10 min,除去上清液,再用氯化钠溶液处理,白细胞沉淀物用生理盐水洗 2~3 次,然后用生理盐水将白细胞沉淀物配成适当浓度的悬液,用细玻棒涂在清洁玻片上作成薄涂片,晾干,即以 4 ℃ 的丙酮固定 10 min,干后保存于冰箱内待检。

扁桃体、淋巴结、脾、肾等应去净外面结缔组织和脂肪,横切,在清洁玻片上作压片,晾干后立即用 4 ℃ 丙酮固定 10 min。待干后,置冰箱保存备用。

②量取 pH7.2,0.015 mol/PBS100 ml 盛入染色缸中,再加入 1% H_2O_2,1% $NaNO_3$ 各 1 ml,混匀。将上述涂片或触片放入室温内处理 30 min,倒去缸内液体,加 PBS,浸泡 1~2 min,倒去。如此反复泡洗 5~6 次,再用无离子水同样泡洗 3 次,取出玻片,晾干。

③取猪瘟酶标抗体(冻干)加 pH7.2,0.015 molPBS,作(1:8)~(1:10)稀释后,滴加于涂片或触片,留一小部分不加酶标抗体,放入有湿纱布的盒内,置 37 ℃ 内 45 min,取出玻片,置染色缸内。按上法用 PBS 泡洗 6 次,取出玻片,晾干。

④取 PH8.0,0.012 5 mol 的 Tris-HCl 缓冲液 100 ml,加入 DAB(3,3-二氨基联苯胺四盐酸盐)76 mg,避光放置 30 min,用无离子水泡洗 6 次以上,晾干。

⑤将染色好的玻片,滴阿拉伯胶液一小滴,加盖玻片,先以低倍镜找到染色的细胞,然后用 400~600 倍或油镜检查。

⑥细胞浆呈棕黄色,细胞核不染色或呈淡黄色,则为猪瘟,未用酶标抗体染色的部分,细胞浆应无色或与背景呈同样颜色。

5. 注意事项

①冻干的猪瘟酶标抗体使用时,应详细检查安瓿有无破洞,发现有潮解、干缩、变质或加稀释液后不溶时,禁止使用。

②冻干的猪瘟酶标记抗体,应置于 4 ℃ 以下保存,临用前按要求稀释,稀释后的抗体不得反复冻融。

③制触片的组织一定要新鲜,采集后立即制成触片,或冻结保存后再制成触片或切片,但不得反复冻融。

④染片时使用的器材,一定要洁净,不得沾灰尘,不得有任何污染,必要时要经灭菌处理。

⑤使用的试剂纯度要化学纯以上,不得潮解、变质。配制的溶液要新鲜。

⑥在染被检片的同时应设几种对照,最好设阴性片对照;或者设同一标本片不加酶标抗体对照,以便正确判定和分析操作中的正误问题。

6. 实训报告

①猪瘟的临诊检疫要点有哪些?

②简述家兔接种试验的方法与步骤,并进行判定。

实训指导 2　猪链球菌病的检疫

1. 实习内容

①猪链球菌病的检疫要点。
②猪链球菌病实验检疫的主要方法。

2. 目的要求

①掌握猪链球菌病的流行病学以及其临床特征。
②初步掌握猪链球菌的实验检疫的主要方法。

3. 设备和材料

显微镜、剪子、镊子、试管架、血液琼脂培养基、5%碘酊棉球、70%酒精棉球、2~5 ml玻璃注射器、20~22 号针头、灭菌生理盐水、革兰氏染色液或美蓝染色液、家兔或小鼠等。

4. 方法步骤

1) 临诊检疫

①流行病学调查。了解猪的发病年龄和症状,以及调查与病猪接触的牛、犬和禽类是否发病等情况。

②临诊症状。根据已学的猪链球菌病的症状进行仔细观察,特别注意神经症状与皮肤变化情况。

③病理变化。对死亡猪或病猪进行剖检,结合学过的知识观察特征的病理变化。

2) 实验室检疫

①镜检。将新鲜病料(心血、肝、脾、肾、肺、脑、淋巴结或胸水等)制成涂片,用革兰氏染色或碱性美蓝染色法染色后镜检。链球菌的直径为 0.5~1.0 μm,圆形或椭圆形,成对或 3~5 个菌体排列成短链。偶尔可见 30~70 个菌体相连接的长链,但不成丛、成堆,不运动,无芽孢,偶见有荚膜存在。革兰氏染色阳性,经数日培养的老龄链球菌可染成革兰氏阴性。

②分离培养。将脓汁或其他分泌物、排泄物划线接种于血液琼脂平板上,置于 37 ℃培养 24 h 或更长。已干涸的病料棉拭可先浸于无菌的脑心浸液或肉汤中,然后挤出 0.5 ml进行培养。为了提高链球菌的分离率,先将培养基置于 37 ℃温箱中预热 2~6 h。培养基中加有 5% 无菌的绵羊血液,细菌生长良好并可发生溶血。有的实验室用牛血琼脂平板进行划线接种培养较为满意,链球菌在普通培养基上多生长不良。

链球菌在血液琼脂上呈小点状,培养 24 h 溶血不完全,48~72 h 菌落直径大约为 1 mm,呈露珠状,中心浑浊;边缘透明;有些黏性菌株融合粘连,菌落呈单凸或双凸,有 α-溶血(绿色)、β-溶血(完全透明)或 γ-溶血(无变化),这在链球菌的鉴定中是很重要

的。多数具有致病性的链球菌呈 β-溶血。

③培养特性。本菌在有氧及无氧环境中都能生长,呈灰白色、半透明、露滴状菌落。在血液琼脂平板上生长良好,菌落周围呈 β 型溶血。在血清肉汤和厌氧肉汤中均匀浑浊,继而于管底形成沉淀,上部澄清,不形成菌膜。实验动物中,小鼠、家兔、仓鼠、鸽等对此菌敏感,而豚鼠、鸡、鸭等无感受性。

④动物接种。将病料制成 5~10 倍生理盐水悬液,接种家兔和小鼠,剂量为兔腹腔注射 1~2 ml,小鼠皮下注射 0.2~0.3 ml。接种后的家兔于 12~26 h 死亡;小鼠于 18~24 h 死亡。死亡后采心血、腹水、肝、脾抹片镜检,均见有大量单个、成对或 3~5 个菌体相连的球菌。也可用细菌培养物制成的菌液或肉汤培养物接种家兔或小鼠。

5. 实训报告

①写出猪链球菌病的临诊检疫方法。
②试述猪链球菌的培养特性。
③写出猪链球菌分离培养的方法与步骤。

第7章
牛、羊疫病的检疫检验

本章导读:本章主要介绍牛、羊疫病检疫的临诊检疫要点、方法、检疫后的处理以及牛、羊常见疫病的鉴别检疫要点。通过学习,使每个学生能够掌握常见牛、羊疫病的流行病学,临床症状及病理变化的鉴别检疫要点,具备在生产实践中实施鉴别检疫的能力。

7.1 牛、羊主要疫病的检疫

7.1.1 牛瘟

牛瘟是由牛瘟病毒引起牛和水牛的一种急性、热性、致死性传染病。该病的临床特征是发热,齿龈、舌、颊和硬腭等处黏膜糜烂,眼、鼻流出浆液性或黏脓性分泌物,有时出现严重腹泻。

1)临诊检疫要点

①牛瘟病毒主要感染牛和水牛,致死率较高,但不同年龄、品种的牛,其易感性有明显差异,其中以牦牛最易感,黄牛和水牛次之,绵羊、山羊和猪对该病也有一定的易感性。

牛瘟流行具有明显的周期性和季节性。流行期间疫情可随运输路线扩展,并且多发生于冬季12月到次年的4月,耐过牛可获得足够的免疫力。其很高的发病率及死亡率,发病率近100%,病死率可高达90%以上,一般为25%~50%。

②急性主要表现高热,流涎;口腔黏膜潮红,有浅黄或微白色粟粒样斑点或小结节(图7.1),地图样糜烂,边缘不整齐,后成溃疡,上有伪膜,红色糜烂面恶臭;鼻黏膜、眼结膜红肿,出血,分泌物干结成褐色;阴道黏膜发炎,有伪膜,糜烂;先便秘后腹泻,便中带血。

③全身所有黏膜,特别是消化道黏膜有明显充血,或条状出血、坏死、糜烂的伪膜。淋巴结出血、肿大,胆囊肿大。

图7.1 牛瘟
(黏膜似燕麦皮样坏死)

133

2）检疫方法

①根据流行病学、临床症状和病变特征,可作出初检结果。

②病原检查。取急性感染动物的脾、淋巴结、血液,或口、鼻分泌物等病料,经处理后接种原代牛肾细胞,单层细胞培养,并定期换营养液。显微镜下可观察特征性细胞病变,如有折射性,细胞变圆,细胞皱缩,胞浆拉长(星状细胞)或巨细胞形成,即可确检。

③血清学检查。常用的有琼脂扩散试验、反向对流免疫电泳试验、中和试验和竞争ELISA等快速诊断技术。前两种方法可用于检测患病动物眼中分泌物中的沉淀抗原,并且在该病前驱期和糜烂期采集的分泌物均有大量的抗原存在。中和试验需要在特定的实验室进行,以防散毒;竞争ELISA试验主要用于抗体的检测。

3）检疫后处理

一旦发现病牛,立即向上级主管部门上报疫情,并按疫点疫区要求采取相应措施处理,就地扑灭。目前,我国无牛瘟,属严加防范的疫病之一。

7.1.2　蓝舌病

蓝舌病是由蓝舌病毒引起反刍动物的一种急性病毒性传染病。其特征为发热、消瘦,舌色青紫而蓝,口、鼻和肠道黏膜溃疡,跛行。

1）临诊检疫要点

①几乎所有反刍动物对该病毒都易感,但绵羊最易感。各种品种、性别和年龄的绵羊都可感染发病,1岁左右的绵羊最易感,羔羊有一定的抵抗力,牛和山羊易感性低。

库蚊和伊蚊是本病的传播者,多发生在湿热的夏季和早秋,特别是常在河边、池塘、低洼沼泽等库蚊分布的地区放牧易感染发病,牛和山羊感染后多呈隐性经过。

②临诊主要表现发热、厌食、流涎、口舌发绀、双唇水肿。严重者口、鼻黏膜糜烂,吞咽困难。呼吸发鼾,腹泻,血便。有的蹄冠充血、发炎,跛行。

③消化道、呼吸道黏膜炎症和腐败性坏死,在齿龈、牙床(图7.2)和硬腭(图7.3)可以看到坏死区域;瘤胃、真胃的黏膜出血、水肿、溃疡、坏死、腐脱明显。心、肌肉、皮肤、蹄部出血。

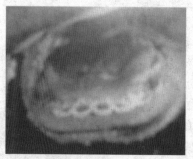

图7.2　蓝舌病
（齿龈、牙床坏死区域）

图7.3　蓝舌病
（硬腭坏死）

2）检疫方法

①初检。根据流行病学、临诊症状和病变特征作出初检。

②病原检查。可取高热期的绵羊血液进行细胞培养或鸡胚的接种,以分离病毒。通常,该病毒可形成细胞病变或鸡胚死亡,出现这些变化后可采用血清中和试验鉴定病毒分离物或其抗原型。也可采用荧光抗体技术、核酸探针技术进行病毒抗原的检测。

③血清学检查。可通过琼脂扩散试验、ELISA 或间接荧光抗体方法等检测血清中的抗体,以进行该病的诊断。其中以琼脂扩散试验为常用,即用标准的蓝舌病琼扩抗原来鉴定待检血清中的抗体。

3)检疫后处理

检出阳性动物,立即上报疫情,停止调运,并封锁、扑杀、销毁全群感染动物,把疫情消灭在发病区域。

7.1.3 牛传染性胸膜肺炎

牛传染性胸膜肺炎,又称牛肺疫,是由丝状支原体引起的牛的一种高度接触性传染性疾病。其特征是浆液性纤维素性肺炎和胸膜炎。

1)临诊检疫要点

①主要感染牛,各种年龄、品种的牛均有较高易感性。新发病牛群常呈急性暴发,以后转为地方性流行,老疫区多呈散发。

②急性型的典型症状为高温稽留,呼吸困难,鼻翼扩张,发出"吭"声,腹式呼吸,立而不卧,干咳带痛,叩诊肺部有水平浊音或实音,听诊时有罗音或摩擦音。可视黏膜发绀,胸前和肉垂水肿。腹泻和便秘交替发生,病牛迅速消瘦,呼吸更加困难,流鼻或口流白沫,痛苦呻吟,濒死前体温下降,常因窒息而死。整个病程 15 ~ 30 d。

③典型的病变是浆液性纤维素性胸膜肺炎(图 7.4)。胸腔有多量含絮状纤维素性积液,胸膜粗糙、增厚,肺表面污秽无光泽,常有红、黄、灰色等不同阶段的肝变,胸间质增宽。淋巴管扩张,呈灰白色。肺表面和切面常有奇特的色彩图案,犹如多色的大理石;末期,肺组织坏死,干酪化或脓性液化,形成脓腔、空洞或瘢痕。肺门和纵隔淋巴结肿大,出血。有的胸膜和肺黏连。

图 7.4 牛传染性胸膜肺炎
(浆液性纤维素性胸膜肺炎)

2)检疫方法

①初检。根据流行病学、临诊症状和病变特征做出初检。

②病原检查。可取活牛鼻腔拭子、支气管肺泡冲洗物或胸腔穿刺液以及病死牛的肺脏病变组织、肺门淋巴结、胸腔液及关节滑液等病料接种于支原体培养基,以观察有无该菌生长。在固体培养基上培养 1 ~ 2 周后,可见菲薄透明的露滴状圆形菌落,中央有乳头状突起,即可判定;在液体培养基中培养后,则可见指环状或豆芽状的轻度乳光。涂片染色镜检时,丝状支原体呈革兰氏染色阴性,着色不佳;用姬姆萨或瑞特氏染色较好。在显微镜下见多形菌体,即可确检。

③血清学检查。常用补体结合反应试验法,但此法有 1% ~ 2% 的非特异反应,特别是注射疫苗后 2 ~ 3 个月内呈阳性或疑似反应,应引起注意。玻片凝集试验结合琼脂扩散试验,可检出自然感染牛;荧光抗体试验,可检出鼻腔分泌物中的丝状支原体。

3)检疫后处理

不从疫区调牛;在进境牛检疫时发现阳性的,牛群作全部退回或扑杀销毁处理。

7.1.4　牛流行热

牛流行热又称暂时热、三日热。它是由牛流行热病毒引起牛的急性、热性传染病。其特征为突然发热,流泪、流鼻涕、流涎,呼吸困难,运动障碍。传染快,病程短,多呈良性转归。

1)临诊检疫要点

①主要侵害牛,其中以奶牛和黄牛最易感,水牛的感受性较低。在发病年龄上3~5岁牛多发,1~2岁牛及6~8岁牛次之,犊牛及9岁以上牛很少发生。

图7.5　牛流行热
（舌强直性痉挛）

常发生于多雨、炎热、吸血昆虫（蚊、蠓）活跃的6—10月。周期性明显,3~5年流行1次。

②主要表现突然高热,稽留2~3 d,此期间结膜潮红,羞明流泪,鼻镜干燥,流浆性鼻液,大量流涎,呼吸困难。阵发性肌肉震颤,瘤胃弛缓、吞咽反射消失和舌强直性痉挛(图7.5);四肢硬痛,行走困难,跛行,严重者卧地不起。皮下气性肿胀,触压有捻发音。病死率很低。病程短,多呈良性转归。

③病变为肺气肿、水肿或混合性肿胀,体积显著膨大。肺门淋巴结充血、肿大或出血。

2)检疫方法

①初检。根据流行特点和发热期典型症状作出初步诊断。

②病原检查。可采取高热期病牛的血液加入抗凝剂,人工感染乳鼠或乳仓鼠,并通过中和试验鉴定病毒;或将病死牛的脾、肝、肺等组织及人工感染乳鼠的脑组织制成超薄切片,电镜检查子弹状或圆锥形的病毒颗粒。也可取高热期病牛的血液或病料人工接种乳鼠后采取的含毒组织接种适宜的细胞培养物进行病毒分离,通过中和试验或免疫荧光试验进行病毒抗原的检查或鉴定。

③血清学检查。采取疑为本病患畜高热期和恢复期双份血清送检。做中和试验、荧光抗体试验、补体结合试验等,均可确检。

3)检疫后处理

发现病牛应立即停止调运,迅速采取隔离、封锁等综合性防治措施。

7.1.5　地方性牛白血病

牛白血病是由反转录病毒属牛白血病病毒引起成年牛的一种慢性肿瘤性疾病,该病的临床特征是淋巴样细胞持续增生形成淋巴瘤以及进行性的恶病质和高度的致死率。

1）临诊检疫要点

①本病主要发生于成年牛,尤以4~8岁的牛最常见,本病的特点是感染率高,发病率低,病死率高。

②病牛主要表现为生长缓慢,全身体表淋巴结显著肿大且坚硬,但可移动。图7.6为安格斯牛的下颌、腮腺和肩胛上淋巴结肿大。有些病例眼球突出,肉芽样组织突出眼眶(图7.7)。结膜苍白、贫血。心音异常(多呈快而弱)。消化功能紊乱,共济失调,麻痹。孕牛流产、难产。病程较长,多以消瘦死亡为转归。

图7.6 地方性牛白血病　　　　　　图7.7 地方性牛白血病
（下颌、腮腺和肩胛上淋巴结肿大）　　　　（病例眼球突出）

③主要为全身的广泛性淋巴肿瘤。各脏器、组织形成大小不等的结节性或弥散性肉芽肿病灶,真胃、心脏和子宫最常发生病变。组织学检查可见肿瘤细胞浸润和增生;血液学检查可见白细胞总数增加,淋巴细胞尤其是未成熟的淋巴细胞的比率增高,淋巴细胞可增加75%以上,未成熟的淋巴细胞可增加到25%以上。血液学变化在病程早期最明显,随着病程的进展血象转归正常。

2）检疫方法

①初检。根据流行病学、症状及剖检特征可作出初检。

②病原检查。病毒可用外周血淋巴细胞培养分离,然后用电镜或牛白血病病毒抗原测定法鉴定。在外周血中,可用聚合酶链式反应检查病毒DNA;在肿瘤中,可用PCR和原位杂交检测。

③血清学检查。琼脂扩散试验是目前常用的确检方法之一。也可根据检疫条件选用补体结合试验、中和试验、酶联免疫试验、荧光抗体试验或放射免疫技术等作出确检。

3）检疫后处理

发现病牛,立即淘汰,隔离可疑感染牛,在隔离期间加强检疫,发现阳性立即淘汰。做好保护健康牛的综合性防范措施。

7.1.6　牛海绵状脑病

牛海绵状脑病(BSE)是由感染性蛋白因子P^rP^{sc}引起牛的一种亚急性、渐进型、致死性中枢神经系统变性疾病。临诊上以潜伏期长,突然发病,病情逐渐加重,终归死亡为特征。主要表现为行为反常、运动失调、轻瘫、体重减轻,脑灰质的空泡化等,俗称疯牛病。

图 7.8　牛海绵状脑病
（病牛呈犬坐姿势）

1）临诊检疫要点

①各种牛都易感。被痒病病原因子和本病致病因子污染的反刍动物蛋白的肉骨粉是牛海绵状脑病的主要传播媒介，饲喂的愈多愈易发病。潜伏期长达 3～8 年,3～5 岁牛易发。

②主要表现精神状态异常、兴奋、恐惧、暴怒和神经质,伴有听、触觉减退或敏感。有的共济失调、颤抖、摇摆、反复摔倒,不能站立的牛呈现典型的犬坐姿势(图 7.8)。体重、泌乳锐减。病程短则 2 周,长则 1 年,病牛几乎全部死亡。剖检无肉眼可见病变。

2）检疫方法

①初检。根据流行病学和临诊表现作出初检。

②脑组织病理学检查。采脑干组织切片染色镜检。脑干灰白质呈对称性海绵状变性水肿、神经纤维网中有一定数量的不连续的卵形、球形空洞;神经细胞原和神经纤维网中形成海绵状空泡即可确检。

③检测病原蛋白。采用 PrP 免疫印迹和免疫细胞化学检查方法,特异性强,灵敏度高,已成为目前 BSE 主要检测方法。

3）检疫后处理

防治本病,主要是扑杀病牛、阳性牛及其后代。畜禽及相关物品用 2% 漂白粉或烧碱溶液消毒。

目前,我国尚无本病。为了防止牛海绵状脑病侵入,禁止从有牛海绵状脑病的国家和地区进口牛及其产品;禁止从有痒病发生的国家和地区进口活羊及其产品或被污染的饲料。

7.1.7　牛病毒性腹泻—黏膜病

牛病毒性腹泻—黏膜病是以黏膜发炎、糜烂、坏死和腹泻为特征的传染病。

1）临诊检疫

①流行特点。幼龄牛易感性高,多流行于冬季和早春。分布广,多呈隐性感染。

②临诊特征。急性型的主要表现腹泻,初如水样,呈灰色;后呈糊状,浅灰色,恶臭,有大量黏液和气泡。口、鼻、阴部等处的黏膜充血、糜烂和烂斑(图 7.9)。发热,委顿,废食,流涎,鼻漏,呼吸急促。慢性的皮肤红肿、蹄叶炎,跛行。鼻孔周围、嘴唇及齿龈糜烂和充血。

图 7.9　牛病毒性腹泻—黏膜病
（口腔黏膜发生糜烂或溃疡）

图 7.10　牛病毒性腹泻—黏膜病
（小肠水肿和糜烂）

③整个消化道黏膜充血、水肿、糜烂和烂斑,小肠糜烂可引起黏膜坏死,脱落的坏死组织充满肠腔(图7.10);肠系膜淋巴结肿大、充血,切面多汁。

2)检疫方法

①初检。根据流行病学、临诊特点和剖检特征可作出初步诊断。

②病原检查。无菌采集抗凝血、鼻液、脾、淋巴结等病料,送检,单层细胞培养后进行病毒鉴定。也可进行病毒荧光抗体检查。

③血清学检查。无菌采血,分离血清,送检。如中和试验、荧光抗体试验、补体结合反应试验、琼脂扩散试验等均可确检。

3)检疫后处理

对病牛、阳性牛立即隔离、扑杀,尸体无害化处理,彻底消毒;同群其他动物在隔离场或检疫机关指定的地点隔离观察。

7.1.8　牛结核病

结核病是由结核分枝杆菌引起的人畜共患的一种慢性传染病。以在多种组织器官形成结核结节性肉芽肿和干酪样坏死、钙化结节为特征。

1)临诊检疫特点

①可感染多种动物,尤以奶牛最易感,其次是黄牛、水牛、猪和家禽。本病多呈散发,无明显的季节性。

②病牛呈现全身进行性消瘦和贫血,初干咳,渐变为湿咳;呼吸迫促,特别是早上牵出运动时尤为明显,有时流淡黄色脓性鼻液。体温一般正常或下午稍有升高。乳房结核时,乳房表面出现大小不等凹凸不平的硬结,泌乳量减少,乳液稀薄或呈深黄浓厚絮片状凝乳,最后停乳。患肠结核者,多发生于空肠和回肠,呈消化不良,表现顽固性腹泻,粪便混有黏液或脓液,迅速消瘦。

③尸体剖检或宰后检验时,可见肺组织内有粟粒至豌豆大灰白色半透明的坚实小结节,有时切开结节中央可见干酪样坏死或钙化灶,有时见有肺空洞;淋巴结肿大,切面有呈放射状或条纹状排列的干酪样物,或有多量颗粒状钙化或化脓的小结节;有的在胸膜或腹膜有多量密集的灰白色半透明和不透明而坚实的灰白色结节形似珍珠,通称为"珍珠肿(串)"或"珍珠病";剖开乳房,可见大小不等的病灶内含豆腐渣状的干酪样物质。结核性淋巴结剖面有许多干酪样坏死颗粒(图7.11)。在肠黏膜下形成大量的肉芽肿结节(图7.12)。

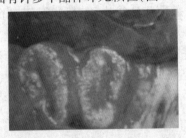

图7.11　牛结核病结核性淋巴结剖
面有许多干酪样坏死颗粒

图7.12　牛结核病
(肉芽肿结节)

2）检疫方法

①初检。根据流行病学、临诊主要特点和剖检特征作出初检。

②病原检查。采取痰或结核结节等病料，制片、抗酸染色、显微镜检查，结核杆菌呈红色，其他菌和背景呈蓝色，即可确检。必要时，病料匀浆 1 份加1 mol/L NaOH 溶液 2 份处理 10 min 后，移入离心管内以 2 500 r/min 离心 10~15 min，弃上清液，沉渣用 0.1 mol/L HCl 溶液滴定中和，pH 达 7.0 左右，再分离培养，进一步鉴定确检。

③变态反应试验。常用牛型提纯结核菌素（PPD）0.2 ml（每毫升含 PPD 25 000 IU），注射于牛颈侧中部皮内，72 h 后观察反应，局部弥漫性水肿，皮厚相差 4 mm 以上者，可判为阳性。

3）检疫后处理

①引进动物应隔离检疫，阴性者方可入群。奶牛场用结核菌素作变态反应检测，每年对牛群检疫 2 次，检出的阳性牛销毁处理。为了防止人、畜互相传染，工作人员应注意防护，并定期体检。

②宰后检疫发现全身性结核或局部结核的，其胴体及内脏一律销毁处理。

7.1.9　牛传染性鼻气管炎

牛传染性鼻气管炎又称牛传染性坏死性鼻炎、牛传染性脓疱性外阴—阴道炎、"红鼻病"，是由牛鼻气管炎病毒引起的一种急性、热性呼吸道传染病。其特征为呼吸道黏膜发炎、水肿、出血、坏死和烂斑，鼻液带血，咳嗽，呼吸困难，还能引起生殖道炎、结膜炎、流产犊牛脑膜炎。

1）临诊检疫要点

①该病的感染谱较窄，自然宿主是牛，并且多见于育肥牛和奶牛。肉用牛群的发病率有时高达 75%，其中以 20~60 日龄的犊牛最为易感，病死率也较高。

该病多发于秋季和寒冷的冬季，牛群过度拥挤，密切接触更易传播。

②根据患病动物感染器官的不同可分为多种临床类型，其中较为多见的病型是呼吸道感染，伴有结膜炎、流产和脑膜脑炎；其次是脓疱性外阴—阴道炎或龟头—包皮炎。

鼻气管炎型。典型的症状为高热（40~42 ℃），沉郁不食，流泪，流涎，鼻黏膜高度充血呈火红色，流脓性鼻液，有浅表溃疡、坏死。呼吸困难，出气恶臭。有的可见血痢和眼炎症状。

生殖道炎型。母牛：轻热，不安，频尿，阴门水肿有黏液性渗出物，阴道黏膜充血潮红，有灰黄色粟粒大的脓疱，后融合成灰黄色坏死假膜，糜烂，溃疡。孕牛多不流产。公牛：沉郁不食，包皮、阴茎充血发炎，水肿。病程 2 周左右。

眼炎型。角膜结膜炎，流泪，结膜高度充血，角膜混浊，流浆性、脓性分泌物。

脑膜炎型。犊牛多见，神经症状，共济失调，沉郁与兴奋交替，口吐白沫。严重者角弓反张，磨牙，四肢划动。病死率达 50% 以上。

流产型。多于孕后 5~8 个月流产，产弱，死胎。

③特征性病变是上呼吸道黏膜的严重炎症、水肿、出血、糜烂（图 7.13），有灰黄色脓性渗出物或纤维素坏死渗出物。

2）检疫方法

①初检。本病的典型病例（上呼吸道炎）有鼻黏膜充血、脓疱、呼吸困难、流泪等症状，结合流行病学可作出初检。

②病原检查。采取鼻、眼、阴道分泌物；有流产胎儿时，采胎儿胸水、心包液、心血及肺；脑炎时，采脑组织。通常用牛肾细胞培养物进行分离，然后用中和试验及荧光抗体鉴定病毒。也可用 DNA 限制性内切酶酶切分析和 PCR 等方法进行病原学检测。

图7.13　牛传染性鼻气管炎

③变态反应检查。用灭活抗原皮内注射，观察注射部皮肤出现红斑性肿胀并测其厚度，72 h 判定结果；反应皮厚差在 1 cm 以上者为阳性，0.5~1 cm 为可疑。本法的检出率为中和试验的 2/3。

④血清学检查。采集急性期和恢复期的双份血清测定抗体的上升情况是确检的主要依据。如中和试验、琼脂扩散试验、间接血凝试验、免疫荧光试验、酶联免疫吸附试验均可确检。

3）检疫后处理

发现病牛和确检阳性牛应立即用不放血方式扑杀，尸体深埋或焚烧。对可疑牛及时隔离、观察，加强检疫和消毒。在进口牛中一旦检出病牛和阳性牛作扑杀、销毁或退货处理，同群动物在隔离场或其他指定地点隔离观察并全面彻底消毒。

7.1.10　绵羊痒病

绵羊痒病俗称"驴跑病""瘙痒病""震颤病"或"摇摆病"，是由蛋白浸染因子引起绵羊、山羊的一种慢性传染病。其特征为剧痒，精神委顿，肌肉震颤，运动失调，衰弱，瘫痪。

1）临诊检疫要点

①主要侵害成年绵羊，偶尔发生于山羊。该病通常发生于病羊污染牧地中放牧的羊群。除了直接种间接触传播外，孕羊还可经胎盘传给后代。本病在羊群中传播缓慢，发病率为 4%~30%，致死率 100%。发病无明显的季节性。

②潜伏期 1~5 年，早期病羊沉郁或敏感，易惊。遇刺激肌肉震颤更甚。奇痒剧烈不断摩擦、啃咬，皮肤脱毛、发红。共济失调明显。后期体弱摇摆，起立困难，驱赶时呈"驴跑"或"雄鸡步"姿势，常常跌倒。病程 2~5 个月，病死率高。

③除见尸体消瘦和皮毛损伤外，其他无肉眼可见变化。

2）检疫方法

①初检。根据流行病学、典型症状作出初检。

②组织病理学检查。采集脑髓、脑桥、大脑、小脑、丘脑、脊髓等进行组织切片。镜检时特征的病变为神经元空泡化，神经元变性和消失，灰质神经纤维网空泡化，星状胶质细胞增生和出现淀粉样斑。

3）检疫后处理

痒病为一类疫病，发现后应立即上报疫情，采取封杀、销毁处理。目前，中国已禁止

从有痒病的国家或地区引进羊及其产品。

7.1.11　山羊病毒性关节炎—脑炎

山羊关节炎—脑炎病是慢病毒感染引起山羊的一种慢性传染病。其特征为成年山羊呈缓慢性发展的关节炎,伴有间质性肺炎、乳房炎和幼年(2~6月龄)羊脑炎。

1)临诊检疫要点

①在自然条件下,易感动物主要是山羊,而绵羊不感染。该病的发生无年龄、性别与品种差异,但以成年山羊发病较多;幼年羊常呈脑炎表现,感染率低,病死率高。

②根据临床表现可分为4种病型:

A.脑脊髓炎型。主要发生于2~4月龄羔羊,发病初期病羊精神沉郁、跛行,进而四肢僵直或共济失调,一肢或数肢麻痹(图7.14),卧地不起,四肢划动。有的病例,眼球震颤、惊恐、角弓反张、头颈歪斜或作圆圈运动。有的面神经麻痹,吞咽困难或双目失明。病程半年至1年,个别耐过病例留有后遗症,少数有肺炎或关节炎症状。

B.关节炎型。多发生于成年山羊,病羊肩淋巴结肿大。典型症状是腕关节肿大和跛行。也可发生于膝关节和跗关节,俗称"大膝病"。病情逐渐加重或突然发生,病初关节周围的软组织水肿(图7.15)、湿热、波动、疼痛,有轻重不一的跛行;进而关节肿大如拳,活动不便,常见前肢跪行。

图7.14　山羊病毒性关节
炎—脑炎 四肢麻痹

图7.15　山羊病毒性关节炎—脑炎
关节周围的软组织水肿

C.肺炎型。主要发生于成年山羊,很少出现于羔羊,病程3~6个月。患羊出现咳嗽、呼吸困难,胸部叩诊有浊音、听诊有湿罗音。

D.病关节周围组织肿胀,关节膜增厚,滑膜常与关节软骨粘连有钙化斑。呼吸困难者,肺脏轻度肿大,质地硬,表面有灰白色小点,切面有斑块状实区。脑脊髓无明显肉眼病变,偶尔在脊髓和侧脑白区有一棕色病区。

2)检疫方法

(1)初检

首先调查有无进口山羊或在同一山羊群中发现对抗生素治疗无效,出现地方流行性的成年羊慢性关节炎,呼吸困难,硬乳房和羔羊脑炎症状等,可初检。

（2）**病原检查**

解剖病羊时,可采取病羊组织如肺、滑膜、乳腺等,通过移植培养技术分离病毒较易成功。该病毒的细胞病变具有特征性,即出现折射的星型细胞和合胞体,分离物可用免疫标记技术或电镜技术鉴定。

（3）**血清学试验**

常用琼脂免疫扩散试验和酶联免疫吸附试验确检。

琼脂免疫扩散试验操作如下:

①被检血清按常规方法采集,分离血清,经56 ℃水浴灭活30 min后待检。

②琼脂板的制备,用Tris-HCl缓冲液制备1%琼脂(三羟甲基氨甲基烷0.605 g和NaCl 8.0 g溶于100 ml去离子水中,继用HCl调pH值至7.2,然后加入1 g琼脂煮沸或高压溶解);冷却到50 ℃左右倒入平皿制作琼脂板。琼脂板厚度不薄于2 mm,冷却后打孔。

③取琼脂板,用模具按7孔法打孔。孔径5 mm,孔距3 mm。

④中间孔加入山羊关节炎—脑炎病毒抗原,第1,4孔分别加入标准阳性血清作为对照,第2,3,5,6孔分别加入被检血清。加样完成后,将琼脂板放在湿盒内,然后置于37 ℃恒温箱内培养24～48 h后观察结果。

⑤首先要用阳性血清对照,应看到在与抗原孔中间形成一条清晰、致密的沉淀线时,才能进行结果判定。

阳性:被检血清和抗原孔之间形成的沉淀线,应与阳性血清沉淀线弯曲环联,判为强阳性(＋);根据沉淀线出现的时间,环联的情况,清晰、致密的程度,判为＋＋＋,＋＋,＋。阳性结果应同法重复一次,结果相同时,才可判定。

可疑:如沉淀线不清晰或只出现阳性对照沉淀线与被检血清打弯时,判为(±),应予重检。重检结果相同时应判为阳性(＋)。

阴性:无沉淀线出现为阴性。沉淀线与阳性对照,沉淀线交叉或相连时,均属非特异反应,判为阴性(－)。

3）**检疫后处理**

对患本病和检出的阳性动物进行扑杀、销毁处理;对同群其他动物在指定的隔离地点隔离观察1年以上。在此期间,进行两次以上实验检查,证明为阴性动物群时方可解除隔离检疫期。

7.1.12　梅迪—维斯纳病

梅迪—维斯纳病是由梅迪—维斯纳病毒引起绵羊的一种慢性进行性、接触性传染病。其特征为潜伏期长,病程缓慢,渐进性消瘦和呼吸困难。

1）**临诊检疫要点**

（1）**本病主要侵害绵羊和山羊,绵羊较山羊更易感**

由于潜伏期长(1～3年),发病多见于成年羊。四季均发,流行较广,但传播缓慢,发病率低,病死率高达100%。

（2）**潜伏期长**

该病在临床上具有两种病型,其共同特点是患病动物发病十分缓慢,病程长达数月或数年,伴有进行性体重减轻、全身消瘦,最终死亡。

①梅迪型(呼吸道型)。主要表现进行性肺炎,慢性咳嗽,呼吸增数,逐渐发展为呼吸困难,病程长达数月,终因缺氧衰竭而死。

②维斯纳型(脑炎型)。主要表现神经功能失衡症状,运动失调,失足,发软,行走困难,逐渐发展为偏瘫或完全麻痹。病情时轻时重,病程较长,终归衰弱死亡。

（3）**病变特征**

呼吸道型病肺体积膨大 2～4 倍,重量明显增加,触摸有橡皮感,肺组织致密,质地如肌肉。有的肺小叶间隔增宽,呈灰色网状花纹,网眼中有针尖大灰色小点,肺切面干燥。脑炎型无明显肉眼病变,病程长的后肢肌肉常萎缩。

2）检疫方法

①初检。对于呼吸型病例,可根据流行病学、临床症状和病理、剖检,作出初步诊断;神经型病例可根据病羊出现渐进性神经症状、无规律的头部运动及步态异常而怀疑本病。

②病原检查。采取病死动物的肺、滑膜、乳腺等或以无菌方法从活体动物的外周血液或乳汁中分离白细胞,将其与指示细胞如绵羊脉络丛细胞共同培养,检查细胞是否出现具有折光性的树枝状细胞或合胞体,然后用免疫标记技术检查病毒抗原或通过电镜观察细胞内的特征性慢病毒粒子。

③血清学检查。采集病羊血或初检的单层细胞培养物做琼脂扩散试验、酶联免疫试验、荧光抗体试验均可确检。

3）检疫后处理

检疫中发现病羊或阳性羊,应立即上报疫情并扑杀、销毁尸体,全面消毒;对同群动物应在指定地点隔离观察 1 年以上,此期间应检疫两次以上,没有阳性,方可解除隔离。

7.1.13 小反刍兽疫

小反刍兽疫是由小反刍兽疫病毒引起小反刍动物的一种急性接触性传染病。其特征以发热、口炎、肺炎,腹泻为主。

1）临诊检疫要点

①本病主要侵害幼龄羊,山羊较绵羊易感,且症状明显,发病率、病死率都很高。

②病初体温升高,沉郁,减食;2 d 后,口鼻黏膜广泛性炎症,导致多涎、鼻漏、呼出恶臭气体。咳嗽,呼吸异常;后期出现血水样腹泻,脱水,消瘦,体温下降。发病率高,病死率达 100%。

③从口腔直到瘤—网胃口,可见出血性、坏死性炎症病变,形成浅表糜烂、溃疡,严重者肠黏膜糜烂,条纹状出血。淋巴结肿大,脾有坏死灶。有的在鼻甲、喉、气管等处有出血斑。

2）检疫方法

①初检。根据临诊检疫的流行病学、症状、病变可作出初检。

②病原检查。无菌采集分泌物、血液、淋巴结、脾、肺、肠等,低温保存送检。做单层细胞培养,高倍镜下进行病毒引起的细胞病变检查。若发现细胞变圆、聚集,最终形成合胞体,合胞体细胞核以环状排列,呈"钟表面"样外观,即可确检。

③血清学检查。常用的方法有中和试验、ELISA、琼脂免疫扩散试验、荧光抗体试验等。也可用酶联免疫试验、对流免疫电泳和琼脂免疫扩散等进行快速诊断。通常采集双份血清进行检测,当抗体滴度升高4倍以上时具有示病意义。

3)检疫后处理

本病是国际兽疫局和我国规定的一类传染病,检出阳性或发病动物,对全群动物作扑杀、销毁处理,并全面消毒。根据《中华人民共和国进出境动物检疫法》,中国禁止从小反刍兽疫疫区引进包括绵羊和山羊在内的反刍动物及其产品。

7.1.14 肝片吸虫病

肝片吸虫病是由肝片形吸虫引起牛、羊的一种寄生虫病。其特征为可视黏膜贫血、水肿、消瘦。

1)临诊检疫要点

①牛、羊易感多发,其他哺乳动物(包括野生)和人也可感染。长期在有椎实螺(小土蜗螺或斯氏萝卜螺)分布的低洼、积水、沼泽、湖滩、河谷等区域放牧易感染发病,呈地方性流行。夏秋最多见,多与幼虫寄生有关,冬、春发病多与成虫感染有关。

②牛、羊发病后主要表现沉郁、减食,可视黏膜苍白,颌下与胸下水肿。有的反复出现瘤胃臌气或前胃弛缓,腹泻,消瘦,贫血加重。病程短者5~10 d,长者2个月以上,病死率高。

③剖检时,重点检查肝脏,肿大,可见到2~5 mm长的暗红色虫道。慢性病例主要表现慢性增生性肝炎,在肝组织被破坏的部位出现淡白色索状瘢痕,肝实质萎缩、褪色、变硬、边缘钝圆(图7.16);严重者,肝呈土黄色,胆管增粗,凸出肝表面(图7.17),横断挤压可流出污黄或棕绿色胆汁和肝片形吸虫。新鲜虫体棕红色,长20~30 mm,宽8~10 mm,扁平叶状。

图7.16 肝片吸虫病
(绵羊肝损伤)

图7.17 肝片吸虫病
(胆管呈慢性纤维素性增厚)

2)检疫方法

①初检。根据流行病学、症状和剖检,作出初检或确检。

②病原检查。采集病牛、羊的粪便用沉淀法集卵检查,发现肝片吸虫卵即可确检。

显微镜下,虫卵呈椭圆形,金黄色,卵膜薄而光滑,一端有不明显的卵盖,卵内有一个胚细胞,周围充满卵黄细胞,大小为(130~150)μm×(63~90)μm。作肝脏或胆管剖检时,发现肝片形成虫或幼虫也可确检。

3)检疫后处理

对病畜隔离驱虫治疗,粪便生物热发酵消毒。患病肝经高温处理后作动物饲料,肠内容物生物热发酵处理。做好对疫区的宣传、定期驱虫和灭螺工作。

7.1.15 伊氏锥虫病

锥虫病主要由伊氏锥虫寄生在血液引起牛的一种原虫病。其特征为间歇热、贫血、消瘦、四肢下部皮下水肿、耳尖与尾梢干性坏死。

1)临诊检疫要点

①除牛易感外,马、驼也易感。主要通过吸血昆虫虻和厩蝇传播。夏、秋季易发。流行区域较广。

②病牛主要表现间歇热、消瘦、贫血、黄疸、四肢下端水肿。后期,眼结膜出血,眼睑肿胀,耳尖、尾尖坏死;极度萎靡,长卧不起,衰竭死亡。

③各脏器浆膜及胃黏膜斑点状出血,肝、脾、肾、淋巴结肿大,肉豆蔻肝。

2)主要检疫方法

(1)初检

根据流行病学调查、临床症状和剖检特征即可初步判断。

(2)病原检查

①涂片染色标本检查法。耳静脉采血,至少做两张涂片,自然干燥,甲醇固定,姬姆萨染液染色,镜检有无虫体;或取一大滴血液,在玻片上推成较厚的涂面,晾干后用2%醋酸液徐徐冲洗,将红细胞全部溶解后,再行晾干、甲醇固定、染色、镜检,此法较易发现虫体。

②鲜血压滴标本检查法。采血一滴于载玻片上,加等量生理盐水混合后,覆盖玻片,镜检,可见活动虫体。

③集虫检查法。颈静脉采血5 ml,移入含2%枸橼酸钠液5 ml的沉淀管中,混合后以1 500 r/min离心沉淀5~10 min。此时红细胞沉于管底,虫体和白细胞在红细胞层的上面。用滴管吸取白细胞层作镜检,可提高虫体的检出率;或用毛细管集虫,即用以肝素处理的毛细管,吸入病畜血液插入橡皮泥中,以3 000 r/min离心5 min后,平放于载玻片上镜检,检查红细胞沉淀层的表层,可见活动的虫体。

④动物接种。采病畜血液0.1~0.2 ml,接种于小鼠的腹腔,隔2~3 d后,逐日采尾尖血液检查,连续1个月,可查到虫体,检出率极高。

制片,姬姆萨氏染色镜检,血中的锥虫呈蜷曲的柳叶状,原生质呈淡蓝色,核和动基体呈深红色,单端游离的鞭毛呈红色。水牛伊氏锥虫平均长18~34 μm,宽1~2 μm。

3)检疫后处理

发现病畜,应隔离治疗,同群健畜做好药物预防。尽可能地消灭虻、厩蝇等传播媒介。屠宰检疫中发现本病,销毁病变脏器,其余部分高温处理后利用。

7.1.16 绵羊疥癣

绵羊疥癣是由疥螨和痒螨寄生绵羊体表引起的一种慢性寄生性皮肤病。其特征为剧痒,湿疹性皮炎、脱毛。

1)临诊检疫要点

①多种畜禽都易感。绵羊、牛等受害最严重。炎热季节发病少,病情轻;寒冷季节发病多,病情重。散发或地方流行性。

②临诊症状。病羊因患部皮肤剧痒而频频摩擦,发炎形成淡黄色痂皮,患部脱毛,皮肤粗糙肥厚;或在嘴唇周围、口角两侧部位形成白色坚硬胶皮样痂皮(图7.18)。随时间延长而日渐消瘦。

图7.18 绵羊疥癣

2)检疫方法

①初检。根据流行病学、临诊表现(如剧痒、形成痂皮、脱毛和日渐消瘦)等,即可初检。

②病原检查。在皮肤的病患与健康交界处刮取深层新鲜组织作病料,置于载玻片上,滴加50%甘油,盖上盖玻片,搓动玻片压碎皮屑,用低倍镜检查,发现活螨,即可确检;也可作死螨检查法。将病料装入试管,加5~10倍量的10% NaOH溶液,加热待病料中大部分痂皮溶解后,低速离心5 min,取沉渣低倍镜检查。疥螨略呈圆形,似鳖状,长0.2~0.5 mm,体表有横纹和鳞片,颚体(口器)短,腹面有4对粗短的足。痒螨呈长圆形,长0.3~0.9 mm,颚体长,足较长,尤其前2对比后2对粗大。

3)检疫后处理

发现病羊,立即隔离治疗。对同群健康羊采取全面杀虫、消毒等综合防治措施。

7.2 牛、羊常见疫病的鉴别检疫要点

7.2.1 牛、羊口腔黏膜有病变的急性疫病

牛、羊检疫中,口腔黏膜有病变的疫病主要有口蹄疫、黏膜病、牛瘟、恶性卡他热和蓝舌病。

1)外观鉴别要点

(1)接触性传染

①良性经过。

牛、羊都发生——口蹄疫。

临诊症状见于牛——黏膜病。

②恶性经过。发生于牛——牛瘟。

（2）**非接触性传染**

①主要发生于牛——恶性卡他热。

②主要发生于绵羊——蓝舌病。

2）临诊鉴别要点

①口蹄疫。病初体温升高，水疱破溃后降至常温，口黏膜和蹄部、乳房皮肤上的水疱发展成边缘整齐的烂斑。

②黏膜病。发热，口、鼻黏膜的糜烂和烂斑散在，不规则，小而浅。急性者，有持续性或间歇性腹泻；慢性者，皮肤发炎。

③牛瘟。发热症状明显，口黏膜无水疱但有结节和溃疡，发展成边缘不整齐的烂斑，乳房及蹄部无病变。

④恶性卡他热。高热稽留，角膜混浊，口、鼻黏膜有糜烂或溃疡，但口腔、蹄部无水疱。

⑤蓝舌病。高热稽留，口腔连同唇、颊、舌黏膜上皮溃疡、坏死，但无水疱，且双唇水肿明显，有时蹄部发炎。

7.2.2　牛伴有水肿的急性疫病

伴有水肿的急性疫病主要有牛恶性水肿、牛气肿疽、牛炭疽、牛巴氏杆菌病（浮肿型）。

1）外观鉴别要点

（1）**水肿有捻发音**

①肿胀伴发于分娩或深创——牛恶性水肿。

②肿胀与创伤、分娩无关——牛气肿疽。

（2）**水肿无捻发音**

①水肿多发生于颈、胸、腰——牛炭疽。

②水肿多发生于头颈、下颌——牛巴氏杆菌病（浮肿型）。

2）临诊鉴别要点

①牛恶性水肿。阴门或创伤周围的部位发生气性水肿。

②牛气肿疽。臀、腰、肩、颈、上腿等肌肉丰满的部位发生气性炎性肿胀。

③牛炭疽。天然孔出血，血凝不良呈焦油状，脾显著肿大、变软。

④牛巴氏杆菌病（浮肿型）。血液凝固，脾变化不明显。

7.2.3　牛以高热、贫血、黄疸为主的疫病

高热、贫血、黄疸为主的疫病主要有牛钩端螺旋体病、牛泰勒虫病。

1）外观鉴别要点

①皮肤有坏死——牛钩端螺旋体病。

②皮肤无坏死，体表淋巴结肿大——牛泰勒虫病。

2)临诊鉴别要点

①牛钩端螺旋体病。病初发热,血尿。镜检,血液内无寄生虫。脾不肿大。

②牛泰勒虫病。眼结膜有出血点,肩前淋巴结显著肿大,皮肤有出血点,无血红蛋白尿。镜检,淋巴液中有石榴体。

7.2.4 牛、羊以肺部症状为主的疫病

牛检疫中,肺部症状为主的疫病主要有牛结核病、牛巴氏杆菌病(肺炎型)、牛传染性胸膜肺炎(牛肺疫);羊检疫中,肺部症状为主的疫病主要有羊巴氏杆菌病(亚急性型)、羊传染性胸膜肺炎(羊肺疫)、羊网尾线虫病(羊肺丝虫病)、羊原圆线虫病(羊小型肺虫病)。

1)外观鉴别要点

①体表淋巴结丘状隆起样增大——牛结核病。

②体表淋巴结无显著变化。

多急性经过——牛巴氏杆菌病(肺炎型)。

多慢性经过——牛传染性胸膜肺炎(牛肺疫)。

③高热,有明显的肺炎胸膜炎。

多发于羊羔、幼龄羊——羊巴氏杆菌病(亚急性型)。

多发生于中成年羊——羊传染性胸膜肺炎(羊肺疫)。

④无热,呈慢性支气管肺炎。

粪中有大于0.5 mm的幼虫——羊网尾线虫病(羊肺丝虫病)。

粪中有小于0.5 mm的幼虫——羊原圆线虫病(羊小型肺虫病)。

2)临诊鉴别要点

①牛结核病。结核菌素变态反应阳性。牛结核病的病程较牛肺疫、牛巴氏杆菌病的病程都长,咳嗽时常有气管分泌物咳出,呈弛张热或体温正常。抗酸性染色镜检,可见结核分支杆菌。肺、淋巴结、浆膜以及有时于乳房或其他组织器官有结核结节、干酪样坏死灶。肺缺乏大理石样变。

②牛巴氏杆菌病(肺炎型)。牛巴氏杆菌病较牛肺疫、牛结核病的病程都短且发展快,体温高。喉头及颈部炎性水肿,肺组织的肝变色彩比较一致,且有不洁感,肺间质变轻,但全身出血性败血症变化明显。涂片镜检,可见两极染色的巴氏杆菌。

③牛传染性胸膜肺炎(牛肺疫)。结核菌素变态反应阴性。肺组织呈现色彩不同的各期肝变和较鲜艳的大理石样变,间质呈现显著的淋巴管舒张并含多量淋巴液。涂片镜检,可见革兰氏阴性微小多形的支原体。

④羊巴氏杆菌病(亚急性型)。咳嗽,可出现颌下、颈、胸部皮下水肿。

⑤羊传染性胸膜肺炎(羊肺疫)。咳嗽,呼吸困难,肺有肝变。

⑥羊网尾线虫病(羊肺丝虫病)。卡他性支气管炎。粪便中的幼虫含颗粒体。在支气管有线样寄生虫。

⑦羊原圆线虫病(羊小型肺虫病)。卡他性支气管炎或胸膜炎。粪便中的幼虫似玻璃样透明。肺中有很细的毛茸样线虫。

⑧牛运输热。牛运输热长期以来被视为巴氏杆菌病,现已证明其病原是副流感 3 型病毒,巴氏杆菌等为继发病原,降低牛抵抗力的外界因素为诱因,三者联合作用引起典型运输热,器官无明显变化。因此,鉴别的要点是:本病在规模饲养或运输后,仅有肺部症状和病变。高热,流鼻涕,流泪,脓性结膜炎,咳嗽,呼吸困难,流白沫状口涎。两肺前下部肿胀,硬实,切面呈红灰色肝变。胸腔有浆液性纤维素性渗出液积聚。

7.2.5　羊以猝狙症状为主的疫病

猝狙症状为主的疫病主要有羊炭疽、羊快疫、羊肠毒血症、羊猝狙、羊链球菌病、羊黑疫。

1)外观鉴别要点

(1)天然孔流出血丝泡沫

①体温升高——羊炭疽。

②体温正常——羊快疫。

(2)天然孔不流血丝泡沫

①体温多正常:

发生于 1 岁以内的羊——羊肠毒血症。

发生于 1 岁以上的羊——羊猝狙。

②体温多升高:

皮肤不黑,咽喉肿大——羊链球菌病。

皮肤灰黑,咽喉不肿——羊黑疫。

2)临诊鉴别要点

①羊炭疽。血凝不良,脾肿大。

②羊快疫。真胃显著的弥漫性或斑块状出血,前胃黏膜自溶脱落。

③羊肠毒血症。肾软化如泥,小肠出血严重。

④羊猝狙。小肠溃疡,有腹膜炎,死后 8 h 骨骼肌出血,气肿。

⑤羊链球菌病。各脏器普遍出血,颌下淋巴结肿大,出血,胆囊肿大。

⑥黑疫。肝有明显的凝固性坏死灶,皮肤灰黑色。

7.2.6　羔羊以腹泻症状为主的疫病

腹泻症状为主的疫病主要有羔羊副伤寒、羔羊轮状病毒腹泻、羔羊痢疾、羔羊大肠杆菌病、羔羊球虫病、羔羊莫尼茨绦虫病。

1)外观鉴别要点

(1)发生于 20 日龄以内的羔羊

①多发生在 4 日龄以内的羔羊:

血便——羔羊副伤寒。

稀泻——羔羊轮状病毒腹泻。

②多发生在 4 日龄以上的羔羊:

血便——羔羊痢疾。

稀泻——羔羊大肠杆菌病。

（2）发生于30～45日龄羔羊

①血便——羔羊球虫病。

②稀泻——羔羊莫尼茨绦虫病。

2）临诊鉴别要点

①羔羊副伤寒。先拉稀，继而血痢，磨牙，鸣叫。肠道严重充血、出血。镜检，可见沙门氏菌。

②羔羊轮状病毒腹泻。病初水样便呈黄色、淡黄色、黄绿色，并带黏液，继而呈水泻，迅速脱水。除水泻外，其他症状不明显。轻度肠卡他。病死率低。

③羔羊痢疾。迅速血痢，腰痛，呻吟。小肠黏膜严重出血，有溃疡。镜检，可见魏氏梭菌。

④羔羊大肠杆菌病。病初稀便呈黄色，继而呈浅黄黏液状，甚至乳白色，直至水泻，迅速脱水，昏迷。小肠黏膜卡他性炎症。镜检，可见大肠杆菌。

⑤羔羊球虫病。血性腹泻。小肠黏膜卡他出血性炎症，黏膜上有小的灰白结节。镜检，可见球虫。

⑥羔羊莫尼茨绦虫病。拉稀，粪中可见绦虫节片。小肠黏膜卡他，肠中有绦虫。

复习思考题

1. 蓝舌病的临诊检疫要点有哪些？怎样防制？

2. 牛海绵状脑病的病原体有何特点？怎样预防？

3. 牛、羊以口黏膜病变为主的疫病有哪些？如何鉴别？

4. 牛以肺部症状为主的疫病有哪些？如何鉴别？

5. 牛结核检疫方法有哪些？阳性病畜如何处理？

6. 羔羊以猝狙为主的疫病有哪些？怎样进行鉴别？

7. 绵羊疥癣的实验检疫方法有哪几种？其重点防治措施是什么？

实训指导　牛结核病的检疫

1. 实习内容

①牛结核病的检疫要点。

②牛结核病变态反应检疫的方法。

151

2. 目的和要求

①熟悉牛结核病检疫内容和要点。

②掌握变态反应检疫的操作步骤、结果判定及注意事项,能正确完成牛结核病检疫。

3. 设备和材料

待检牛、鼻钳、毛剪、镊子、游标卡尺、皮内注射器和针头(可用 1 ml 蓝心注射器和 12 号 10 mm 长针头代替)、煮沸消毒锅、酒精、脱脂棉、纱布、牛型提纯结核菌素、记录表、来苏儿、线手套、工作服、工作帽、口罩、胶靴、毛巾、肥皂、牛结核病料、潘氏斜面培养基、甘油肉汤、接种环、酒精灯、石蜡、火柴、培养箱、匀浆机等。

4. 方法

1)临诊检疫

①流行病学调查。询问牛的引进及饲管情况,发病数量及病程长短。

②临诊症状。针对学过的牛结核病的临诊主要诊断依据仔细观察,特别要注意营养状况、呼吸道症状和消化道症状。

③对疑为结核病牛尸体解剖时,结合学过的知识注意观察特征性的病理变化。

2)变态反应检疫

牛型提纯结核菌素(PPD)检疫牛结核病的操作方法及结果判定标准。

(1)操作方法

①注射部位及术前处理。将牛编号后在颈侧中部上 1/3 处剪毛(或提前 1 d 剃毛);3 个月以内的犊牛,也可在肩胛部进行。直径约 10 cm,用卡尺测量术部中央皮皱厚度,作好记录。如术部有变化时,应另选部位或在对侧进行。

②注射剂量。不论大小牛,一律皮内注射 10 000 IU。即将牛型提纯结核菌素(PPD)稀释成每毫升 100 000 IU 后,皮内注射 0.1 ml。冻干菌素稀释后,应当天用完。

③注射方法。先以 75% 酒精消毒术部,然后皮内注入定量的牛型提纯结核菌素,注射后局部出现小泡;如注射有疑问时,应另选 15 cm 以外的部位或对侧重做。

④注射次数和观察反应。皮内注射后经 72 h 判定,仔细观察局部有无热痛、肿胀等炎性反应,并以卡尺测量皮皱厚度,作好详细记录。对疑似反应牛应即在另一侧以同一批菌素、同一剂量进行第二回皮内注射,再经 72 h 观察反应。

如有可能,对阴性和疑似反应牛,于注射后 96 h 和 120 h 再分别观察一次,以防个别牛出现较晚的迟发型变态反应。

(2)结果判定

①阳性反应(+)。皮的皮厚差等于或大于 4 mm,局部发热、有痛感,并呈现界限不明显的弥漫性肿胀,硬软度似如面团,其肿胀面积在 35 mm ×45 mm 以上者,均判为阳性。

②可疑反应(±)。局部炎性反应不明显,皮厚差在 2.1~3.9 mm,其记录号为(±)。

③阴性反应(-)。无炎性肿胀,皮厚差在 2 mm 以下。

(3)凡判定为疑似反应的牛只的处理

于第一次检疫30 d后进行复检,其结果仍为可疑反应时,经30～40 d后再复检,如仍为疑似反应,应判为阳性。

表7.1　牛结核病检疫记录表

单位:　　　　　　检疫员:　　　　　　　　　　　　　年　　月　　日

牛号	年龄	提纯结核菌素皮内注射反应								
		次数		注射时间	部位	原皮厚	72 h	96 h	120 h	判定
		第次	一回							
			二回							
		第次	一回							
			二回							
		第次	一回							
			二回							

受检头数_____　阳性头数_____　疑似头数_____　阴性头数_____

3)病原检疫

(1)病料处理

根据感染部位的不同采用不同的标本,如痰、尿、脑脊液及腹水、乳及其他分泌物等。为了排除分支杆菌以外的微生物,组织样品制成匀浆后,取1份匀浆加2份草酸或5% NaOH混合,室温放置5～10 min,上清液小心倒入装有小玻璃珠带螺帽的小瓶或小管内,37 放置15 min,以3 000～4 000 r/min离心10 min,弃去上清液,用无菌生理盐水洗涤沉淀,并再离心。沉淀物用于分离培养。

(2)分离培养

将沉淀物接种于潘氏斜面琼脂和甘油肉汤,培养管加橡皮塞,置37 ℃下培养至少2～4周,每周检查细菌生长情况,并在无菌环境中换气2～3 min。牛结核分枝杆菌呈淡黄色、湿润、黏稠、微粗糙菌落。取典型菌落涂片、染色、镜检可确检。结核杆菌革兰氏染色阳性(菌体呈蓝色彩),抗酸染色菌体呈红色。

5.实训报告

①牛结核病检疫的内容有哪些?
②观察记录皮内变态反应的结果,并进行判定。

第8章
禽疫病的检疫检验

本章导读：本章主要就家禽疫病的检疫检验作了相关的阐述，内容包括禽主要疫病的检疫，常见疫病的鉴别检疫要点以及实训指导等。通过本章的学习，要求掌握每一种常见疫病的临场检疫要点，实验室检疫的主要方法以及检出检疫对象时的检疫处理；通过实训练习，学会家禽疫病的检疫技术，具备独立进行家禽疫病临诊和实验室检疫的能力。

8.1 禽主要疫病的检疫

8.1.1 禽流行性感冒

禽流行性感冒（简称禽流感）又称真性鸡瘟、欧洲鸡瘟，是由 A 型流感病毒引起禽类的一种急性、高度致死性的传染病。其特征是：发热、头面水肿、呼吸系统症状和败血症。

1）临诊检疫要点

①家禽中鸡和火鸡最易感，其他家禽、野鸟、野生水禽、迁徙鸟均有较高的易感性。发病急、传播快、流行范围广，常呈地方性或大面积流行，其中高致病性禽流感的发病率与死亡率均高可达 100%，一年四季均可流行，但冬春两季多发。

②潜伏期 3~5 d，强毒型发病迅速，死亡率高；从个别发病、死亡到鸡群中 50% 出现症状，仅需 2~3 d 时间。病鸡采食减少乃至废绝，精神沉郁，垂头缩颈，眼结膜充血，流泪，鸡冠发绀，头部水肿，有的趾爪鳞片发紫或有紫红色出血斑，拉黄绿色稀粪，呼吸罗音，咳嗽；产蛋量大量下降，一般 20%~50% 不等，严重者绝产。温和型临床症状较轻，大部分精神、食欲正常，主要表现为产蛋量的大幅度下降，一般经 7~10 d 产蛋率由 90% 以上，下降到 10%；产蛋量下降的同时，软皮蛋、白皮蛋、沙壳蛋、畸形蛋明显增多。

③剖检各黏膜、浆膜及内脏有出血性变化。喉头气管充血严重，大部分腺胃乳头出血、腺胃与肌胃交界处及肌胃角质层下出血，十二指肠、回肠、直肠、泄殖腔出血。盲肠扁桃体肿胀出血，肝、脾、肾、心脏常见有灰黄色的变性坏死性病灶，卵泡充血，有的变形成菜花状并有坏死，输卵管弹性、韧性降低，充血、出血、水肿乃至坏死，内有白色脓性分泌物或干酪样物。

2）实验检疫方法

（1）病原检查

①用无菌棉拭子涂抹气管或泄殖腔分泌物。棉拭子放在最终浓度1 000 IU 青霉素、10 mg 链霉素、20 mg 制霉菌素的无菌培养液 1 ~ 3 ml 中。在病毒血症期，可采血液，死后采心血、肝、脾等病料。病料研磨作 1∶10 加入生理盐水或培养液制成悬液再加入抗生素，置 4 ℃下处理 4 ~ 6 h，低速离心，收集上清液低温保存备用。

②鸡胚接种。取处理过的病料 0.1 ml，以尿囊腔途径接种 9 ~ 11 日龄的 SPF 鸡胚，继续孵化，24 h 内死胚弃去，收 24 ~ 96 h 死胚的尿囊液羊水作血凝试验，以鉴定病毒。如果病料中有病毒存在，初次接种后的尿囊液一般就能产生血凝作用。如未测到血凝活性，须将收集的尿囊液盲传 2 ~ 3 代，并重复以上血凝实验，如仍为阴性，即判定阴性结果。

（2）血清学检查

①血凝试验（HA）和血凝抑制试验（HI）。证实鸡胚液有 HA 活性以后，首先应排除新城疫病毒。取一滴 1∶10 稀释的正常鸡血清（最好是 SPF 鸡血清）和一滴新城疫病毒抗血清，分别滴在一玻璃或瓷板上，各加一滴有 HA 活性的鸡胚液，混匀后各滴加 5% 鸡红细胞悬液一滴，若两份血清都出现 HA 活性，则表明鸡胚液中不含有新城疫病毒；若新城疫病毒抗血清抑制 HA 活性，则证明鸡胚中存在新城疫病毒。

在排除新城疫病毒以后，则须进一步确定其为 A 型流感病毒，或为其他禽副粘病毒或为具有血凝活性的细菌。测定 A 型流感病毒的简单又可靠的方法，是用型特异性抗血清进行琼脂扩散试验（AGP）。若需鉴定毒株或亚型，则应使用一套特异性抗血清来鉴定病毒囊膜表面蛋白抗原（H 和 N）类型，或将病毒送往有关实验室作流感病毒的常规定型。

②琼脂扩散试验（AGP）。AGP 是应用已知的阳性和阴性血清与待检抗原和已知阳性抗原作双向扩散试验，常温下 24 h 内在已知的阳性抗原和阳性血清之间应出现沉淀线，到 48 h 沉淀线更为清晰。若待检抗原与阳性血清间出现沉淀线，并且该沉淀线与邻近的阳性抗原和抗血清间的沉淀线相连，即可判定待检抗原为 A 型流感病毒。

③病毒中和试验。取 9 ~ 10 日龄鸡胚接种后 37 ℃孵育 3 ~ 4 d，鸡胚死亡出现 HA 活性或两者同时出现，表示鸡胚感染流感病毒。

3）检疫后处理

确检禽流感时，立即上报疫情并封锁现场，对病禽和同群者以及方圆 3 km 的家禽以不放血方式扑杀，销毁尸体；对所有被污染的环境和器具物品进行彻底消毒；对疫区进行封锁，严禁家禽及其产品进出。经 2 ~ 3 周，如周边无新疫情发生，通过全面的终末消毒后方可解除封锁。

8.1.2　鸡新城疫

鸡新城疫俗称鸡瘟、亚洲鸡瘟，是由新城疫病毒引起的鸡和火鸡的一种急性、高度接触性传染病。其特征是呼吸困难、下痢、神经机能紊乱、黏膜和浆膜出血。

1）临诊检疫要点

①鸡、火鸡、野鸡、鸽、鹌鹑均易感，其中鸡敏感性最高，尤其以幼龄鸡更易感。一年四季均可发生，但春、秋、冬多发。发病急、传播快，发病率、死亡率都很高，呈暴发或地方性流行。

②潜伏期3～5 d，最急性型未见症状即快速死亡。急性型体温升高、缩颈垂翅、闭眼、羽毛蓬乱、不愿走动、冠髯暗红或发紫。口腔流出大量黏液，呼吸困难，咳嗽，怪叫，排黄绿、黄白色稀粪。病程3～5 d，5 d以上不死者转变为慢性，神经症状明显，翅腿麻痹，头颈后仰或向一侧扭转（图8.1），或后退倒地，或伏地旋转，受刺激时发作加剧。非典型性新城疫，往往发生于免疫鸡群中，当有强毒感染时，仍可发生新城疫，但其发病率、死亡率均较低。主要表现为产蛋量不同程度的下降，蛋壳褪色、变薄、变脆，软壳蛋、畸形蛋较多。有不同程度的呼吸道症状，拉黄绿色稀粪。

图8.1　神经症状，头向一侧扭转

图8.2　腺胃乳头出血

③病变主要是败血症变化。全身浆膜、黏膜出血，尤其以消化道、呼吸道最为明显。腺胃乳头和肌胃角质层下出血（图8.2），小肠和泄殖腔严重出血，十二指肠有时有岛屿状

图8.3　鸡新城疫盲肠
（扁桃体肿胀、出血）

凸出于黏膜表面的、麸皮样的坏死及溃疡灶。盲肠扁桃体肿大、出血、坏死（图8.3）。口腔、喉头和气管有多量黏液，喉头充血、出血，气管环状出血。产蛋鸡的卵泡和输卵管显著充血，有的卵泡变形，常有卵黄性腹膜炎。喉头和气管黏膜充血，腺胃乳头出血少见，十二指肠、直肠黏膜、泄殖腔和盲肠扁桃体出血多见。

2）实验检疫方法

①病原检查。采取病鸡的呼吸道分泌物或脑、脾、肺组织，研磨后加10倍生理盐水制成悬液，再加双抗处理，离心沉淀，吸取上清液0.1～0.2 ml，接种于9～11日龄鸡胚尿囊腔，于温箱内孵化，每天上下午各照蛋1次，连续观察5 d。取24～48 h内死亡鸡胚尿囊液作血凝抑制试验以鉴定；再仔细观察病死鸡胚病变，一般可见胚体全身充血、出血，以头、足处皮肤最为严重。

②血清学试验。鉴定新城疫病毒有多种血清学方法，最常用的是红细胞凝集试验和红细胞凝集抑制试验，而这两种试验的方法和判定标准又有多种，其中应用较多的是微量法。凝集抑制价在4倍以内为阴性，8倍为可疑，16倍以上为阳性。除此以外，用鸡胚作中和试验也是本病诊断的可靠方法。常用已知的抗体血清和被检病毒等量混合作用；然后接种鸡胚，并设对照组。如果对照组死亡（只接种病料）而试验组健活，则可判为新城疫。

3）检疫处理

检疫发现鸡新城疫时,应立即封锁、隔离。病鸡扑杀,尸体深埋或化制;污染物彻底消毒,垃圾、垫草、排泄物焚烧或深埋。可疑和健康鸡紧急预防接种。最后一例病鸡处理2周后再无新病例出现,通过全面严格的终末消毒后方可解除封锁。

8.1.3 鸡马立克氏病

鸡马立克氏病是由鸡马立克氏病病毒引起的一种淋巴细胞增生性的肿瘤性传染病。特征是外周神经、性腺、虹膜、各内脏、肌肉和皮肤等发生淋巴样增生、浸润,形成肿瘤性病灶和肢麻痹。

1）临诊检疫要点

①主要侵害鸡,其他禽类较少感染,1日龄雏鸡最易感,随年龄的增长易感性降低,母鸡较公鸡易感,多在2～5月龄间发病。有高度的接触传染性,病死率高。多为散发或呈地方性流行。

②潜伏期长,几周到几个月。发病后表现多型性。神经型(古典型)主要侵害外周神经,由于侵害的部位不同,症状亦不同。以侵害坐骨神经最常见,引起一腿或两腿由不全麻痹到麻痹,呈现特征性的一肢向前一肢向后的"劈叉"姿势(图8.4);臂神经受侵害时,则翅膀下垂;颈部神经受侵害时出现头颈下垂和歪斜;当迷走神经受侵害时,可见嗉囊扩

图8.4 鸡马立克氏病
(神经型症状,"劈叉"姿势)

张和喘息;当腹部神经受侵害时则常有下痢。内脏型多为急性经过,主要表现鸡冠苍白、萎缩、消瘦、下痢、体重迅速减轻、病程短、突然死亡,病死率极高。眼型虹膜灰白色,瞳孔变小,边缘不整齐呈锯齿状,视力减弱或丧失。皮肤型多在颈、背、翅、腿和尾部形成大小不等的结节及瘤状物。

③剖检神经型的多见一侧坐骨神经和臂神经发炎、水肿,比正常增粗2～3倍,横纹消失(图8.5)。内脏型主要表现为各内脏器官(性腺、肝、脾、心、肺、腺胃、肠系膜等)中形成灰白色、质地坚硬的淋巴细胞性肿瘤,或使病变脏器弥漫性肿大,色泽变淡(图8.6)。

图8.5 一侧坐骨神经水肿、增粗

图8.6 鸡马立克氏病
(肝脏肿瘤)

2）实验检疫方法

主要包括病毒分离、琼脂扩散、免疫荧光和间接血凝试验等。

（1）**病毒分离与鉴定**

用肿瘤细胞、肾上皮细胞、脾和外周血液中的白细胞作病毒分离的材料。接种于1日龄或孵出后第1周内的雏鸡，严格隔离饲养观察。接种后经18～21 d，对接种鸡进行有关感染迹象的检查。感染的标志是神经或脏器中有肉眼或显微镜下的马立克氏病病变；在细胞培养物中分离出病毒；在羽毛囊中出现特异性抗原或病毒粒子（荧光抗体试验阳性）；或者在血液或血浆中的抗体检测试验（琼脂扩散）呈阳性结果。

（2）**血清学检查**

感染MDV的鸡产生的抗体可终生存在，所以可用血清学方法检测血清中的抗体。

①琼脂凝胶沉淀试验（AGP）。在试验中，血清抗体和MD抗原在琼脂中发生反应。

②免疫荧光（IF）试验。如果有已知抗原，可用免疫荧光（IF）试验来检测抗体；反之，若抗体已知，也可检测抗原。

③酶联免疫吸附试验（ELISA）。

④病毒中和试验。病毒中和试验用于检测感染鸡血清或血浆中的中和抗体。试验应用滴度约 10^3 PFU/ml 以 SPGA-EDTA 缓冲液稀释的细胞游离性病毒悬液进行。1份2倍或10倍稀释的血清或血浆和4份病毒悬液混合，37 ℃或室温孵育30 min。试验应设已知阳性和阴性血清对照。在2个24 h初代CK细胞培养皿内接种0.2 ml血清病毒混合物，吸附30 h，然后加入新鲜培养液，隔日更换1次。接种后6～8 d，计数空斑。血清滴度是引起病毒滴度至少降低50%（与阴性对照）的血清稀释率的对数。

3）**检疫处理**

检疫中，发现鸡马立克氏病时，应及时分群隔离，彻底淘汰病鸡、阳性鸡和可疑鸡，做好清洁、消毒和饲养管理。

8.1.4　鸡产蛋下降综合症

产蛋下降综合症是由禽腺病毒引起的鸡的一种病毒性传染病。其特征主要表现为鸡群产蛋量骤然下降，同时出现大量软壳蛋、畸形蛋、白皮蛋和沙皮蛋。

1）**临诊检疫要点**

①主要感染鸡，各品种鸡都易感，产褐壳蛋的鸡敏感性最高。主要侵害25～32周龄鸡，35周龄以上较少发病，幼龄鸡感染后不表现病状，只有在性成熟开始产蛋后才表现发病。水平传播较慢，且呈间断性。

②主要表现为无明显原因产蛋量骤然下降，一般减少20%～30%，严重者可达50%，同时蛋壳粗糙，壳色变浅，大量薄壳蛋、软壳蛋、无壳蛋、畸形蛋，蛋质下降。

③缺乏特征性病变。仅见生殖器官的炎症，如子宫及输卵管黏膜水肿，部分卵泡变性，卵黄松散，有的卵巢或输卵管萎缩。

2）**实验检疫方法**

（1）**病原分离和鉴定**

取病鸡的输卵管、子宫、卵巢等病料，经无菌处理后，以尿囊腔接种10～12日龄鸭胚。无菌收72～120 h死亡和存活的鸭胚尿囊液，测其血凝活性，如为阳性，即可确检；如为阴性,盲目传3代,仍为阴性者,判为阴性。

（2）血清学试验

①血凝抑制试验（HIT）。HIT是诊断EDS-76最常用的方法,多采用微量法。试验所用抗原以鸭胚或细胞培养制备,采用4个血凝单位（4HAU）的抗原,以PH7.2PBS配制1%（0.8%或0.5%）鸡红细胞悬液作指示系统,按微量常规方法进行。

②琼脂扩散试验（AGPT）。该法可用于检测EDS-76病毒抗原或抗体,但敏感性较HIT低。

③病毒中和试验（VNT）。EDS-76病毒能致CPE,并产生核内包涵体,这种作用可被特异性抗血清所中和,因此本法也用于检验EDS-76病毒抗原或血清抗体,而且其敏感性强,特异性高。

④酶联免疫吸附试验（ELISA）。至今国内外学者已建立了常规ELISA、竞争性ELISA和斑点ELISA（Dot-ELISA）用于EDS-76的诊断。

3）检疫后处理

对检出的病鸡应及时淘汰、急宰,剔除病变部分的胴体及内脏,经高热处理后利用,对同群其他鸡紧急免疫,并做全面彻底消毒。

8.1.5　鸡传染性支气管炎

鸡传染性支气管炎是由鸡传染性支气管炎病毒引起的鸡的一种急性、高度接触性传染病。其特征是病鸡咳嗽、喷嚏和气管发生罗音。在雏鸡还可出现流鼻涕,蛋鸡产蛋量减少和质量恶劣,肾病变型肾肿大,有尿酸盐沉积。

1）临诊检疫要点

①仅发生于鸡,各种年龄的鸡都可发病,但以雏鸡最为严重,发病率、死亡率均很高。一年四季均可发生,但冬季到早春期间多发,传播迅速,一旦发病,迅速蔓延全群。

②潜伏期36 h或更长一些。雏鸡看不到前驱症状而突然出现呼吸道症状,并迅速波及全群。病鸡伸颈张口呼吸,喷嚏,气管罗音,精神不振,羽毛松乱,翅下垂。产蛋鸡产蛋突然下降,出现畸形蛋、薄壳蛋、软壳蛋,蛋清稀薄如水样（图8.7）。肾型传支除轻微呼吸道症状外,还表现为白色米汤样稀粪,鸡爪干瘪,机体严重脱水。

图8.7　鸡传染性支气管炎
（畸形蛋、薄壳蛋、蛋色发白）

③剖检可见气管、支气管、鼻腔中有浆液性、卡他性或干酪性分泌物,气囊浑浊或含有黄白色纤维素性渗出物;产蛋鸡卵泡充血、变形,输卵管水肿,有的发育异常或萎缩（图8.8）。肾型病例肾脏肿大苍白,输尿管变粗,内有大量白色尿酸盐沉积（图8.9）,直肠后段沉积大量白色粪便。

2）实验检疫方法

（1）病毒分离

无菌取急性期病鸡气管渗出物和肺组织,制成悬浮液,双抗处理后,经尿囊腔接种于

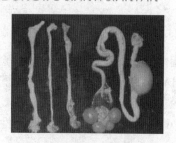

图8.8　鸡传染性喉气管炎
（输卵管萎缩，水肿）

图8.9　肾型传支
（肾脏肿大、苍白，内含大量尿酸盐）

10～11日龄的鸡胚，初代接种的鸡胚，孵化至19 d，可使少数鸡胚发育受阻，而多数鸡胚能存活，这是本病毒的特征。若在鸡胚中连续传代几次，则可使鸡呈现规律性死亡，并出现传染性支气管炎的典型病变。收集尿囊液再经气管内接种易感鸡，如有本病毒存在，则被接种的鸡在18～36 h后可出现病状，发生气管罗音。也可将尿囊液经1%胰蛋白酶37 ℃作用4 h，再作血凝及血凝抑制试验进行初步鉴定。

（2）血清学检验

①中和试验。中和试验是鉴定本病毒较为常用的方法，用已知的抗传染性支气管炎血清与新分离的被检毒株在9～11日龄鸡胚上进行中和试验。出现中和反应即可证实其同一性；否则，就说明是不同血清型的传染性支气管炎病毒或不是传染性支气管炎病毒。

②荧光抗体试验。本法常用于快速检测急性病鸡气管涂片中的传染性支气管炎病毒。在荧光显微镜下检查，如发现特异性荧光，即可诊断为本病。

③免疫琼扩试验。用已知病毒接种鸡胚，取受感染鸡胚的尿囊膜制备琼扩抗原。采集病鸡发病7 d后的血清，按常规做琼脂扩散试验。出现沉淀线（同时要有阴性对照）即可判为本病。

8.1.6　鸡传染性喉气管炎

鸡传染性喉气管炎是由传染性喉气管炎病毒引起的鸡的一种急性、高度接触性呼吸道传染病。其特征是：呼吸困难、咳嗽和咳出含血的分泌物，喉头和气管黏膜肿胀、出血和糜烂。

1）临诊检疫要点

①主要侵害鸡，不同年龄的鸡均易感，但以成年鸡多发。一年四季均可发生，秋末冬初多发。在易感鸡群内传播迅速，感染率可达90%，病死率10%～20%。

②潜伏期6～12 d，病鸡中以成年鸡症状最有特征。早期症状是鼻孔有分泌物，呼吸湿性罗音，继而咳嗽和喘气。严重病例呈现明显的呼吸困难（图8.10），咳出带血的分泌物，有的蹲伏在地，伸颈举头喘息，鸡冠发紫。检查口腔时，可见喉头有黄白色附着物，多因窒息而死亡。温和性病例，则生长发育不良，产蛋下降，有轻微的咳嗽和罗音，流泪，结膜炎，有的眶下窦肿胀，发病率低，多在10～14 d内恢复。

图8.10 鸡传染性喉气管炎
（病鸡呼吸困难）

图8.11 鸡传染性喉气管炎
（喉头、气管黏膜充血、出血）

③主要病变为喉头和气管黏膜充血和出血（图8.11）。喉头及气管黏膜肿胀、潮红、有针尖状出血点，并附着黏液性分泌物；有时这种分泌物呈干酪样假膜，可能将气管完全堵塞。炎症也可扩散至支气管、肺和气囊或眶下窦。比较缓和的病例仅见结膜和窦内上皮水肿和充血。

2）实验检疫方法

（1）**病毒的分离培养**

采取病鸡的喉、气管黏液或其组织悬液经抗菌素处理后，接种于9～11日龄鸡胚绒毛尿囊膜，接种后3～5 d，绒毛尿囊膜发生水肿并形成直径4～5 mm、边缘隆起、中心低陷的灰白色痘疱样坏死灶。

（2）**包涵体检查**

在疾病的早期，取病鸡的喉和气管黏膜上皮或有灰白色坏死灶的绒毛尿囊膜作包涵体检查，可见细胞核内包涵体。

（3）**血清学检查**

①琼脂扩散试验（AGDT）。气管抗原来源于死于 ILT 或出现症状后1周内扑杀的鸡，即以喉头、气管和肺支气管壁上收集的渗出物；若渗出物较干，可用生理盐水稀释。将制备好的抗原与特异性抗体，加入琼脂板孔中。若气管渗出物中的抗原浓度适当，则在抗原和抗体孔之间于24 h 内出现一条或多条沉淀线。

②病毒中和试验（VNT）。中和试验（NT）可检测 ILTV 抗原或抗体。将未经稀释的血清分别与10倍稀释的病毒液混匀，置室温1 h，然后接种9～12日龄鸡胚的 CAM 或 CEK 细胞培养，以此法可检出自然或人工感染鸡血清中的抗体。

③荧光抗体试验（FAT）。取发病后2～8 d 病鸡气管涂片或切片，用异硫氰酸荧光素标记的抗 ILT 特异性抗体进行直接或间接荧光抗体试验均可检出病毒抗原。在接种 ILTV 的 CEK 培养物中，接种后16 h，有些多核细胞的核周区内可见狭窄的荧光带。随着感染的进行，胞浆和胞核内均可见到荧光。

④酶联免疫吸附试验（ELISA）。Adair 等（1985 年）建立了 ELISA 法，于接种后7 d 可检出特异性抗体。该方法比病毒中和试验更敏感，是流行病学调查的理想方法。

3）检疫后处理

检疫中发现鸡传染性喉气管炎时，病鸡严格隔离并对症治疗；病死鸡剔除病变部分，

经高温处理后利用;同群假定健康鸡紧急免疫接种。

8.1.7 病毒性关节炎

鸡病毒性关节炎是由传染性关节炎病毒引起的鸡的一种关节异常性传染病。其特征是:肉仔鸡胫跗关节腱鞘肿胀、发炎,跛行。

1)临诊检疫要点

①只发生于鸡,各种日龄和品种的鸡均易发生,但多发于4~7周龄的鸡,尤其是肉用鸡多发。发病率高,但死亡率较低。有一定季节性,冬季多见,呈地方性流行或散发。

②潜伏期2~20 d,急性者跛行、蹲坐,不能起立走动。跗关节和跗关节上方小腿腱鞘明显肿胀,跗关节以下屈曲变形。较大的肉鸡可见到腓肠肌腱断裂,导致顽固性跛行,断腱部位上方皮肤肿胀和变色,慢性者腓肠肌腱肥厚或硬化。

③两腿炎性水肿。主要是足和胫部的关节囊和腱鞘水肿、充血或点状出血,关节腔内有淡黄色或白色渗出物。严重者关节硬固,软骨糜烂,腱和腱鞘粘连。

2)实验检疫方法

(1)病原检查

无菌采取病鸡关节囊和腱鞘内的渗出液或切开皮肤摘取关节囊及腱鞘作为病料,经处理后接种适龄鸡胚培养,一是观察死胚有无特征病变,二是电镜鉴定病毒,即可确诊。

(2)血清学检查

①荧光抗体染色试验。取被检鸡滑膜中的细胞,用荧光素标记的呼肠弧病毒抗体染色,荧光显微镜检查,呈现绿色荧光细胞者为阳性。

②琼脂扩散试验。可用鸡传染性关节炎标准阳性血清检查关节滑液中的未知病毒,也可用已知的鸡传染性关节炎病毒检查被检血清中抗体,出现沉淀线者为阳性。琼脂扩散试验是群特异性,所有血清型的呼肠弧病毒都能与标准阳性血清产生沉淀线。传染性关节炎病鸡感染后2~3周出现沉淀抗体,并可长期存在;但多数病鸡的抗体,可在4周内消失。故本法用于净化检疫时,应每月进行1次。

此外还有原代细胞培养试验、中和试验、蚀斑减数试验、雏鸡接种试验等。

3)检疫处理

检出鸡传染性关节炎时,病鸡立即隔离、淘汰。屠宰鸡割除病变,肉尸和内脏高温处理后利用。清除病鸡群的鸡舍、场地、用具彻底清扫,用碱性消毒液彻底消毒,空舍2~4周后方可进鸡。

8.1.8 鸡球虫病

鸡球虫病是由艾美尔球虫属各种球虫引起的鸡的一种流行性寄生虫病。其特征是贫血、消瘦、排出带有血液的粪便。分布很广,危害严重,不仅影响鸡的生长发育,而且可直接致鸡死亡。

1)临诊检疫要点

①10日龄以内的雏鸡发病较少,常在15~50日龄阶段暴发,发病率和死亡率都很

高。多发生于7—8月多雨潮湿季节,尤其饲料品质差、维生素A和维生素E缺乏、卫生不良、拥挤、通风不良、平养条件下更易发生。呈地方性流行。

②雏鸡多为急性型,闭目呆立、羽毛蓬松、双翅下垂,采食减少或拒食,排出红色血便并多带黏液。贫血消瘦,可视黏膜、鸡冠、肉垂苍白。多在5~7d衰竭死亡,病死率可达50%~80%;慢性型多见于2个月龄以上的幼鸡。症状较轻,病程可达数周至数月,表现为间歇性下痢,嗉囊积液,逐渐消瘦,足、翅发生轻瘫,产蛋鸡产蛋减少,肉鸡生长缓慢,死亡率低。

③剖检特点为出血性肠炎。急性病例多见盲肠充血肿大、黏膜出血(图8.12),外观呈棕红色,如腊肠状(图8.13),肠腔内充满血液或血凝块与脱落上皮形成的干硬栓塞物。慢性病例多见小肠黏膜有出血点以及灰白色粟粒状结节。

图8.12　鸡球虫病　　　　　　图8.13　鸡球虫病盲肠外观
（盲肠充血、肿大）　　　　　　（棕红色,如腊肠状）

2）实验检疫方法

病原学检查。取病鸡带血粪便涂片或病变部黏膜压片(或切片)镜检,能见到大量的球虫卵囊、裂殖体、裂殖子或配子体,卵囊呈圆形或卵圆形,囊壁光滑,由两层构成,内有一球状的深色原生质球。

3）检疫处理

检疫中发现球虫病时,立即隔离治疗;对同群雏鸡及早进行药物预防;彻底清除粪便、垃圾,更换垫料,改善饲养条件。对病死鸡及时焚烧或深埋。

8.1.9　鸭瘟

鸭瘟俗称"大头瘟",是由鸭瘟病毒引起的一种急性败血性传染病。其特征是:发热、两腿发软、瘫痪、下痢、流泪和部分病鸭头颈部肿胀;口腔、食管和泄殖腔黏膜有坏死性假膜或溃疡。

1）临诊检疫要点

①对不同年龄和品种的鸭均可感染,以番鸭、麻鸭易感性最高,北京鸭次之。自然流行中,成年鸭和产蛋母鸭发病率和死亡率较高,30日龄以内小鸭发病较少,有高度的接触传染性,传播迅速。以春夏和秋冬之交多见。呈地方性流行。

②潜伏期3~4d。病鸭体温升高至43℃以上,呈稽留热。精神委顿,食欲减少或不食,渴欲增加。头颈缩起,羽毛松乱,两腿发软,翅下垂;严重者静卧地上不愿走动,强行赶时见两翅拍地而行。眼流泪,初期流浆液性分泌物,眼周边羽毛沾湿,后流黏液性或脓

性分泌物,眼睑发生粘连。眼睑水肿,甚至外翻。眼结膜充血或小点状出血。有浆液性或黏液性鼻液。部分病鸭头颈肿大(图8.14),呼吸困难,叫声粗哑。病鸭下痢,排出绿色或灰白色稀粪。泄殖腔黏膜充血、水肿,严重者外翻,黏膜上覆有黄绿色假膜,不易剥离。病程2~5 d,病死率90%~100%。

图8.14 鸭瘟
(病鸭头部肿大)

图8.15 鸭瘟
(肝脏肿大、出血)

③剖检呈全身急性败血症变化,全身皮肤、黏膜、浆膜出血。头颈部肿胀的病例,肿胀部皮下组织有黄色胶样浸润。特征性病变是消化道黏膜炎症、出血和坏死。喉头和口腔黏膜有淡黄色假膜。气管黏膜有纵行排列的灰黄色假膜或小出血斑点,假膜易剥离,剥离后露出不规则鲜红色溃疡面。腺胃黏膜斑点状出血,与食道膨大部交界处有一灰黄色坏死带或出血带。肠黏膜充血、出血,以十二指肠和直肠最为严重。泄殖腔黏膜表面覆盖一层灰褐色或灰绿色坏死结痂,黏着牢固,不易刮下。肝脏肿大(图8.15),表面和切面有大小不等的灰黄色或灰白色坏死点。少数坏死点中间有小点出血,或其外围有环状出血。胆囊肿大,充满黏稠胆汁。脾脏表面和切面有大小不等的灰黄色或灰白色坏死灶。

2)实验检疫方法

临床上应用较多的是病毒分离和血清中和试验。

①禽类接种。采取病鸭肝、脾作组织悬液,加抗生素处理后,取1日龄易感SPF鸭,腿肌接种0.5 ml组织悬液。接种后3~12 d便可观察到鸭的发病和死亡,尸体剖检可见典型的DVE病变。病料接种细胞培养可鉴定病毒。对照组正常。

②鸭胚接种。某些DVE毒株可接种9~14日龄鸭胚绒毛尿囊膜来分离病毒。鸭胚接种病毒后4~10 d死亡,具有特征性的DVE病变。如果初次分离为阴性,可收获绒毛尿囊膜进一步盲传。

③血清学鉴定。DVE病毒的血清学鉴定可用免疫荧光法检定细胞培养中或冷冻组织切片中的病毒。微量中和试验可用鸭胚细胞进行,每孔加50个空斑形成单位的病毒。病毒与加热灭活的血清在37 ℃下作用30 min,接种细胞后48~72 h观察CPE。如果CPE 100%减少,该稀释度为阳性;如果效价为1∶8或更高,则为显著。

3)检疫后处理

检疫中发现鸭瘟时,普查整个鸭群,严格分群隔离,严禁出售和外调;对病鸭急宰,急宰后化制或销毁,血水、羽毛、粪便、废水应严格消毒和深埋;对污染的场所、用具等用石灰水或火碱消毒。对可疑鸭群、假定健康群及受威胁区的全部鸭群,立即用鸭瘟弱毒疫苗进行紧急预防接种。

8.1.10 鸭疫里默氏菌病

鸭疫里默氏菌病又称鸭疫巴氏杆菌病、鸭传染性浆膜炎,是由鸭疫巴氏杆菌引起的侵害雏鸭的一种急性或慢性败血性传染病。其特征是引起雏鸭纤维素性心包炎、肝周炎、气囊炎和关节炎,发病率和死亡率都很高,是危害我国养鸭业的一种重要传染病。

1)临诊检疫要点

①主要感染鸭,火鸡、鸡、鹅及某些野禽也可感染。在自然情况下,2~8周龄雏鸭易感,其中以2~3周龄鸭最易感。1周龄内和8周龄以上不易感染发病。在污染鸭群中,感染率很高,可达90%以上,死亡率为5%~80%。鸭群密度大,空气不流通,地面潮湿,饲料蛋白质不足、微量元素缺乏,易造成本病的发生与流行。无明显季节性,一年四季均可发生,春冬季多发。

②潜伏期1~3 d,有时可长达7 d。最急性病例常无明显症状突然死亡。急性病例可见嗜眠、缩颈、喙抵地面、腿软、不愿走动、行动迟缓、共济失调、食欲减退或不食。眼鼻有浆液性或黏液性分泌物,常使两眼周围羽毛粘连脱落,粪便稀薄并呈绿色或黄绿色;濒死期出现神经症状,如摇头、点头或背脖,两肢伸直呈角弓反张状态。进而出现全身痉挛性抽搐,很快死亡。病程1~2 d。亚急性或慢性病程较长,主要表现为精神沉郁、食欲减退、腿软卧地、不愿走动,进而出现运动失调,痉挛性点头或摇头摆尾,前仰后翻,呈仰卧姿势,有的头颈歪斜,转圈,后退行走,病鸭消瘦,呼吸困难,最后衰竭死亡。

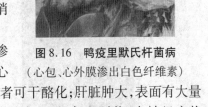

图8.16 鸭疫里默氏杆菌病
(心包、心外膜渗出白色纤维素)

③特征性病变是内脏浆膜面上有纤维素性炎性渗出物,以心包炎、肝周炎和气囊炎为主。可见心包及心外膜表面有大量黄白色纤维素渗出(图8.16),病程长者可干酪化;肝脏肿大,表面有大量纤维素膜覆盖;气囊增厚,不透明,有纤维素覆盖;脾脏肿大,呈红灰斑驳状;有神经症状的,脑膜充血、出血、水肿,慢性病例可见跗关节肿胀,内有乳白色黏稠关节液。

2)实验检疫方法

①形态学检查。取心、肝、脾涂片,进行革兰氏或瑞氏染色、镜检,见革兰氏阴性小杆菌,有的呈长丝状,瑞氏染色时两极浓染特征。

②分离培养。无菌方法取心脏、肝、脾组织液或血液分别接种于血液琼脂平板、麦康凯琼脂平板、巧克力琼脂平板,置于烛缸中,放入37 ℃温箱培养;48 h后,该菌在麦康凯培养基上不生长,血液琼脂和巧克力琼脂上可见直径2~3 mm圆形隆起、奶油色的细小菌落。挑单个菌落染色镜检,形态同上。

③动物试验。将巧克力培养基的菌落用生理盐水洗下,制成悬浊液,接种于7日龄健康小鸭,对照组4只,试验组织4只,试验组按每只鸭0.5 ml剂量肌注。对照鸭接种等量生理盐水,接种后连续观察1周,试验鸭在接种2~3 d后出现类似自然病例的临床症状,并在2~3 d内死亡。剖检与自然病变基本一致。

3)检疫处理

发现病鸭时,立即采取隔离措施,病死鸭深埋。同群受威胁鸭立即在饲料中添加抗

菌素药物,以控制发病;同时,也可用鸭疫里默氏杆菌灭活菌做紧急接种。清除病鸭排出的粪便,对鸭舍、饲槽、水槽及活动物场所进行彻底消毒。

8.1.11　鸭病毒性肝炎

鸭病毒性肝炎是由鸭病毒性肝炎病毒引起的鸭的一种急性、高度致死性、烈性传染病,发病突然、传播迅速。其特性是角弓反张、快速死亡、肝肿大且表面有出血斑点。

1)临诊检疫要点

①本病仅雏鸭易感,日龄越小易感性越高。主要发生于1~3周龄的雏鸭,特别是5~10日龄的雏鸭发病最严重,成年鸭感染后多不发病。发病急、传播快、死亡率高。多发生于孵化雏鸭的季节。饲养管理不良,缺乏维生素和矿物质,鸭舍潮湿、拥挤,均可促进本病的发生。

②潜伏期短,一般为1~4 d,最短的18~24 h。雏鸭突然发病,精神萎靡、废食、行动迟缓、不久则不能走动,眼半闭呈昏迷状态。有的腹泻,粪便稀薄带绿色。很快出现神经症状,运动失调,倒地,下肢痉挛性反复踢蹬。有时在地上旋转,濒死前头向后仰,腿向后伸直,角弓反张(图8.17),很快死亡。病理1~2 d,有些病雏鸭发病急骤,常见不到任何症状,突然倒地死亡。

③剖检,肝肿大、质地柔软,外观呈淡红色或花斑状(图8.18),表面有出血点或出血斑;胆囊肿大,充满胆汁;脾有时肿大,外观也可见斑驳状。多数病例肾脏充血、肿胀。

图8.17　鸭病毒性肝炎
(病死鸭头向后仰、角弓反张)

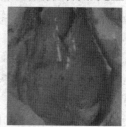

图8.18　鸭病毒性肝炎
(肝肿大,呈花斑)

2)实验检疫方法

(1)病原检查

①采取病鸭肝,制成悬液,加抗生素处理后经皮下或肌肉接种于1~7日龄敏感鸭,出现特征性临床症状,通常在24 h内死亡;小鸭出现I型DHV感染的病变,并能从肝脏中分离到病毒。

②将肝匀浆系列稀释后经尿囊腔接种10~14日龄来源于无I型DHV鸭群的鸭胚或8~10日龄鸡胚,I型DHV感染鸭胚在24~72 h内死亡,鸡胚的反应不定,通常在5~8 d死亡。肉眼观察有胚矮小和全身皮下出血、水肿,尤其是腹部和两腿部。胚胎肝脏肿胀、红黄色,并有坏死灶;时间较长后死亡的胚肝病变和矮小更为明显。随着病毒的传代次数增加,胚体死亡时间缩短并且较为集中,病变更为明显。

(2)血清学鉴定

已有许多种血清学试验可用于病毒的鉴定。

①取 1~7 日龄易感鸭经皮下注射 1~2 ml Ⅰ型 DHV 特异性高免血清或卵黄抗体,24 h 后肌肉或皮下注射 0.2 ml 病毒液。另设对照组为不注射抗体而攻毒方法相同。根据试验组存活 80%~100%,而对照组死亡 80%~100%,可判为 Ⅰ型 DHV 感染。

②分别取 1~7 日龄对 Ⅰ型 DHV 敏感和有 Ⅰ型 DHV 母源抗体的雏鸭经肌肉或皮下注射 0.2 ml 病毒分离物,根据敏感鸭 80%~100% 死亡而有母源抗体鸭 80%~100% 存活可作出鉴定。

3)检疫后处理

检疫中发现鸭病毒性肝炎时,立即隔离封锁,对鸭群注射高免血清或康复鸭血清。对死亡雏鸭尸体焚烧深埋,污染物、排泄物彻底清除,对鸭舍用 10%~20% 石灰乳液或 5% 漂白粉溶液消毒。

8.1.12　小鹅瘟

小鹅瘟是由小鹅瘟病毒引起雏鹅的一种急性、败血性传染病。其特征以渗出性肠炎为主要病理变化,小肠黏膜发生坏死脱落,形成栓子。临床表现下痢和神经症状。

1)临诊检疫要点

①只感染鹅,易感性随日龄的增加而降低。出壳 3~5 d 后开始发病,7~10 d 达到发病和死亡高峰,以后逐渐下降;1 月龄以上的鹅极少发病。呈一定的周期性流行,规模饲养的地方 2~3 年流行 1 次,发生于孵化季节。

②潜伏期 3~5 d,最急性型常见于 1 周龄以内的雏鹅,无前驱症状而突然出现死亡;稍缓和的见精神呆钝、衰弱,倒地两脚划动,不久即死亡。1~2 周龄的雏鹅,常呈急性型,精神不振、厌食、喜饮水,排出绿色或黄白色混有气泡的稀粪。呼吸用力,鼻孔流出浆液性分泌物。病程 1~2 d,临死前可两腿麻痹或抽搐。亚急性型多见于 15 日龄以上的雏鹅,以委顿、消瘦和拉稀为主要症状,病程 3~7 d。

③剖检病变主要集中在小肠中下段,外观膨大,质地坚实,如香肠状,肠黏膜发炎,弥漫性出血,有坏死灶,肠腔内有大量渗出物和带条状伪膜脱落,小肠下段黏膜变薄,内有香肠样灰白色塞子堵塞肠管,塞子直径约 2 mm,长度 2~5 cm 不等。病程长的,栓塞物变硬并呈深褐色,肝脏肿大、质脆、呈微黄色,表面可见小米粒大的出血斑点和坏死灶。

2)实验检疫方法

①病原检查。采取病鹅血液或肝等病料,双抗处理后接种 12~14 日龄鹅胚,观察胚体病变。典型病变主要为绒毛膜水肿,胚体皮肤充血、出血、水肿,心肌变性。有的肝变性,出现坏死灶。

②中和试验。用已知的抗小鹅瘟血清,加不同稀释倍数的病毒培养液等量,分别接种鹅胚做中和试验。每毫升高免血清能中和 1 000~1 500 个鹅胚半数致死量,则可确诊为小鹅瘟病毒。

③雏鹅接种。取接种病料 5~7 d 期间死亡鹅胚尿囊液,接种于 7~10 日龄左右的雏鹅,同时用已注射过抗小鹅瘟血清的雏鹅作对照,如试验鹅发病死亡,对照鹅不出现症状,即可诊断为小鹅瘟。

④免疫荧光技术。GP 特异性荧光颜色是黄绿色,在组织细胞核中呈颗粒状或由颗

粒形成的斑块,在组织中呈局灶性或散在性分布。确定特异荧光后,根据其亮度判定等级,以出现耀眼黄绿色特异荧光时判为"++";出现清晰可见的黄绿色荧光时判为"+";出现隐约可见的黄绿色荧光时判为"±";未见到特异荧光颗粒时判为"-";最终判定,"+"以上者判为 GP 阳性,"±"以下者判为阴性。

3)检疫后处理

检疫中发现小鹅瘟病时,病鹅立即注射小鹅瘟抗血清,对死鹅尸体销毁;发生本病的孵坊立即停止孵化,将设备、用具及房舍彻底消毒后再孵化。对正在孵化的种蛋连同孵化器,立即用福尔马林熏蒸消毒 15 min,对受威胁的小鹅作紧急免疫。

8.2 禽常见疫病的鉴别检疫要点

8.2.1 鸡以败血症状为主的疫病

以败血症为主的鸡急性疫病有禽流感、鸡新城疫、鸡霍乱、鸡沙门氏菌病,大肠杆菌病。

1)初步鉴别

(1)头部、冠、髯肿胀

①脚鳞出血——禽流感。

②脚鳞不出血——鸡霍乱。

(2)头部、冠、髯不肿

①有神经症状——鸡新城疫。

②无神经症状:

排白色糊状粪便——沙门氏菌病。

排黄色或水样粪便——大肠杆菌病。

2)临诊鉴别要点

①禽流感。多种家禽、野禽和水鸟均可感染,发病率和死亡率均高。季节性明显,一旦发生往往形成地方性流行或大流行。潜伏期与病程均比新城疫短。冠髯发紫,头面水肿,脚鳞出血。产蛋量下降程度比新城疫大,但神经症状不如新城疫显著。全身黏膜、浆膜出血、皮下水肿胶样浸润较新城疫明显,但肠黏膜没有溃疡。

②鸡新城疫。主要侵害鸡,水禽不发病。高度接触性传染病,发病率和病死率都很高。嗉囊积液、呼吸困难、咳嗽、怪叫、排黄绿色稀粪,有神经症状,翅膀麻痹。全身浆膜、黏膜充血、出血,腺胃乳头出血,肠黏膜有纤维素性坏死和溃疡,盲肠扁桃体肿大、出血、坏死。

③鸡霍乱。鸡和鸭均可感染发病,成年体肥家禽最易感,传播速度较新城疫缓慢,但病程短促,死亡急,致死率高。冠髯发绀、肿胀、腹泻,而无神经症状。心冠脂肪、腹部脂肪点状出血,肝脏肿大有灰白色坏死点,卵泡充血、出血,十二指肠出血性炎症。涂片镜检,可见两极浓染的巴氏杆菌。

④沙门氏菌病。败血型的鸡白痢、伤寒、副伤寒,主要发生于1月龄以内的雏鸡,散发或地方性流行。沉郁、倦怠、不食、腹泻、生长不良;肝肿大,色发黄,有条纹状出血或呈铜绿色。卵黄吸收不良,心肌、肺脏、肌胃、盲肠有较大的灰白色结节。

⑤大肠杆菌病。败血型大肠杆菌病多发生于雏鸡和青年鸡,精神沉郁、羽毛蓬乱、离群呆立,严重者腹泻,有的无症状突然死亡。纤维素性的心包炎、肝周炎、腹膜炎、气囊炎。

8.2.2　鸡呼吸器官症状明显的疫病

鸡呼吸器官症状明显的疫病主要有鸡新城疫、鸡传染性鼻炎、鸡传染性支气管炎、鸡传染性喉气管炎、鸡败血霉形体病、鸡曲霉菌病、白喉型鸡痘、鸡霍乱等。

1)初步鉴别

(1)鸡鸭都感染发病

禽霍乱。

(2)主要是鸡感染发病

①2周龄以内的雏鸡最严重——鸡传染性支气管炎。
②主要侵害1月龄内幼鸡——鸡曲霉菌病。
③主要侵害1~2月龄幼鸡——鸡败血霉形体病。
④主要侵害2~3月龄青年鸡——鸡传染性鼻炎。
⑤主要侵害青年鸡和成年鸡——鸡传染性喉气管炎。
⑥各种年龄的鸡均感染——鸡新城疫。

2)临诊鉴别要点

①鸡新城疫。各种年龄的鸡均可感染。嗉囊积液,排黄绿色稀粪,有扭头转脖、翅膀麻痹、偏瘫等神经症状。腺胃乳头出血和小肠的出血性纤维素性炎症,局部坏死或溃疡;盲肠扁桃体的肿胀、出血和坏死。

②鸡传染性鼻炎。主要发生于2~3月龄青年鸡的一种急性呼吸道传染病。潜伏期短、传播迅速、发病率高、死亡率低。鼻腔和鼻窦发生炎症、喷嚏、浆液性或黏液性鼻液、流泪、眼结膜发炎、眼睑肿胀,严重者面部、肉髯水肿、鼻腔、鼻窦黏膜充血肿胀,有大量黏液和炎性渗出物的凝块,脸部及肉髯皮下水肿。

③传染性支气管炎。主要侵害15日龄以内的雏鸡,传播速度快,迅速波及全群。呼吸困难、气管罗音、咳嗽、喷嚏。肾脏被侵害时,可见大量白色或水样稀便。气管、支气管、鼻腔有多量灰白色或黄白色黏性渗出物。气管下段及支气管有黄白色浓稠渗出物或干酪样栓子,肾型可见肾肿大、苍白、充满尿酸盐。

④传染性喉气管炎。主要侵害青年鸡和成年鸡,传播速度较传染性支气管炎慢。呼吸道症状较传染性支气管炎严重。病鸡严重的,呼吸困难、伸颈、张口、咳嗽、喘鸣、怪叫,咳嗽时咳出带血的黏液或血凝块,流泪、结膜炎、冠髯暗红或发紫。喉头及气管上1/3严重充血、出血,充满混有血凝块的黏液或有黄白色纤维素性假膜。

⑤鸡败血霉形体病。主要侵害4~8周龄的幼鸡,呈慢性经过,多见于冬春寒冷季节。病鸡流鼻液、打喷嚏、咳喘、气喘、呼吸罗音、鼻腔和眶下窦中蓄积分泌物,眼睑肿胀,

流出带有泡沫的分泌物;严重时眼部突出,内蓄积多量干酪样渗出物,常造成一侧或两侧失明。气囊肥厚浑浊,囊壁附有黄白色渗出物,或囊腔中充积大量黄色干酪样物。

⑥鸡曲霉菌病。主要侵害1月龄以内的幼鸡。呼吸困难,张口喘气,无气管罗音,后期腹泻。肺和气囊有灰白色或淡黄色的霉斑结节,内含干酪样物,硬如橡皮。

⑦白喉型鸡痘。主要侵害雏鸡。病鸡呼吸困难,吞咽障碍,严重者窒息死亡。口腔和咽喉部黏膜有黄白色假膜。

⑧鸡霍乱。鸡鸭都易感染发病。发病急,常突然死亡。腹泻,黄绿或水样稀粪,冠髯肿胀。肝表面有弥漫性灰白色坏死点,心冠和十二指肠出血显著。

8.2.3 鸡有神经症状的疫病

鸡有神经症状的疫病主要有鸡传染性脑脊髓炎、鸡马立克氏病、鸡新城疫、禽流感等。

1)初步鉴别

(1)主要侵害中小鸡

①主要侵害1~4周龄雏鸡——鸡传染性脑脊髓炎。

②主要侵害2~5月龄鸡——鸡马立克氏病。

(2)各种年龄的鸡均感染

①病程短,1~3 d以内——禽流感。

②病程长,2~9 d以上——鸡新城疫。

2)临诊鉴别要点

①鸡传染性脑脊髓炎。主要侵害1~4周龄雏鸡,以共济失调与头颈快速震颤为特征,初期精神不振,不愿走动;随后共济失调,步态异常,受惊吓时不能行走、拍打翅膀,以跗关节和胫关节着地行走,头颈部震颤。无明显病变,仅见脑部轻度充血,肌胃和肌层出现灰白区。

②马立克氏病。主要侵害2~5周龄鸡,神经症状常呈一腿朝前一腿朝后的"劈叉"姿势,机体消瘦,发育不良。外周神经尤其是单侧坐骨神经水肿、增粗,内脏器官有肿瘤。

③鸡新城疫。神经症状呈仰头、转脖、旋转、倒退、翅膀麻痹、偏瘫,还表现明显的呼吸道症状和下痢,腺胃乳头出血和小肠局限性出血性纤维素性坏死性炎症和溃疡等。

④禽流感。除神经症状呈兴奋抽搐或瘫痪外,还有头部水肿,浆膜、黏膜和脂肪组织出血,肠黏膜无溃疡。

8.2.4 鸡腹泻症状显著的疫病

鸡腹泻症状显著的疫病有鸡新城疫、禽流感、鸡霍乱、鸡沙门氏菌病、大肠杆菌病、鸡传染性法氏囊病、鸡球虫病等。

1)初步鉴别

(1)呼吸困难严重

①有神经症状——鸡新城疫。

②无神经症状——鸡霍乱。

（2）呼吸困难较轻

①排黄、白、绿色稀粪——禽流感。

②排黄白色或水样稀粪——鸡大肠杆菌病。

③排白色糊状粪便——鸡沙门氏菌病。

（3）无呼吸困难

①腹泻，粪中带血——鸡球虫病。

②腹泻，粪中无血——鸡传染性法氏囊病。

2）临诊鉴别要点

①新城疫、禽流感。见本节的临诊鉴别的有关内容。

②鸡霍乱。高温高湿季节多发，体肥高产母鸡多见，发病急、死亡快，呼吸困难，剧烈腹泻，粪便黄绿色。皮下组织、心冠脂肪、腹部脂肪、肠浆膜、肠黏膜等处有大小不等的出血点；肝脏肿大质脆，表面针尖大小的灰白色坏死灶。

③鸡沙门氏菌病。主要侵害雏鸡。白色黏稠糊状粪便，有的张口呼吸。卵黄吸收不良，肝脏肿大质脆、有条纹状出血，心肌、肺脏、肌胃有灰白色结节，盲肠有灰白色的干酪样栓子，肾肿大，输尿管充满白色尿酸盐。

④大肠杆菌病。肠炎型大肠杆菌病鸡顽固性腹泻，排出黄白色或水样稀粪，肛门下方羽毛污秽、粘连。小肠卡他性炎症。

⑤鸡传染性法氏囊病。多发于3～6周龄的雏鸡，突然暴发，传播迅速，发病率和死亡率均高。自啄肛门，饮水量大增，精神委顿，排出白色糊状或水样粪便，迅速衰竭死亡。胸肌、腿肌条纹状出血，法氏囊水肿、出血或萎缩，肾脏肿大充满白色尿酸盐。

⑥鸡球虫病。对3～6周龄和10～14周龄雏鸡危害严重。精神沉郁、羽毛松乱、闭目缩颈，排出带有血液的稀粪。盲肠高度肿大，呈暗红色或黑红色，内有大量鲜红色或暗红色血液或血凝块；小肠浆膜上有大小不等的出血点或灰白色斑点。

8.2.5　鸡有肿瘤的疫病

鸡有肿瘤的疫病主要有鸡马立克氏病和鸡淋巴性白血病。

1）初步诊断

①主要侵害2～5月龄鸡——鸡马立克氏病。

②主要侵害5月龄以上鸡——鸡淋巴性白血病。

2）临诊鉴别要点

①鸡马立克氏病。外周神经常被侵害，腿、翅或颈部发生麻痹或不全麻痹，眼的虹膜浑浊呈灰色，皮肤、肌肉可能出现肿瘤，法氏囊常见萎缩。外周神经水肿、增粗。浸润细胞主要是成熟或未成熟的淋巴细胞。

②鸡淋巴性白血病。外周神经、眼、皮肤、肌肉不被侵害。法氏囊受侵害，肿大、有结节状肿瘤。瘤细胞常为一致的淋巴母细胞组成。

8.2.6　鸭急性死亡的疫病

鸭急性死亡的疫病主要有鸭流感、鸭瘟、鸭病毒性肝炎、鸭霍乱、鸭传染性浆膜炎、鸭副伤寒等。

1)初步鉴别

(1)仅鸭发病

①主要感染雏鸭——鸭病毒性肝炎。

②主要感染成年鸭——鸭瘟。

(2)鸡鸭鹅都感染

①主要感染 1～2 周龄雏鸭——鸭副伤寒。

②主要感染 2～4 周龄雏鸭——鸭传染性浆膜炎。

③主要发生于成年鸭——鸭霍乱。

④各种年龄均可感染——鸭流感。

2)临诊鉴别要点

①鸭流感。鸭、鹅均可感染,尤以 1 月龄以内的雏鸭和鹅最敏感,病死率高。病鸭沉郁、流泪、流鼻涕、呼吸困难,排黄白或青绿色稀粪,后期有神经症状、麻痹。全身呈败血症变化,全身浆膜、黏膜出血,胰腺表面有大量针尖大小的黄白色坏死状,心肌有白色条纹状坏死。

②鸭瘟。主要发生于鸭,鸡不感染。成鸭的发病率和死亡率均高于 1 月龄以内雏鸭。高热,流泪,下痢,头颈部肿大,两腿发软无力,口腔、食管、泄殖腔黏膜有坏死性假膜和溃疡,小肠出血,肝脏表面或切面有大小不等的灰白色坏灶。

③鸭病毒性肝炎。仅发生于鸭,鸡和鹅均不感染发病,以 5～10 日龄雏鸭最严重,发病突然、传播迅速、病程短、病死率高。精神委顿,运动失调,全身痉挛,角弓反张。肝脏肿大、质脆、颜色变淡或发黄,表面有大小不等的出血斑点。

④鸭霍乱。鸡、鸭、鹅都发病,发病和死亡都快,常在头一天晚上很正常,而在第二天早上突然发生大量死鸭。病鸭衰弱,咽喉有多量分泌物,呼吸困难,甩头,排腥臭的灰白或铜绿色稀粪,瘫痪、不能行走。心冠脂肪、腹腔脂肪和浆膜有点状出血,十二指肠呈卡他性出血性肠炎,肺出血。肝脏肿大、古铜色、质脆,表面有许多白色、针尖大的坏死灶。消化道无假膜或溃疡。

⑤鸭传染性浆膜炎。主要侵害 2～4 周龄雏鸭,发病较急、衰弱、腿发软、眼结膜炎、排黄绿色稀便,临死前角弓反张,浆膜渗出性炎症,主要在心包膜、肝和气囊的表面有纤维素性渗出物,气囊厚、浑浊。

⑥鸭副伤寒。鸡、鸭、鹅都发病,孵出后不久感染或鸭胚感染的呈急性败血症经过,常在数天内不出现任何临床症状而大批死亡。精神沉郁、腿软、下痢、粪便灰白色,头部颤抖,眼结膜发炎、流泪。肝脾肿胀,表面有针尖大小的灰黄色坏死灶。心包积液、增厚,肝表面有纤维素渗出物。盲肠膨大,内有干酪样栓子。直肠黏膜发炎、肿胀。

8.2.7 鹅急性死亡的疫病

鹅急性死亡的疫病有小鹅瘟、鹅流行性感冒、雏鹅副伤寒、鹅巴氏杆菌病等。

1)初步鉴别

①多发生于1~2周龄雏鹅——小鹅瘟。

②多发生于1~4周龄雏鹅——鹅副伤寒。

③多发生于1月龄前后雏鹅——鹅流行性感冒。

④大小鹅都发生——鹅巴氏杆菌病。

2)临诊鉴别要点

①小鹅瘟。仅感染鹅,主要侵害5~15日龄的雏鹅,发病率和死亡率均高,成年鹅和其他家禽不发病。病鹅衰弱、消瘦,排出黄白色或黄褐色水样稀粪。小肠中下段肠腔内有栓塞物或带状凝固物。

②鹅流行性感冒、鹅副伤寒、鹅巴氏杆菌病见8.2.6鸭流感、鸭副伤寒、鸭霍乱的相关内容。

复习思考题

1.以败血症症状为主的疫病有哪些?如何鉴别?

2.鸡新城疫临诊检疫要点是什么?

3.怎样鉴别以腹泻为主的鸡疫病?

4.怎样鉴别有神经症状的鸡疫病?

5.怎样鉴别鹅急性死亡的疫病?

6.怎样鉴别鸭急性死亡的疫病?

实训指导1 鸡新城疫的检疫

1.实习内容

①新城疫病的临诊检疫要点。

②新城疫病的实验室检疫方法。

2.目的要求

①熟悉新城疫的临场检疫方法。

②掌握新城疫的实验室检疫技术。

3.设备和材料

待检病鸡、健康鸡、9～11日龄鸡胚、生理盐水、新城疫抗原、3.8%枸橼酸钠、注射器、针头、吸管、离心管、小试管、试管架、手术剪、镊子、青霉素、链霉素、酒精棉球、碘酒棉球、酒精灯、石蜡、蛋托、照蛋器、96孔V型反应板、50 ml定量移液器、血细胞振荡器、稀释棒、离心机、天平等。

4.方法

1)临诊检疫

①流行病学调查。询问饲养人员,了解鸡群的接种情况、发病时间、发病率、死亡率以及药物治疗情况。

②临诊症状。根据所学过的新城疫的症状进行仔细观察,特别要注意神经症状、呼吸道症状和消化道症状。

③剖检诊断。对疑为新城疫死亡的鸡进行剖检,结合学过的知识注意观察特征性的病理变化,如腺胃乳头出血、小肠的岛屿状溃疡等。

2)实验室检疫

(1)病毒的分离培养

以无菌操作采取早期病例的脾、脑或肺,研磨,加入10倍灭菌生理盐水制成悬液,并按每毫升悬液加入青霉素、链霉素各1 000 IU,在4 ℃冰箱中放置2～4 h后离心沉淀,取上清液0.1～0.2 ml,接种于9～11日龄鸡胚的尿囊腔内,接种后每日观察2次,取24～48 h内死亡的鸡胚置4 ℃冰箱内过夜,次日取出鸡胚收集其尿囊液,并观察病变。尿囊液应清朗,胚体无腐败,头、翅和趾出血明显。尿囊液备用。

(2)血凝(HA)和血凝抑制(HI)试验

①血凝试验。新城疫病毒能凝集鸡的红细胞,取上述尿囊液看是否有血凝性。操作方法,详见表8.1。

表8.1 NDV—HA 微量法 单位/μl

孔 号	1	2	3	4	5	6	7	8	9	10	11	12
病毒稀释倍数	2^1	2^2	2^3	2^4	2^5	2^6	2^7	2^8	2^9	2^{10}	2^{11}	对照
生理盐水 病毒液 0.5%红细胞 悬液	50 50 50	50 50 50	50 50 50	50 50 50	50 50 50	50 50 50	50 50 50	50 50 50	50 50 50	50 50 50	50 50 50	50 弃50 50

结果判定及记录:

振荡30 s,置37 ℃温箱20 min后观察。

"+"表示红细胞完全凝集。红细胞凝集后完全沉淀于反应孔底,呈颗粒状,边缘不整齐或呈锯齿状,而液体中无悬浮的红细胞。

"－"表示红细胞未凝集。反应孔底部的红细胞没有凝集成一层,而是全部沉淀成小圆点,位于小孔最底端,边缘水平。

"±"表示可疑。红细胞下沉情况介于"＋"与"－"之间。

能使红细胞发生完全凝集的病毒最高稀释倍数为病毒的凝集价。新城疫病毒的凝集价多在64倍以上。

②血凝抑制(HI)试验。

用已知的免疫血清鉴定病毒。应注意的是,在操作时用已知的抗原及被检病毒(尿囊液),分别和同一份阳性血清(免疫血清)做血凝抑制试验,当测得的抗体效价相一致,才能证明被检病毒为新城疫病毒。

用已知的抗原测发病鸡血清抗体。本法不适合于急性病例,通常在感染后的 5～10 d 或出现症状 2 d 以后,血清中的抗体才能达到一定的水平。当病鸡或康复后的鸡血清抗体水平超过 1 000 倍以上,可判为新城疫感染。

表8.2　NDV—HI 微量法　　　　　　　　　　　　　　单位/μl

孔　号	1	2	3	4	5	6	7	8	9	10	11	12
病毒稀释倍数	2^1	2^2	2^3	2^4	2^5	2^6	2^7	2^8	2^9	2^{10}	病毒对照	盐水对照
生理盐水 免疫血清 4 单位病毒	50 50 50	50 50 50	50 50 50	50 50 50	50 50 50	50 50 50	50 50 50	50 50 50	50 50 50	50 50 50	50 弃50 50	50
置37 ℃恒温箱内作用 5～10 min												
0.5%红细胞悬液	50	50	50	50	50	50	50	50	50	50	50	50

结果判断和记录:

"－"表示红细胞不凝集。高浓度的新城疫病毒抗血清能抑制新城疫病毒对鸡红细胞的凝集作用,使反应孔中的红细胞呈圆点状沉淀于反应孔底端中央,而不出现血凝现象。

"＋"表示红细胞完全凝集。随着血清被稀释,它对病毒血凝作用的抑制减弱,反应孔中的病毒逐渐表现出血凝作用,而最终使红细胞完全凝集,沉于反应孔底层,边缘不整齐或呈锯齿状。

"±"表示可疑。红细胞下沉情况介于"－"与"＋"之间。

(3)中和试验

用鸡胚作中和试验是新城疫病诊断的可靠方法。常用已知的抗体血清和被检病毒等量混合作用,然后接种鸡胚,并设对照组(只接种病料)。如果对照组死亡而试验组健活,则可判为新城疫。

5.实训报告

①鸡新城疫的临诊检疫要点有哪些?

②记录新城疫实验室检疫的内容及结果,并进行判定。

实训指导2　鸡白痢的检疫

1. 实习内容

①鸡白痢病的临诊检疫要点。
②鸡白痢病的实验室检疫方法。

2. 目的要求

①熟悉鸡白痢的临诊检疫方法。
②掌握实验室检疫技术,学会鸡白痢全血平板凝集试验的操作方法,熟悉判定标准及注意事项。

3. 设备和材料

清洁玻璃板、玻璃铅笔、不锈金属丝环、接种环、针头、乳头滴管、酒精灯、吸管、小试管、试管架、酒精棉球、火柴、培养基、显微镜、恒温箱、鸡白痢全血平板凝集抗原和血清凝集抗原,鸡白痢阳性血清和阴性血清、灭菌生理盐水、70%酒精等。

4. 方法

1)临诊检疫

①流行病学调查。询问鸡群的饲养管理及发病情况。
②临诊症状。根据已学的鸡白痢的症状进行仔细观察,特别注意其消化道症状。
③剖检诊断。对病死鸡进行剖检,结合学过的知识注意观察特征性的病理变化,如肝脏的坏死灶及肺、盲肠、肌胃的白痢结节。

2)实验室检疫

(1)全血平板凝集反应

①抗原。为每毫升含100亿菌的悬浮液,其中有柠檬酸钠和色素。
②操作方法。
首先,将玻璃板擦拭干净,用玻璃铅笔划成1.5~2 cm的小方格,并编号。
然后,将抗原充分振荡后,用吸管吸取1滴(约0.05 ml),于玻板的小方格里,随即用针头刺破被检鸡冠或翼下静脉,用不锈钢丝环取血一满环(0.02~0.04 ml),立即与小方格内抗原混匀,扩散至2 cm,置20 ℃下或在酒精灯上微加温,2 min内判定结果。
③判定标准。
阳性反应(＋):2 min内出现明显颗粒或块状凝集。
阴性反应(－):2 min内不出现凝集或呈均匀一致的微细颗粒或边缘由于干涸形成

的细絮状物。

可疑反应(±):2 min 内呈不明显凝集。

④注意事项。

第一,本试验只适用于 2 月龄以上的鸡的检疫,对 2 月龄以下的鸡敏感性较差,不适用。

第二,反应应在 20 ℃左右下进行,检疫开始时,必须用阳性和阴性血清对照。

第三,操作用过的用具(采血针、不锈钢丝环等),经消毒后方可再用。

第四,操作前应认真阅读生物制品厂本抗原使用说明书,按规定进行。

(2)血清平板凝集反应

①抗原。同上抗原,不加稀释。

②操作方法。在玻板上滴一滴血清和一滴抗原,混匀,30~60 s 出现凝集反应者为阳性。试验应在 10 ℃以上室温中进行。

(3)血清试管凝集反应(单管法)

①抗原。每毫升含菌 10 亿个。

②操作方法。采鸡血分离血清,吸取血清 0.02 ml 于小试管内,加上述抗原 1 ml 与血清混合,置 37 ℃下 24 h,再在室温放置 12~24 h,发生凝集者为阳性反应。

5. 实训报告

①鸡白痢临场检疫的方法有哪些?

②鸡白痢实验室检疫的方法、操作步骤和制订标准是什么?

③进行鸡白痢全血平板凝集试验应注意哪些问题?

第9章
其他动物疫病的检疫检验

本章导读: 本章主要就其他多种动物常见疫病的检疫检验作了相关阐述。通过本章的学习,要求学生掌握其他动物常见疫病的临诊检疫要点、实验室检疫的主要方法以及检出检疫对象时的检疫处理。

9.1 兔疫病的检疫

9.1.1 兔病毒性出血热

兔病毒性出血病俗称兔瘟,由兔病毒性出血病病毒引起的兔的一种急性、致死性、高度接触性传染病。以呼吸系统出血,肝坏死,实质脏器水肿、淤血及出血性变化为特征。本病呈暴发性流行,发病率和病死率极高。

1)临诊检疫要点

①仅发生于家兔和野兔,以3月龄以上的成年兔多见。暴发流行,传染性强,传播迅速,流行面广,发病率和病死率均高。乳兔有一定的抵抗力,天气较冷季节多见。

②潜伏期1~4 d。可分为以下几种类型:

A.最急性型。多见于流行初期或非疫区。病兔无任何先兆或仅表现短暂的兴奋即突然倒地,抽搐、鸣叫而亡。有的鼻孔出血,肛门附近带有胶冻样分泌物。

图9.1 兔病毒性出血热
(软瘫、四肢划动)

B.急性型。在整个病兔流行期占多数。病兔精神沉郁,体温升高到41 ℃以上,食欲明显减退或废绝,被毛粗乱,呼吸迫促;临死前体温下降,软瘫,四肢不断划动、抽搐,尖叫(图9.1)。部分病兔鼻孔流出带泡沫的液体,死后呈角弓反张。病程1~2 d。

C.亚急性型。病程缓和,消瘦,衰竭死亡。病程3 d以上。

D. 温和型(顿挫型、一过型)。轻微发热,轻度神经症状,逐渐康复。

③全身呈现败血症变化,但以呼吸道病变最为特征。喉头气管及其黏膜淤血,特别是气管环间更为明显,呈深紫红色,内有许多淡红或血红色泡沫液体,称为"红气管"。肺严重淤血、水肿,并有散在的针头至绿豆大的暗红斑点(图9.2)。肝脏肿大,切面多为暗红色充血区与土黄变性区间杂呈槟榔肝状。心脏极度扩张、淤血,心内外膜有出血点。

图9.2　兔病毒性出血热
(肺脏水肿、有出血点)

2)检疫方法

①初检。根据流行病学特点,2个月龄以上家兔发病快、死亡率高并出现典型的临床症状,结合剖检的典型病理变化能初步诊断。

②病原检查。取肝病料10%乳剂,超声波处理,高速离心,收集病毒,负染色后电镜观察。可发现一种直径25～35 nm、表面有短纤突的病毒颗粒。

③血凝和血凝抑制试验。取肝病料10%乳剂高速离心后的上清液与用生理盐水配制的0.75%人O型红细胞悬液进行微量血凝试验,在4 ℃或25 ℃作用1 h,凝集价大于1:160判为阳性。再用已知阳性血清做血凝抑制试验。如血凝作用被抑制(血凝抑制滴度大于1:80为阳性),则证实病料中含有本病毒。

此外,琼扩、酶联免疫吸附试验及荧光抗体等试验对本病也有诊断价值。

3)检疫后处理

未防疫接种的兔群发生疫情时,立即封锁疫点,暂时停止种兔调剂,关闭兔及兔产品交易市场。疫群中未病兔紧急接种疫苗,轻病兔注射高免血清,扑杀重病兔,尸体深埋。病、死兔污染的环境和用具等彻底消毒。

在非疫区发现疫点时,可考虑采取全群扑杀、销毁病兔和可疑病兔尸体,无害化处理病兔胴体及其内脏,彻底消毒兔舍内外环境等综合性防治措施消灭本病。

9.1.2　兔黏液瘤病

兔黏液瘤病是由兔黏液瘤病毒引起的一种高度接触性和致死性传染病。特征为全身皮下尤其颜面部和天然孔周围皮下发生黏液瘤性肿胀。因切开黏液瘤时从切面流出黏液蛋白样渗出物而得名。

1)临诊检疫要点

①本病只侵害兔,其他动物和人缺乏易感性,具有高度接触传染性,自然界中主要通过蚊和蚤等节肢动物传播,呈地方流行性或流行性,发病率和病死率高。

②潜伏期4～11 d。典型病例的病兔眼睑水肿,黏脓性结膜炎和鼻漏。耳根、会阴外生殖器和上下唇显著水肿。身体的大部分、头部和两耳,偶尔在腿部出现肿块,初硬和凸起,边界不清楚,进而充血、破溃,流出淡黄色的浆液。病程一般8～15 d,死前出现惊厥,病死率100%。

近年来,在一些养兔业较发达的疫区,本病常呈呼吸型。潜伏期长达20～28 d。接触传染,无媒介昆虫参与,一年四季都可发生。初卡他性鼻炎,继而脓性鼻炎和结膜炎。

皮肤病损轻微,仅在耳部和外生殖器的皮肤上见有炎症斑点,少数病例的背部皮肤有散在性肿瘤结节。痊愈兔可获 18 个月的特异性抗病力。

③特征性的眼观病变是皮肤肿瘤,皮肤和皮下组织显著水肿,尤其是颜面和天然孔周围的皮下组织水肿。切开病变皮肤,见有黄色胶冻液体聚集。液体中含有处于分裂期的黏液瘤细胞和白细胞。皮肤出血。胃肠浆膜和黏膜下有淤血斑点。心内外膜下出血。有时脾肿大,淋巴结水肿、出血。

2)检疫方法

①初检。根据流行病学、临床症状和剖检病变不难对该病做出诊断,但确诊需要进行实验室检查。

②病理组织学诊断。必要时作皮肤肿瘤切片检查,可见许多大型的星状细胞、上皮细胞肿胀和空泡化,胞浆内含有嗜酸性包涵体,包涵体内有蓝染的原生小体。

③病原学诊断。可取病料悬液经超声波裂解后制备抗原,然后与阳性血清进行琼脂扩散试验进行诊断;也可将病料悬液接种适宜的细胞培养物进行该病毒的分离培养,出现细胞病变后通过免疫荧光试验证实。

④血清学试验。常用的方法有补体结合试验、中和试验、酶联免疫吸附试验以及间接免疫荧光试验等。通常在感染后 8 ~ 13 d 产生抗体,20 ~ 60 d 时抗体滴度最高,然后逐渐下降,6 ~ 8 个月后消失。

3)检疫后处理

发现疑似本病发生时,应向上级防检机构报告疫情,并迅速确诊,及时采取扑杀病兔、销毁尸体、用 2% ~ 5% 福尔马林液消毒污染场所、紧急接种疫苗、严防野兔进入饲养场以及杀灭吸血昆虫等措施。新引进的兔须在防昆虫动物房内隔离饲养 14 d,检疫合格者方可混群饲养。

9.1.3　野兔热

野兔热是由弗朗西氏杆菌引起的啮齿动物的一种急性自然疫源性传染病,临诊上表现为严重麻痹,伴发败血症,发热,淋巴结肿大,脾和其他内脏有坏死点。这也是畜禽和人的一种共患传染病。

1)临诊检疫要点

①本菌感染谱很广,野兔和其他野生啮齿类动物是主要易感动物及自然宿主,猪、牛、山羊、骆驼、马、犬、猫及各种毛皮兽均易感,可通过吸血昆虫传播,在野生啮齿动物中,常呈地方性流行。

②潜伏期野兔为 1 ~ 9 d,病程一般较长,呈高度消瘦和衰竭,颌下、颈下、腋下和腹股沟等体表淋巴结肿大,鼻腔黏膜发炎,体温升高 1 ~ 5 ℃。

③全身淋巴结显著肿大和干酪化,周围组织充血、水肿。脾、肝高度肿大,并伴有结节性坏死病灶。肺有粟粒大小的炎性坏死病灶。

2)检疫方法

①初步诊断。根据临床症状和病理变化可做出初步诊断,确诊需进一步做实验室

诊断。

②病原检查。用肝脏、脾脏在载玻片上进行压片或涂片,革兰氏染色,观察到细小球状、椭圆形多形态的革兰氏阴性菌,无芽孢,无鞭毛,不运动。且待检样品在 Fancis 培养基上能生长,呈光滑湿润、露滴状小菌落。

③动物试验。取待检样品少量,腹腔接种豚鼠,14 d 内若豚鼠死亡,进行病理解剖、细菌培养,同时涂片染色。病变有局部水肿,出血,淋巴结肿大,肝脏、脾脏有坏死灶。

④荧光抗体试验。取淋巴等病料制成压片,用荧光色素标记抗体染色,荧光反应强烈。

⑤微量凝集试验。双份血清滴度升高者为阳性。

⑥变态反应。检查于尾根皱褶处皮内注射土拉杆菌素 0.2 ~ 0.3 ml,24 h 后检查,局部红、肿、痛者为阳性。

3)检疫后处理

病原检疫确诊后,病死畜应全部作化制工业用或销毁处理。发现本病,应向有关兽医卫生防疫监督部门报告备案。及时隔离、治疗病畜,并对同群畜禽采取控制措施。

9.1.4　兔球虫病

兔球虫病由球虫艾美耳属的多种寄生于兔胆管和肠上皮细胞引起的寄生虫病。主要危害 1 ~ 3 月龄幼兔,以下痢、贫血、消瘦为主要症状,幼兔生长阻滞,甚至死亡。

1)临诊检疫要点

①各品种的家兔对球虫都有易感性,以断乳后至 3 月龄幼兔最易感染,成年兔发病后症状轻微。本病多发生于温暖多雨季节,常呈地方性流行,炎热多雨潮湿的夏季最易暴发流行。断奶、变换饲料、运动场清洁卫生差、营养不良、细菌感染等是本病的诱发因素。

②按病程长短分为:急性,病程 3 ~ 6 d;亚急性,病程 1 ~ 3 周;慢性,病程 1 ~ 3 个月。按球虫的种类和寄生的部位分为:肠型、肝型及混合型。

A.混合型。病初食欲降低,后废绝。精神不好时常伏卧,虚弱消瘦。眼鼻分泌物增多,唾液分泌增多,腹泻或腹泻与便秘交替出现,病兔尿频或常呈排尿姿势,腹围增大,肝区触诊疼痛。多数病例在肠炎症状之下 4 ~ 8 d 死亡,死亡率可达 90% 以上。

B.肠型。多发生 20 ~ 60 日龄的小兔,多表现为急性。主要表现为不同程度的腹泻,从间歇性腹泻至混有黏液和血液的大量水泻,常因脱水、中毒及继发细菌感染而死。

C.肝型。30 ~ 90 日龄的小兔,多为慢性经过。肝肿大造成腹围增大和下垂,很少死亡。

③肝脏肿大,表面和实质内有许多白色或淡黄色结节,呈圆形,粟粒至豌豆大,沿小胆管分布(图9.3),结节内含脓样或干酪样物质,小肠后段和盲肠肠腔充满气体和大量微红色黏液,黏膜充血、肿胀并有白色粟粒样结节或溃烂(图9.4)有的有化脓灶、坏死灶。

2)检疫方法

①生前根据流行病学材料,临诊症状并结合粪便检查球虫卵囊而确检。

②死后根据肝脏和肠道的病变,结合结节病变组织压片镜检可见大量球虫卵囊而确检。

图9.3　兔球虫病

（肝肿大、有白色或淡黄色结节病灶）

图9.4　兔球虫病

（肠黏膜病变）

3) 检疫后处理

检疫中发现兔球虫病时,病兔立即隔离治疗,尸体烧毁或深埋。消毒被污染的兔笼、用具等,污染的粪便、垫草等妥善处理。

9.2　貂、犬疫病的检疫

9.2.1　水貂阿留申病

水貂阿留申病是由阿留申病毒引起的慢性进行性衰竭病。其主要特征是终生毒血症,全身淋巴细胞增生,血清丙种球蛋白增高,肾小球肾炎,动脉血管炎和肝炎。

1) 临诊检疫要点

①各种水貂均可感染,但以阿留申基因型貂最易感。本病一年四季均可发生,但多发生于秋冬季节。气候寒冷、潮湿常促使病情加剧。

②潜伏期数月,甚至1年以上。病的经过从隐性开始,发病缓慢,以死亡告终。临床上大体可分为急性型和慢性型。

A. 急性型。精神沉郁,绝食,逐渐消瘦,痉挛死亡。幼貂还可呈现急性间质性肺炎而死亡。病程2~3 d。

B. 慢性型。常表现口渴,消瘦,食欲反复无常。眼窝下陷,步态蹒跚。可视黏膜苍白,口腔、齿龈、软腭上有出血和溃疡。粪便呈煤焦油样黑色。病公貂无精子,病母貂易流产。最后,严重恶病质、尿毒症而死亡。病程数周。血清中的丙种球蛋白量由1 g/100 ml到4~5 g/100 ml。

③肾显著肿大,呈灰色、淡黄色或橙黄色,表面有黄白色坏死灶及点状出血。肝脏肿大,呈红色或黄褐色。脾脏肿大,急性呈暗红色或紫红色,慢性者脾脏萎缩,呈红褐色或红棕色。淋巴结肿胀,多汁,呈暗灰色。

2) 检疫方法

①初诊。根据流行病学、临床症状和病理变化可做出初步诊断,确诊需进一步做实验室诊断。

②碘凝集试验。取被检貂后脚趾枕区血液,分离血清,取1滴置载玻片上,加同量鲁戈氏碘溶液,混合后1~2 min观察,呈现暗褐色大块絮状凝集物者为阳性。本法不是特异反应,但方法简单,有一定实用价值。

③血清学试验。对流免疫电泳法用已知特异性病毒抗原和被检貂血清进行反应,在

琼脂凝胶中于抗原和抗体接触处形成清晰的沉淀线。此法有较高的特异性和敏感性。还可采用补体结合试验、免疫荧光试验、酶联免疫吸附试验等。

3)检疫后处理

检疫中发现貂阿留申病时,立即隔离饲养。取皮期果断地严格淘汰阳性貂,阳性貂不能再留作种用。加强计划检疫,保护和建立健貂群。被污染的食具、用具、笼子和地面等应严格消毒。

9.2.2 水貂病毒性肠炎

水貂病毒性肠炎,又称乏白血细胞症或传染性肠炎,是一种胃肠黏膜炎症,是以出血和坏死及急剧下痢、白细胞高度减少为特征的急性病毒性传染病。

1)临诊检疫要点

①鼬科和猫科动物易感,水貂和猫最易感,幼兽病死率很高,具高度接触性传染,夏秋冬多发,呈地方流行性。

②水貂的潜伏期约 6 d。可分以下几种病程:

A.最急性型。突然发病,见不到典型症状,经 12~24 h 很快死亡。

B.急性型。严重下痢,在稀便内经常混有粉红色或淡黄色的纤维蛋白。重症病例还能出现因肠黏膜脱落而形成圆柱状灰白色套管。患病动物高度脱水,消瘦。经 7~14 d,终因衰竭而死亡。

C.亚急性型。与急性型相似。腹泻后期,往往出现褐色、绿色稀便或红色血便,甚至煤焦油样便。患病动物高度脱水、消瘦。病程常拖至 14~18 d 而死亡。

D.慢性型。以上症状逐渐消失而康复。病程 2 周以上。猫在复相热后,高度衰弱,呕吐腹泻,排出血样液体,迅速脱水,白细胞减少至 2 000 个/mm³以下。病死率不一,病程 3~5 d。

③主要病理变化在胃肠系统和肠系膜淋巴结。胃内空虚,含有少量黏液,幽门部黏膜常充血,有时出现溃疡和糜烂。肠内容物常混有血液,重症病例肠内呈现黏稠的黑红色煤焦油样内容物,有部分肠管由于肠黏膜脱落而使肠壁变薄。多数病例在空肠和回肠部分有出血变化。肠系膜淋巴结高度肿大,充血和出血。肝脏轻度肿大呈紫红色,胆囊充盈。脾脏肿大呈暗红色,在被膜上有时出现小出血点。

病理组织学检查,可见小肠黏膜上皮细胞肿胀,并有空泡变性。发病初期的病例,小肠黏膜上皮细胞可发现核内包涵体。

2)检疫方法

（1）初检

根据流行病学、临床症状和病理变化可做出初步诊断,确诊需进一步做实验室诊断。

（2）血液学检查

白细胞总数由 9 500 个/mm³减少到 5 000 个/mm³以下,嗜中性白细胞由 40% 增到 65%,淋巴细胞由 58% 减少到 29%。

（3）包涵体检查

取病料(最好是小肠隐窝)染色镜检,在上皮细胞内可见到 1~3 个胞核内嗜伊红包涵体,圆形或椭圆形,边缘整齐,界线清晰,鲜艳红色。

(4)血清学检查

①琼脂凝胶扩散试验。将1%琼脂放入裴利特氏培养皿中,打7个直径为4 mm的小圆穴,中央1个,周围6个,间距4 mm。中央孔加抗原,周围孔加待测血清,于37 ℃下,一般经4 h开始出现反应,在12~20 h作最终判定。在已知抗原与被检血清孔之间出现清晰沉淀线者,为阳性反应。

②微量血凝和血凝抑制试验。用猪或猴的红细胞作微量红细胞凝集试验和红细胞凝集抑制试验。检查病毒时,取感染后3~7 d的粪便,对照孔用8单位的已知抗血清。检查抗体时,取感染3 d后的血清,用8单位已知病毒。血清滴度增高4倍以上为阳性。

此外,还有血清中和试验、直接荧光抗体试验等。

3)检疫后处理

检疫中发现貂病毒性腹泻时,应停止称重,病貂隔离治疗,年终淘汰。同场假定健康貂紧急接种和进行计划检疫。皮张消毒后利用。病貂尸体及其污染物的锯末垫料等烧毁,被污染的笼舍、场地、用具及粪便等严格消毒。

9.2.3　犬瘟热

犬瘟热是由犬瘟热病毒引起的一种高度接触性传染病。特征表现为眼、鼻有分泌物,呈典型的双向热,消化道、呼吸道黏膜呈急性卡他性炎症;后期有神经症状。

1)临诊检疫要点

①自然条件下,狗、狼、银黑狐、北极狐、貉、貂、紫貂、鼬鼠、白鼬、獾及豺对犬瘟热病毒易感,幼兽较易感,雪貂最易感,养犬的地方都有本病。多发生于10月至次年2月。有一定的周期性,约2~3年流行1次。

图9.5　犬瘟热
（病犬流脓性鼻涕）

②潜伏期3~5 d。分为以下几种类型:

A.最急性型(神经型)。较少见,表现咬笼,尖叫,抽搐,口吐白沫,反复痉挛而死亡。

B.急性型(黏膜卡他型)。见浆液至脓性结膜炎,眼睑肿胀,鼻炎,鼻、眼流出浆液至黏稠脓性液体(图9.5),呼吸困难,腹泻,粪便带血呈煤焦油样,肛门外翻,后肢麻痹,还有趾肿、水疱、溃疡。病程3~10 d。

C.非典型病例,有的称为隐性型,是一种微热、轻微卡他和轻度皮疹的一过型流行。

犬主要呈复相热,两次发热间隔约2周,急性鼻卡他,急性支气管炎和支气管肺炎,严重的胃肠炎,形成水疱或脓疱性皮疹,共济失调,癫痫性惊厥,四肢瘫痪,昏迷死亡。

③气管和肺卡他出血,充满渗出液。胃肠卡他、出血、溃疡(图9.6)。肠系膜淋巴结弥漫性出血;肝、脾肿大,肾被膜下有点状出血,膀胱黏膜充血、点状或条状出血。

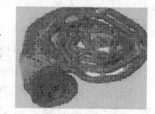

图9.6　犬瘟热
（胃黏膜和小肠前段出血）

2）检疫方法

（1）包涵体检查

包涵体检查是诊断犬瘟热的重要辅助方法。包涵体主要存在于膀胱胆管、胆囊和肾盂的上皮细胞内。取洁净载玻片，滴加生理盐水1滴，用小刀在膀胱黏膜上刮取上皮细胞，小心混于载玻片上的生理盐水中，轻轻研匀，制成涂片。待自然干燥后，用甲醇固定，苏木紫—伊红染色后镜检。包涵体大多在胞浆内，1个细胞内可能含有1～10个多形性包涵体，但一般呈圆形或椭圆形，直径1～2 pm。细胞核染成蓝紫色，细胞浆呈淡玫瑰色，包涵体被染成红色。

（2）**动物试验**

①病料的采取。采取淋巴结、肝、脾、肺、肾和脑组织，用PBS液作10倍稀释，以玻璃砂研磨器磨成匀浆，每毫升加入青霉素、链霉素各1 000～1 500 IU，置4 ℃；作用7 h，以2 000 r/min离心沉淀10 min，取其上清液备用。

②动物接种。雪貂最易感，死亡率接近100%，任何途径接种，均可在8～14 d内死亡。或选用断乳15 d后的幼兽（犬、水貂），皮下、肌肉或腹腔注射制备的上清液3～5 ml，然后观察结果。

一般接种后3～4 d开始出现临诊症状，如眼结膜红肿，眼角有多量黏性或脓性分泌物，肛门黏膜肿胀外翻，排稀粪等。

死亡动物作病理剖检和组织学检查，特别是作包涵体检查，即可检查病毒的存在。

（3）**免疫荧光抗体检查**

①试验准备。免疫荧光抗体，由指定单位提供。病料采集，生前诊断收集白细胞，死后诊断则采集淋巴结、肝、脾、肾组织。

②标本制作与染色。

A. 制片：生前制片，对犬可由静脉采取抗凝血，分离白细胞进行涂片；水貂可取前趾或尾尖末梢血液涂片，用0.83%氯化铵液（NH₄Cl）或蒸馏水将红细胞裂解、水洗，再用冷丙酮固定，待染。死后制片，取淋巴结、肝、脾、肾组织制成涂片，用冷丙酮固定后，待染。

B. 染色：按使用效价，滴加0.02%伊文思蓝溶液稀释的荧光抗体，置37 ℃湿润条件下，染色30 min，水洗、吹干、封固，用荧光显微镜检查。

③结果判定。在染色标本片中，见到有细胞浆呈弥散或颗粒型的不同程度苹果绿色荧光，细胞核染成暗黑色，细胞清晰完整，则为阳性。而细胞浆染成紫红色或暗黄色，核呈暗黑色者为阴性。根据荧光强度，作如下标记符号：

"＋＋＋＋"表示具有强的苹果绿色荧光；

"＋＋＋"表示明亮苹果绿色荧光；

"＋"表示较弱苹果绿色荧光；

"－"表示无荧光。

3）检疫后处理

检疫中发现貂瘟时，病兽及可疑病兽一律隔离治疗，同群兽紧急接种，定期检疫，无害化处理尸体。被污染的笼子、用具、地面等严格消毒。

9.3 马疫病的检疫

9.3.1 马传染性贫血

马传染性贫血简称马传贫,又称沼泽热,是由马传贫病毒引起的马属动物一种疫病。病的特征是病毒持续性感染、免疫病理反应以及临床反复发作,呈现发热并伴有贫血、出血、黄疸、心脏衰弱、浮肿和消瘦等症状,在发热期(有热期)症状明显,在间歇期(无热期)则症状逐渐减轻或暂时消失。

1)临诊检疫要点

①只有马属动物对马传贫病毒有易感性,且无品种、年龄、性别差异,其中马的易感性最强,骡、驴次之。本病通常呈地方流行性散发,有明显季节性,吸血昆虫较多的夏秋季节(7—9月)发生较多。新疫区多为急性,病死率高。老疫区多为慢性或隐性,病死率较低。

②潜伏期长短不一,短的5 d,长的达90 d以上,平均为10~30 d。

急性型症状是稽留热、贫血、黄疸、出血,心脏机能紊乱,四肢下部、胸前、腹下、包皮和阴囊等处发生浮肿。血液学变化明显。

亚急性型和慢性型呈间歇热或不规则热,温差倒转,发热期症状较缓,无热期症状减轻或消失。

③浆膜、黏膜出血,贫血,西米脾,槟榔肝,心煮肉样,肾和淋巴结肿大、出血。

2)检疫方法

马传贫的确定检疫,主要采用临诊综合诊断、补体结合试验和琼脂扩散试验相结合的方法,其中任何一种方法呈阳性,都判定为马传贫病马。必要时可进行病毒学检查和生物学试验。

(1)临诊综合诊断

①流行病血调查。要着重了解病马的以往史,如发病的时间、有无发热病史、是否曾与传贫病马有过接触、抗菌药物治疗效果如何等。其次要调查当地或附近马骡疫病的流行情况,如疫病的流行特点、发病的季节性,有无马梨形虫病及伊氏锥虫病等。

②临床及血液学检查。传贫病马的症状和血液学变化,有随体温变化而变化的规律,有热期症状及血液学变化明显,无热期则减轻或不明显。因此,被检病马应连续测温1个月以上(每日早晚各1次),在有热期每隔2~3 d,无热期每隔7~10 d进行1次临床症状和血液学检查,以观察临床、血液学变化与发热的关系。检查项目包括全身状态、心脏机能、可视黏膜、浮肿、红细胞数、血沉及吞铁细胞。

③病理学检查。对自然死亡的病马,或在发热期及退热后不久扑杀的病马,有重要的诊断意义。

临床综合判定病马的标准是,在排除类症的基础上,凡符合下列条件之一者,判为传贫病马:

A.体温在39 ℃以上(1岁幼驹39.5 ℃以上)呈稽留热或间歇热,并有明显的临床和血液变化者。

B. 体温在 38.6 ℃ 以上呈稽留热、间歇热或不规则热型,临床及血液学变化不够明显,但吞铁细胞万分之二以上,或病理学检验呈阳性者。

C. 病史中体温记载不全,但经系统检查,具有明显的临床及血液学变化,吞铁细胞万分之二以上,或病理学检验呈阳性者。

D. 可疑传贫病马死亡后,根据生前诊断资料,结合尸体剖检及病理组织学检查,其病变符合传贫变化者。

(2)**血清学检查**

有琼脂扩散试验、补体结合试验、荧光抗体染色试验、中和试验和酶联免疫吸附试验等。以琼脂扩散试验和补体结合试验多用。

①琼脂扩散试验。特异性强,对慢性和隐性病马都有很高的检出率。马传贫琼扩抗体是群特异性抗体,多在感染 20 ~ 30 d 出现,持续数年之久。判定标准是:被检血清与标准抗原之间形成沉淀线者,或标准阳性血清的沉淀线末端向被检血清孔侧偏者,为阳性反应。

②补体结合试验。补体结合抗体也是群特异性抗体对慢性和隐性病马检出率高。一般在感染后 30 d 内出现抗体,持续 300 d 以上,但时隐时现,时高时低,应以 1 个月为间隔,作 3 次补反检查,其中只要一次出现阳性,即为病马。但接种疫苗的马,琼扩试验和补反转为阳性。在检疫实际工作中应注意。

3)检疫后处理

检疫中发现马传贫时,应上报疫情、划区封锁,疫区内马属动物全面检疫,淘汰扑杀病马,销毁尸体。其他马免疫接种,严格消毒。

9.3.2 溃疡性淋巴管炎

溃疡性淋巴管炎是由流行性淋巴管炎囊球菌引起的马、骡、驴的一种慢性传染病,其临诊特征是在皮下淋巴管及其邻近的淋巴结、皮肤和皮下结缔组织形成结节、脓肿和溃疡,且常侵害黏膜。

1)临诊检疫要点

①马属动物中以马、骡最易感,驴次之。病畜为本病的传染源,通过直接或间接接触经损伤的皮肤和黏膜传染,也可经交配传播。潜伏期数周至数月。

②病畜一般无明显全身症状。四肢、头部、颈部及胸侧等处的皮肤、皮下组织出现豌豆大至鸡蛋大的结节,初期结节硬固无痛,此后形成脓肿并破溃,流出脓汁,可视黏膜也可出现化脓结节,淋巴管变粗、变硬。

2)检疫方法

主要采用病原检查法。

①病料采取及处理。选择已波动而未破溃的成熟结节,外围用碘酊、酒精消毒后,用灭菌注射器抽取或切开后采取病料。无成熟的结节,也可自溃疡部采取脓汁或痂皮。脓汁可用灭菌生理盐水适当稀释后作为被检材料,干涸的痂皮,须加适量的 10% ~ 30% 氢氧化钾(或氢氧化钠)液或生理盐水,使其充分溶解后检查。

②显微镜检查。在无染色压片标本镜检时,发现脓汁中的流行性淋巴管炎囊球菌呈

双层膜卵圆形或梨形,菌体内为半液状,并可见到一至数个能活泼运动的小颗粒;或在龙胆紫—伊红的染色标本镜检时,发现白细胞内外有流行性淋巴管炎囊球菌,呈淡灰色,菌体边缘呈紫色,小颗粒呈黑紫色或黑色,即可确诊。对镜检阴性的临诊可疑马,还应结合应内变态反应等方法进行诊断。

3)检疫后处理

发生本病后,应逐匹触摸体表,发现病马及时隔离检疫、治疗,上报疫情。可疑者可试用兰州兽医研究所研制的 T21—71 弱毒菌苗进行免疫接种。被污染的马厩、马场、诊疗场,应用10%的热氢氧化钠溶液或20%漂白粉溶液消毒,每 10 ~ 15 d 1 次。饲养用具、刷拭用具及鞍挽用具等用 5%甲醛液消毒。粪便经发酵处理后再用,尸体应深埋。治愈马应用 1%氧化钠或 3%来苏儿溶液消毒体表,并经 2 个月后,方可混群。

9.3.3　马鼻疽

马鼻疽是由鼻疽杆菌引起的单蹄兽的一种慢性病。特征是上呼吸道黏膜、肺、皮肤或其他实质器官形成特异性鼻疽结节、溃疡和疤痕。

1)临诊检疫要点

(1)感染动物以马、骡、驴易感

尤其以驴、骡最易感,感染后常取急性经过,但感染率比马低,马多呈慢性经过。自然条件下,牛、羊、猪和禽类不感染,骆驼、狗、猫、羊及野生食肉动物也可感染,人也能感染,多呈急性经过。本病一年四季都可发生。新发地区常呈暴发流行,多呈急性经过;常发地区,马鼻疽多呈慢性经过。

(2)潜伏期约 4 周至数月

临床上分急性和慢性两种类型,根据病菌侵害的部位不同,又分肺鼻疽、鼻腔鼻疽、皮肤鼻疽。

①肺鼻疽。当肺部出现大量病变时,称为肺鼻疽。肺鼻疽表现干咳,流鼻液,呼吸增数呈腹式呼吸。病重时叩诊肺部有浊音,听诊有湿罗音和支气管呼吸音。

②鼻腔鼻疽。一侧或两侧鼻孔流出浆性或黏液性鼻汁,鼻腔黏膜尤其是鼻中隔黏膜上有鼻疽结节、溃疡和放射状或冰花状疤痕。鼻黏膜高度肿胀,鼻腔狭窄,呼吸困难,发出鼾鸣。颌下淋巴结肿大,最初热痛能移动,后变硬无痛不能移动,很少化脓或破溃。

③皮肤鼻疽。四肢、胸侧及腹下等部位的皮肤发生热痛炎性肿胀,形成黄豆大至鸡蛋大结节,破溃的结节形成火山口状溃疡。结节沿淋巴管蔓延,形成串珠状索肿。病肢皮肤增厚,形成"橡皮腿",跛行。

呈一过性经过的病畜,除极个别的呈急性败血症死亡外,还表现体温升高,黏膜潮红并轻度黄染,颌下淋巴结肿胀,心脏衰弱,胸、腹、四肢下部和阴道处浮肿。慢性经过者病程很长,无明显症状,仅少数在鼻腔黏膜有星状疤痕。

(3)鼻疽的特征性病变

肺脏的鼻疽结节和鼻疽性肺炎以及鼻腔、皮肤、淋巴结和其他实质器官上的鼻疽结节、溃疡和疤痕。

①肺鼻疽结节。小米粒大至黄豆大,新发生的结节半透明浅灰色,周围红晕,陈旧的结节形成包囊,中心发生豆腐渣样坏死或钙化。

②肺鼻疽性肺炎。肺脏有豌豆大棕红色肝变灶。有的中央变软而融化,周围组织呈黄色胶样浸润。有的液化,形成空洞;有的机化,形成硬结。

2)检疫方法

根据临诊症状结合变态反应,配合补体结合试验进行确检。

(1)变态反应

用鼻疽菌素作变态反应检疫,有点眼试验、皮下热试验、眼睑皮内试验、激发试验等,其中常用的是点眼试验。

①鼻疽菌素点眼试验,检出率高,适于大群检疫。本法检查阳性者称为鼻疽阳性马。现在采用多次点眼法,可以提高检出率,对急性型和慢性型都有较高的价值。但是骡的点眼反应阳性率较低,驴及衰弱病马阳性率更低,甚至全无反应,此时,应改为皮下热试验或眼睑皮内试验。点眼试验判定标准如下:

A. 阳性反应。凡结膜发炎潮红,眼睑肿胀明显,有较多的脓性分泌物者,判为阳性反应。

B. 疑似反应。结膜潮红,眼睑轻度肿胀,有透明的浆液性或灰白色黏液性(非脓性)的分泌物者,判为可疑反应。

C. 阴性反应。没有任何反应或仅有结膜轻微潮红及流泪者,判为阴性反应。

②鼻疽菌素皮下热试验,仅在因眼病不能点跟的马匹或补体结合试验阳性而点眼阴性的马、驴检疫时应用。判定标准如下:

A. 阳性反应。体温升高到40 ℃以上,呈稽留热,并有轻微的局部和全身反应,或体温稽留在39.6 ℃以上,并有显著的局部反应及全身反应者。

B. 疑似反应。体温虽有升高,但不超过39.6 ℃,仅有轻度的全身反应及局部反应者,或体温一度升高到40 ℃而不稽留且无局部反应者。

C. 阴性反应。体温在39 ℃以下,并无局部及全身反应者。

(2)补体结合试验

本法对急性型、开放型及活动型检出率高,对慢性型检出率低。只是为了在点眼阳性反应马中,检查有无急性型时使用,是点眼试验重要的辅助检疫方法,该法一次检查为阳性即可判定为阳性;疑似反应马,间隔15 d后再采血检查一次,第二次为阳性或疑似时,可判为阳性,第二次阴性时应判为阴性反应。

3)检疫后处理

检疫中发现鼻疽病马时,包括阳性马、开放性鼻疽马,立即扑杀,尸体烧毁或深埋,彻底消毒污染的厩舍、用具及粪便。

9.3.4 马巴贝斯虫病

马巴贝斯虫病是由马巴贝斯虫寄生于马、驴、骡而引起的一种血孢子虫病。它是一种新发现的人畜共患病。特征是高热、贫血。

1)临诊检疫要点

马梨形虫病由驽巴斯虫和马巴贝斯虫寄生于马红细胞,引起高热、贫血、黄疸、出血和呼吸困难等重症状为特征的血液原虫病。如诊疗不及时,死亡率很高。

①以革蜱传播为主,在蜱内发育后扩散。有明显的季节性,多发生在春、夏、秋三季,呈散发性或地方流行性。外来马较本地马易感,幼驹较成年马易感。

②马感染驽巴贝斯虫后潜伏期7~19 d,表现高热稽留,明显贫血,黄疸,出血,呼吸困难,迅速消瘦,病程8~12 d,平均病死率达15.8%。感染马巴贝斯虫的潜伏期10~21 d,患马症状与前者相似,但多为间歇热或不定型热,病程稍长,常出现血红蛋白尿和肢体下部,病死率10%以下。

③可视黏膜、皮下组织黄染、出血,肝、脾、内脏淋巴结肿大,心包和体腔积水,脂肪胶冻样。胃、肠黏膜出血、糜烂。

2)检疫方法

①病原检查。在病马发热时反复取外周血液涂片,姬姆萨氏染色镜检红细胞中的虫体。若发现典型虫体,即可确诊。病原体的检查越早越好,因为外周血液中的虫体在发病5 d后开始消失,也可用集虫法检查。驽巴贝斯虫的典型形状为成对的梨籽虫体,以尖端联成锐角,虫体长度大于红细胞半径。而马巴贝斯虫的典型形状为4个梨籽形虫体,以尖端相连成十字形,且发病过程的不同,虫体大小有变化,病的初期和中期,多为大、中型虫体,末期、治愈期和带虫期则为小型虫体,小于红细胞半径1/4。

②血清学检查。必要时可用琼脂扩散试验、补体结合反应试验、荧光抗体试验等。

3)检疫后处理

病畜不予调运,采取治疗、灭蜱等控制措施。

9.3.5 马伊氏锥虫病

马伊氏锥虫病又叫苏拉病,是伊氏锥虫寄生于马属动物的血浆和造成器官中引起的一种以进行性消瘦、贫血、黄疸、高热和心机能衰竭为特征的疫病,牛、骆驼、象等也可感染。马属动物患此病时,常呈急性经过,死亡率很高,自然康复者极少,牛多呈慢性经过。

1)临诊检疫要点

①伊氏锥虫病主要由虻和厩蝇起机械传播作用,也能经胎盘感染胎儿。多发生在虻、蝇活跃的夏、秋季节。

②病马体温升高到40 ℃以上,稽留数天,然后经短时间的间歇,再度发热。发热期呼吸急促,脉搏增数,尿量减少,尿色深黄而黏稠;间歇期各种症状缓解。多次反复,病马食欲逐渐废绝,显著消瘦,高度贫血,眼结膜充血变黄染,最后苍白,并有出血斑点和眼分泌物。心脏衰弱,体表水肿。体表淋巴结肿胀,精神沉郁,嗜睡或阵发性做回旋运动,最终多发展为后躯的轻度瘫痪或麻痹而死亡。

③病变为皮下水肿,体表淋巴结肿大充血,各脏器浆膜及胃肠黏膜斑点状出血,脾、肝、肾肿大,肝呈肉豆蔻样,心脏肥大。

2)检疫方法

①镜检。取血液,制成涂片姬姆萨氏染色镜检,伊氏锥虫呈蜷曲的柳叶状,大小为

$(18 \sim 34)\mu m \times (1 \sim 2)\mu m$。原生质呈淡蓝色,核和动基体呈深红色,前端游离的鞭毛呈红色。

②血清学检查。检查方法有升汞反应、福尔马林反应、凝集反应、沉淀反应、团集反应、特殊溶血反应等。国内已用间接血凝试验、琼脂扩散试验、补体结合反应试验、血小板载负反应、酶标免疫吸附试验、直接和间接荧光抗体试验等,作为重要的辅助检查手段。但实际推广并被采用的,早期是补体结合反应,近年多采用间接血凝试验。

3)检疫后处理

在疫区,可疑病畜应立即隔离检查和治疗。输入和输出牲畜时,要严格检查,避免造成人为的散播。也可以进行药物预防。

9.4　水生动物疫病的检疫

9.4.1　病毒性出血性败血病

病毒性出血性败血病是由弹状病毒科的病毒性出血性败血性病病毒引起的虹鳟的一种急性败血性传染病。其特征是:鱼体发黑,眼球突出,鳃、鳍条、肌肉和内脏出血。

1)临诊检疫要点

①河鲑和大西洋鲑也有易感性。本病可由被病鱼排泄物污染的水而传播,侵入门户是鳃。水温8℃以下的冬末春初易暴发流行,主要危害虹鳟全长5 cm左右的稚鱼到体重200～300 g的食用鱼,幼鱼期和亲鱼不发生本病。

②临床可分为3个类型:急性型、慢性型和神经型。

A.急性型。常见于病的初期,可见一侧眼球突出,体色变黑,腹部膨胀,贫血,鳃、鳍基部、眼和眼眶等处出血。病程短,死亡率高。剖检见肌肉和内脏有明显的点状出血,肾和脾脏有局灶性坏死。

B.慢性型。见于整个流行期。病鱼体变黑,两侧眼球突出和极度贫血,病程较长,死亡率不太高。剖检见整个肾呈现灰白色肿胀。无出血斑。消化管内看不到残留的食物。肝实质细胞坏死,在前肾部可见到明显的单核淋巴样细胞异常增殖。

C.神经型。见于流行末期,在水里扭转游动,有时侧游,有时又突然向前猛烈游动。该型较少见,剖检未见明显变化,但死亡率较高。

2)检疫方法

①病毒的分离和鉴定。将病料接种于RTG-2或FHM细胞上,15℃下培养(培养液pH7.6～7.8,pH7.2时停止增殖)。接种3～4 d后,感染细胞变成颗粒状并脱落。蚀斑边缘不整,其中均匀散在颗粒状细胞。分离到的病毒用血清学方法鉴定。

②血清学试验。可用荧光抗体法,即将感染鱼的肾、脾和心做冰冻切片进行荧光抗体染色。

3)检疫后处理

检疫发现本病时,应立即进行隔离治疗。死鱼深埋,不得乱弃。用过的用具消毒,病鱼

不准外运销售。待病愈后,经县、乡防检机构检疫合格,开具检疫证明书后,方准外调托运。

9.4.2 对虾杆状病毒病

对虾杆状病毒病是由斑节对虾杆状病毒(MBV)及对虾杆状病毒(BP)引起的多种对虾的传染病,以虾体变色、肠发炎、肝胰腺肿大及细胞核内出现金字塔状包涵体为特征。

1)临诊检疫要点

①本病主要危害斑节对虾,长毛对虾也感染本病。桃红虾、褐对虾、白对虾、万氏对虾、蓝对虾、长毛对虾、许氏对虾、缘沟对虾、加州对虾等十几种对虾均可感染,尤以对桃红对虾、褐对虾、万氏对虾和缘沟对虾危害最大。在对虾孵化场中,对虾杆状病毒病是万氏对虾幼体的严重疾病,在幼虾,常表现为急性死亡,通常在48 h内出现90%以上的死亡率;后期幼虾和养殖中期的虾,特别是在高密度养殖的情况下,常表现为亚急性或慢性死亡,但累积死亡率很高,4~8周累积死亡率超过50%。

②摄饵减少,生长速度降低,虾体表面因附生或共栖生物增多而出现烂鳃或细菌的混合感染等非特定症状。

③对虾肝、胰及肠腺细胞的病理切片上可见细胞核显著肥大,染色质减少,核仁退化或消失,在细胞核内可见到1~5个金字塔形的四面体结构的包涵体,核膜增生。

2)检疫方法

(1)对虾粪样检查法

本法适用于亲虾活体检查。我国沿海口岸每年从新加坡和中国台湾地区等引进大量亲虾,由于亲虾价值昂贵,现场检疫一般以取粪样和水体为主,然后带回实验室待检。具体做法有以下3种:

①孔雀绿及伊红染色法。将虾粪置于载玻片上,加1滴0.03%孔雀绿水溶液或0.05%伊红水溶液染色,盖上盖玻片,轻压成薄层,在400×镜下检查包涵体。像斑节对虾杆状病毒包涵体,用孔雀绿染色呈深蓝色圆形或椭圆形的颗粒,而经伊红染色则为浅红色。但由于这种染色剂对包涵体无特异性,粪内的杂质也被染为深蓝色或浅红色,所以这两种染色方法除了有经验的人员外,很难对所看到的圆形或椭圆形颗粒作出斑节对虾杆状病毒包涵体的正确判定。

②吖啶橙(Acridine Orange)染色法。将粪便经过正丁醇和正己醇处理后的沉淀物用95%酒精和醋酸冲洗,再用蒸馏水浸泡1 min后用吖啶橙溶液染色3 min。而后用磷酸缓冲液及氯化钙溶液分别浸洗1 min,用磷酸缓冲液洗去氯化钙,再滴上1滴磷酸缓冲液盖上载玻片,用荧光显微镜观察。像感染斑节对虾杆状病毒的虾粪,用此法观察可见黄绿色的杆状病毒包涵体。目前认为这种方法较准确。

③电镜负染法。取粪样用少许PBS混匀,然后5 000 r/min离心10 min,上清液进行负染电镜检查,像感染MBV的虾粪,可看到长杆状并有外膜的病毒体和多角蛋白体(Polyhedrin),其大小约为69 nm×275 nm。

(2)组织压片诊断法

具体做法为:取一小片(大虾)或整个(小虾或后幼生期虾苗)肝胰腺于显微镜载玻片上,滴1滴海水润湿后,加入1滴0.05%孔雀绿水溶液,然后盖上盖玻片并轻压,在400×镜检是否有包涵体。这种方法只有在对虾病毒病已急性发作,病虾已占相当比数时才能比较容易地观察到对虾病毒。此法虽然操作简便、快速、直观,但蔡生力认为此法须经电镜观察后才能确诊,否则易引起误诊。

(3)组织病理学检查法

①光学显微镜检查法。按常规方法制备组织病理切片,然后针对检查不同对象用不同试剂对切片进行染色,在400×镜检包涵体。像斑节对虾杆状病毒包涵体经苏木紫—伊红染色后,切片中的包涵体呈现嗜伊红(酸性)的暗红色的包涵体;而经革兰氏液染色的则呈鲜红色;经姬姆萨加伊红染色的肝脏可看出明显的鲜红色包涵体;若以吖啶橙染色则细胞核内黄绿色的圆形粒状物为病毒包涵体(本法需以荧光显微镜检查)。

②电子显微镜检查法。按常规方法制备组织病理超薄切片,然后用扫描电镜检查,能清楚地看到包涵体在细胞内的位置及包涵体和病毒的形状。像感染斑节对虾杆状病毒的虾肝胰腺的超薄切片,在高倍电镜下可看到多面体的包涵体内蛋白质颗粒,而在低倍镜下则可看到栅状包涵体,在包涵体内可见少量的含鞘的微长形杆状病毒,在包涵体外也可看到为数较多的游离病毒粒子。

3)检疫后处理

对虾发病后,对病死虾均应深埋或销毁,虾塘彻底消毒,禁止病对虾上市销售,暂停种虾调运检疫证的发放。

9.4.3　鱼传染性造血器官坏死

鱼传染性造血器官坏死是由传染性造血器官坏死病毒引起鲑、鳟鱼的急性传染病。以病鱼狂游和造血器官坏死为特征。OIE 将其列为需向 OIE 申报的动物疫病。

1)临诊检疫要点

①红鳟、姬鳟、虹鳟、大鳞大麻哈鱼和白鲑等大部分鲑科鱼类均可感染。银鳟对其无感受性。主要危害虹鳟、红点马苏大马哈鱼等鲑鳟鱼类的稚鱼,一般都是幼鱼到 2 年左右的成鱼发病,随着年龄的增长,发病率减少。淡水饲养的鱼发病时死亡率可达60% ~ 90%。水温10 ℃左右时,经常流行本病;水温15 ℃以上的鱼呈无症状带毒状态,鱼卵也可带毒。

②水温在10 ℃左右时,潜伏期为4 ~ 6 d。病鱼最初游动迟缓,无力地随水漂浮着,接着顺水流摇晃地游着,虽有痉挛似的动作,但不久就上浮,横着身子而且时常急剧地游泳,不久就死亡。这期间所见狂奔动作为本病的一个特征。

病鱼体色黯黑,肛门通常拖着一条半透明的粪便,这也是该病的一个特征。腹部有腹水且肿胀,眼球突出。贫血,鳃显著褪色。从胸鳍基部、背鳍一直到前部,以及肛门附近的躯干肌肉常有出血现象,口腔壁亦有出血点。具有卵黄的仔鱼卵黄囊出血,内充满浆液而肿胀。

③剖检可见肝、脾和前肾部显著褪色,胃内有牛奶样的液体,肠管内有时可见到混有血液的黄白色液体。生殖器官和内脏脂肪组织有出血。组织学检查可见脾和肾坏死,肠黏膜颗粒细胞坏死,在幽门垂腺胰细胞内形成胞内包涵体。感染后期,肝脏出现局部变性和坏死。

2)检疫方法

①根据临床症状和病理变化可做出初步诊断,确诊需进一步做实验室诊断。

②实验室诊断。

样品采集:有临床症状的鱼,取整条幼鱼,或成鱼的肾、脾、脑等。无临床症状的鱼,取肝、脾、脑等。

病毒的分离和鉴定取病鱼组织脏器做成乳剂或体腔液,接种于 RTG—2 或 FHM 细胞上培养,4~5 d 后,感染的细胞变圆,可以见到细胞形成葡萄团样块状的 CPE。蚀斑中心几乎没有崩溃细胞的残存,其边缘不整,被多量圆形细胞所包围。此时,收集病毒,用血清中和试验鉴定。

3)检疫后处理

可使用 100 mg/kg 碘仿(pH6.0 以下),对鱼卵进行 10 min 左右的消毒处理。其他检疫处理与病毒性出血性败血病相同。

9.4.4 鱼鳃霉病

鱼鳃霉病也叫青疽病,是由鳃霉菌引起的鱼的一种急性传染性真菌病。其特征为:鳃组织破坏而严重贫血。

1)临场检疫要点

①青、草、鲢、鳙、鲫、鲮鱼等的鱼苗和成鱼都易感,但主要危害鱼苗到鱼种阶段的鲮、青、鳙、草、鲤等鱼。我国在每年的 5—10 月,当水质恶化,尤其是有机质含量高、草料腐烂、肮脏发臭,可促进发病,常呈暴发流行,发病率达 70% ~80%,死亡率可达 90% 以上。

②病鱼鳃瓣失去正常鲜红而呈粉红或苍白色,随着病情的发展,菌丝不断向鳃组织呈生长,破坏了鳃组织,堵塞血管,呼吸机能受到了严重阻塞。从病原体寄生起,如条件适宜,1~2 d 内即大量繁殖,突然出现暴发性的大批死亡。

2)检疫方法

①根据临床症状和病理变化可做出初步诊断,确诊需进一步做实验室诊断。

②实验室诊断。可取鳃组织,做触片,镜检霉菌,发现菌丝,可基本确诊。

3)检疫后处理

检疫中发现本病,应迅速加入清水,或将鱼迁移到水质较清的池塘或流动的水中。用生石灰清塘。其他处理方法与病毒性出血性败血病相同。

复习思考题

1.怎样区别马传染性贫血、马伊氏锥虫病和马巴贝斯虫病 3 种疫病?

2.兔病毒性出血病的临诊检疫要点有哪些?

3.犬瘟热的临诊检疫要点有哪些?

4.如何鉴别病毒性出血性败血病、鲤春病毒血症和鱼传染性造血器官坏死?

第10章
动物产品的检疫检验技术及无害化处理

> **本章导读**：本章主要就动物产品的检疫检验技术及无害化处理作了相关的阐述，内容包括畜禽宰后组织器官病变的鉴定与处理、常见内脏器官病变的鉴定与处理、其他动物产品的检疫与处理。通过学习，要求了解各种屠宰畜禽脏器的病理变化及处理方法，并能在工作中运用。

10.1　屠畜禽宰后组织器官病变的鉴定与处理

10.1.1　局限性和全身性组织病变的鉴定和处理

1）出血性病变与处理

（1）**出血性病变**

①机械性出血。为机械力作用所致，多发生于体腔和肌肉间、皮下，表现为破裂性出血。这种出血最容易在屠畜被驱打、撞击、外伤、骨折时发生。

②病原性出血。为传染病和中毒所致，多发生于皮肤、浆膜、黏膜和淋巴结，表现为渗出性出血。这种出血常因产生原因和部位的不同而有差别，可呈现点状、斑状和浸润性出血。

③窒息性出血。为缺氧所致，主要见于颈部皮下和支气管黏膜。表现为静脉露张，血液呈黑红色，有数量不等的暗红色淤点、淤斑。

④电麻出血。见于电麻不当的屠畜。这种出血多见于肺，尤以两侧肺的背缘肺膜下明显；其次是淋巴结、肾和心外膜。淋巴结多表现为周边出血，但不肿大。

⑤呛血。是由于屠畜死前深呼吸将血液吸入肺部所致。这种变化多局限于肺膈叶背缘，呛血区外观呈鲜红色，由无数弥漫性小红点组成，触之有弹性，放入水中成"半舟状"；切开呛血肺组织，可见支气管和细支气管内有血凝块。

（2）**卫生评价与处理**

①由外伤、骨折等引起的新鲜出血，其淋巴结没有炎症变化的，切除全部浸血组织，

胴体不受限制出场。

②由电麻引起的出血,轻微的,胴体和器官不受限制出厂(场);出血严重的,出血部分和呛血肺化制处理,其余不受限制出场。

③出血、水肿广泛,且淋巴结有炎症时,胴体和器官必须进行细菌检查。结果为阴性的,切除病变部分后迅速出厂(场)利用;结果为阳性的,经高温处理后出厂(场)。

2)组织水肿的病变与处理

在屠体上发现水肿时,首先应排除炭疽,再判明水肿的性质,是炎性的还是非炎性的。这在肉的卫生评定上很重要。

皮下发生水肿时,眼观可见皮肤变厚、肿胀,触摸呈面团样,指压时常留下痕迹;切开时,可见水肿部皮下疏松结缔组织呈黄白色胶冻样状,并流出多量淡黄色透明液体。黏膜水肿,可见黏膜呈局限性和弥漫性肿胀。器官水肿多见于肺脏,可见体积增大,因淤血而呈暗红色。

①创伤性水肿时,仅销毁病变组织即可。

②皮下水肿和肾脂肪囊、内膜、肠系膜及心外膜的脂肪组织发生脂肪胶样浸润时,要检查肌肉有无病变并作细菌学检查。检查结果为阴性的,切除病变部分,可迅速发出利用;结果为阳性的,经高温处理出厂;若同时伴有淋巴结肿大、水肿,放血不良,肌肉松软等,整个胴体作化制处理。

③后肢和腹部发生水肿时,应仔细检查心、肝、肾等脏器,如有病变,须进行沙门氏菌检查。阴性的,切除病变器官,胴体迅速利用;阳性的,经高温处理后出场。

3)败血症的病变与处理

(1)败血症的病变

败血症是在机体抵抗力降低的情况下,病原微生物通过创伤或感染灶侵入血液生长繁殖,产生毒素,引起全身中毒和损害的病理过程。败血症在通常情况下无特异的病原,许多病原微生物都可引起,如链球菌、绿脓杆菌、葡萄球菌、沙门氏菌等。

败血症没有特殊的病变,常表现为:实质器官变性、坏死及炎症变化,皮肤、黏膜、浆膜及脏器的充血、出血、水肿。脾脏及全身淋巴结出现充血,由于网状内皮细胞增生,从而导致体积增大。当化脓菌侵入血液生长繁殖并在器官组织内引起多发性脓肿时,即形成脓毒败血症。

(2)卫生评价与处理

①病变轻微,肌肉无变化,高温处理出场。

②病变严重或肌肉有明显变化的,作化制处理。

③患有脓毒败血症的,胴体作销毁处理。

4)蜂窝织炎的病变与处理

(1)蜂窝织炎的病变

蜂窝织炎是发生在皮下和肌肉间等疏松结缔组织的一种弥漫性化脓性炎症过程。检验时,可根据淋巴结、心、肝、肾等器官的充血、出血和变性变化,以及胴体放血不良、肌肉变化等进行判定。

（2）**卫生评价与处理**

①病变已全身化的,整个胴体作化制处理。

②若全身肌肉正常,则须进行细菌学检查。结果为阴性的,切除病变部分,肉迅速发出利用;为阳性的,经高温处理后出场。

5）脓肿的病变与处理

（1）**脓肿的病变**

这是屠畜宰后检验中常见的一种病变。发现脓肿时,应考虑是否为脓毒败血症,尤其对无包囊而周围炎性反应明显的新脓肿。一旦查明是转移性的,即可肯定是脓毒败血症。例如,肺、脾、肾内的脓肿多为转移性脓肿,其原发灶可能存在于面部、四肢、子宫、乳房等部位,此时,须对肉进行细菌学检查。

（2）**卫生评价与处理**

①脓肿形成包囊的,切除脓肿区并作销毁处理,其余部分则不受限制出场。

②脓肿为多发性新鲜脓肿或脓肿具有不良气味的,整个器官作化制处理。

③被脓液污染附有难闻气味的胴体部分,割除并化制处理。

6）脂肪组织坏死的病变与处理

（1）**脂肪组织坏死的病变**

根据发病的原因,可以分为3种类型:

①胰性脂肪坏死。常见于猪,是由于胰腺发炎,破坏胰腺间质及其附近肠系膜脂肪组织。病变部外观呈小而致密的无光泽的浊白色颗粒状,质地坚硬,失去正常弹性,缺少油腻感。

②外伤性脂肪坏死。这是皮下脂肪组织的一种最普通的病变,由机械损伤引起。受伤局部坏死脂肪坚实、无光,呈白垩质样团块,有时则呈油灰状。

③营养性脂肪坏死。病变可发生于全身各部位的脂肪,但以肠系膜、网膜和肾周围的脂肪最常见。病变脂肪暗淡无光,呈白垩色,显著发硬;变化初期,脂肪里可见许多弥漫性淡黄白色坏死点,随后小病灶逐渐扩大、融合,形成白色坚硬的坏死团块或结节。

（2）**卫生评价与处理**

①脂肪坏死轻微,无损商品外观的,不受限制出场。

②变化明显的,将病变部切除化制,胴体不受限制出场。

③如为传染病引起,应结合具体传染病进行处理。

10.1.2 器官病变的鉴定与卫生处理

1）心脏病变的鉴定与处理

（1）**心脏的病变**

除疫病的特定病变外,心脏的主要病理变化如下:

①心肌炎。心肌呈灰黄色似煮熟状,质地松弛,心脏扩张。局灶性的,在心内膜和心外膜下可见灰黄色或灰白色斑和条纹。化脓性心肌炎时,心肌内散在有大小不等的化脓灶。

②心内膜炎。最常见的是疣状心内膜炎,以心瓣膜发生疣状血栓为特征;其次是溃疡性心内膜炎,其特征是心瓣膜上出现溃疡。

③心包炎。最常见的是牛的创伤性心包炎,此时,心包极度扩张,其中沉积有淡黄色纤维蛋白或脓性渗出物,具有恶臭。慢性病例,心包极度增厚,与周围器官发生粘连,被绒毛样纤维素所覆盖,形成"绒毛心"。

(2)卫生评价及处理

①心肌肥大、脂肪浸润、慢性心肌炎而不伴有其他脏器变化的,不受限制出场。

②严重的非创伤性心包炎、心内膜炎、急性心肌炎以及心肌松软和色泽改变的,心脏作化制处理。

③创伤性心包炎,心脏化制。对肉的处理须作沙门氏菌检查,结果为阴性的,胴体不受限制出厂;为阳性的,胴体高温处理出厂。

2)肝脏病变的鉴定与处理

(1)肝脏的病变

除疫病的特定病变外,肝脏的主要病理变化如下:

①肝脂肪变性。肝脏肿大,包膜紧张,呈不同程度的浅黄色或土黄色,质地软而易碎,切面有油腻感,称此为"脂肪肝"。脂变肝脏如伴有淤血,则肝的切面因暗红色的淤血部分和黄褐色的变性部分互相交织掺杂,形成类似槟榔切面的花纹,称为"槟榔肝"。

②饥饿肝。由于饥饿、长途运输、惊恐奔跑、竭力挣扎和疼痛(骨折、挫伤)等因素引起的不伴有胴体和其他脏器异常的肝色泽变化。特征是:肝呈黄褐色或黄色,但体积不增大,结构质地也无变化。

③肝硬变。当萎缩性肝硬变时,肝脏体积缩小,被膜增厚,质地变硬,肝表面呈颗粒状或结节状,色灰红或暗黄,称为"石板肝"。当肥大性肝硬变时,肝体积可增大2~3倍,质地坚硬,肝小叶纹理不清,表面光滑,称为"大肝"。

④肝中毒性营养不良。为全身中毒感染的结果,各种牲畜都可能发生,而以猪多见。其表现随病期不同而异。病初,肝脏体积增大,色黄、质地脆弱,呈脂肪肝样;随后在黄色背景上出现红色斑纹,肝体积缩小,柔软,触压有波动感。

⑤肝淤血。轻度淤血,肝脏肿大不明显,肝脏实质正常;淤血严重的,呈蓝紫色,包膜紧张、肿胀,切开肝实质,有较多深紫色血液流出。

⑥肝色素沉着。多见于老龄畜,肝脏呈褐黑色,质地松脆。

⑦肝坏死。是坏死杆菌感染所造成的一种损害。多见于牛,表现在肝表面和实质散在有灰色、灰黄色、榛实大或更大的凝固性坏死灶,质地脆弱,切面景象模糊,周缘常有红晕。

⑧肝胆管扩张。轻者,切开肝实质可见胆管扩张,流出绿色稀薄胆汁;重者,肝脏呈灰色,胆管明显扩张无弹性,有较多污绿色胆汁流出或胆盐沉着。

(2)卫生评价与处理

①"脂肪肝""饥饿肝"以及轻度的色素沉着、淤血和肝硬变,不受限制出场。

②"槟榔肝""大肝""石板肝"、胆管扩张肝、中毒性营养不良肝以及脓肿、坏死肝,一律化制或销毁处理。

3）脾脏病变的鉴定与处理

（1）**脾脏的病**

宰后见于脾脏的病变如下：

①急性脾炎。脾肿较正常增大 2～3 倍，有时达 5～10 倍，质软，常见于一些败血性传染病。

②脾脏梗死。常发生于脾脏边缘，约扁豆大，常见于猪瘟。

③脾脏脓肿。常见于马腺疫、犊牛脐炎、牛创伤性网胃炎等。

④肉芽肿结节。多见于结核、鼻疽、布鲁氏菌病。

⑤坏死性脾炎。脾脏肿大轻微或不肿大，见于出血性败血症。如鸡新城疫、禽霍乱等。

（2）**卫生评价与处理**

凡具有以上病理变化的脾脏，一律作化制或销毁处理。

4）肺脏病变的鉴定与处理

（1）**肺脏的病变**

除疫病的特定病变外，肺脏主要的病理变化如下：

①肺电麻出血。电麻不当所致的出血以肺脏最为显著。一般出现在膈叶背缘的肺胸膜下，呈散在性，有时密集成片，鲜红色。

②肺呛血。主要是由"点心法"屠宰放血时引起，血液呛入支气管和肺脏所致。呛血肺局部肺小叶呈鲜红色，放入水中呈"半舟状"。切开支气管和肺泡，可见鲜红色血凝块。

③肺呛水。屠宰加工时，将未死透的猪放入烫池，猪在烫池中挣扎将烫池中的水吸入肺内所致。呛水区多见于尖叶和心叶，有时波及膈叶。其特征是肺极度膨大，触摸肺组织发软并有波动感，外观呈浅灰色或淡黄褐色，肺胸膜紧张而有弹性，放入水中呈"半舟状"，切面流出多量温热浑浊液体。

④纤维素性肺炎。为肺内有肝变病灶，肺胸膜和肋胸膜表面有纤维素附着并形成粘连。

⑤肺坏疽。眼观肺组织肿大，触摸坚硬，切开病变可见有污灰色、灰绿色甚至黑色的、膏状和粥状坏疽物，有恶臭味；有时病变区因腐败、液化而形成空洞，流出污灰色恶臭液。

（2）**卫生评价与处理**

①电麻出血肺，不受限制出场。

②其他病变肺，一律作化制或销毁处理。

5）肾脏病变的鉴定与处理

①肾脏的病变。除特定传染病和寄生虫病引起的病变外，肾脏的病理变化还有肾胀肿、肾结石、肾盂积水、肾梗死、肾皱缩、肾囊肿等病变。

②卫生评价与处理。除轻度肾结石、肾囊肿、肾梗死可局部切除食用外，其他各种病变的肾，一律作化制处理。

6）胃肠病变的鉴定与处理

①胃肠的病变。胃肠可发生各种类型的病理变化，如出血、炎症、糜烂、溃疡、坏疽、寄

生虫结节、结核、肿瘤等。猪宰后检验时,发现肠壁和局部淋巴结含气泡,称为"肠气肿"。

②卫生评价与处理。除轻度肠气肿放气后可供食用外,其他有病变的胃肠一律化制处理。

10.1.3 肿瘤的鉴定与处理

1)畜禽肿瘤的鉴定

由于畜禽肿瘤种类繁多,生长部位不同,外观形态和大小差异很大,鉴定必须通过组织学检查,以判定肿瘤类别和它的良恶性质。然而,由于宰后检验是在高速度流水生产线上进行,不可能对发现的病理变化进行组织切片检查,只能用眼观做出判断,提出处理意见。因此,要求检验人员具有扎实的专业知识和丰富的实践经验,以便作出正确的判断。

大多数肿瘤呈大小不一的结节状,生长于组织表面或深层,单发或多发,与周围正常组织有明显的分界。

近年来在屠宰检验中已发现的畜禽肿瘤详见表10.1。

表10.1 屠宰畜禽的肿瘤

畜　别	常见肿瘤	已发现的肿瘤
猪	肝癌、淋巴肉瘤、纤维瘤、肾母细胞瘤、平滑肌瘤	腺癌、腺瘤、平滑肌肉瘤、网状细胞瘤、鳞状细胞癌、鼻咽血管瘤、毛细血管瘤、黑色素瘤、神经纤维瘤、脂肪瘤、黏液瘤、卵巢颗粒细胞瘤、肾上腺嗜铬细胞瘤等
牛	淋巴肉瘤、肝癌、纤维肉瘤、腺癌、纤维瘤	网状细胞肉瘤、血管外皮瘤、鼻咽癌、骨癌、脂肪瘤、肾母细胞瘤、白血病、膀胱瘤、移行细胞癌、平滑肌瘤、肾上腺皮质瘤、神经纤维瘤、间皮细胞瘤、嗜铬细胞瘤、嗜银细胞瘤、皮肤乳头状瘤、巨滤泡性淋巴瘤、血管内皮瘤
羊	肺腺瘤样病	皮肤乳头状瘤、胸腺瘤、鳞状上皮细胞瘤、黑色素瘤、肝癌、软骨瘤、淋巴细胞肉瘤等
兔	肾母细胞瘤、间皮瘤	腺癌、未分化癌、睾丸胚胎性瘤、畸胎瘤、黏液囊肿
鸡	马立克氏病、白血病、肾母细胞瘤、肝癌、卵巢腺癌	腺癌、平滑肌瘤、纤维瘤、淋巴瘤、脂肪瘤、黏液瘤腺瘤、网状细胞肉瘤、睾丸间皮细胞瘤、卵巢颗粒细胞癌、中肾癌、神经纤维瘤、间皮细胞瘤、横纹肌瘤等
鸭	腺癌、肝癌	肾母细胞瘤、腺瘤、肝母细胞瘤、恶性间皮细胞瘤等
鹅	淋巴肉瘤	纤维瘤

畜禽常见肿瘤的眼观变化如下:

①乳头状瘤。属于良性肿瘤,因外形呈乳头状而得名。各种动物均可发生,反刍动物多发。好发部位为皮肤、黏膜等。根据间质成分的多少可分为硬性乳头状瘤和软性乳头状瘤。前者多发于皮肤、口腔、舌、膀胱及食道等处,含纤维成分较多,质地坚硬;后者

多发生于胃、肠、子宫等处的黏膜,含纤维成分较少,质地柔软,易出血。

②纤维瘤。属良性肿瘤,多发生于结缔组织,由结缔组织纤维和成纤维细胞构成。常发生于皮肤、皮下、肌膜、腱、骨膜以及子宫、阴道等处。根据细胞和纤维成分的比例,可分为硬性纤维瘤和软性纤维瘤。硬性纤维瘤质地坚硬,多呈圆形结节状或分叶状,切面干燥,灰白色,有丝绢样光泽,并可见纤维呈编织状交错分布;软性纤维瘤质地柔软,有完整的包膜,切面淡红色、湿润。发生于黏膜上的软性纤维瘤,常有较细的带与基底连接,称为息肉。

③猪鼻咽癌。我国华南地区多发,患猪生前经常流浓稠鼻涕,有时衄血、鼻塞,面颊肿胀,逐渐消瘦。剖检见鼻咽顶部黏膜增厚粗糙,呈微细突起或结节状肿块,苍白、质脆、无光泽,有时散布小的坏死灶,结节表面和切面有新的疤痕。患鼻咽癌的猪往往同时伴发副鼻窦癌,其中以筛窦常发。筛窦癌的肿块多呈菜花样,灰白、无光、质脆、切面呈颗粒状。

④鸡食管癌。多发生于6月龄以上鸡的咽部和食管上段,食管中、下段很少发生。外观呈菜花样或结节状,有时呈浸润性生长,使局部黏膜增厚。肿瘤表面易发生坏死,呈黄色或粉红色。坏死周围黏膜隆起、外翻、增厚,切面灰白,质硬呈颗粒状。

⑤纤维肉瘤。是发生于结缔组织的恶性肿瘤,各种动物均可发生,最常发生于皮下结缔组织、骨膜、肌腱;其次是口腔黏膜、心内膜、肾、肝、淋巴结和脾脏等处。外观呈不规则的结节状,质地柔软,切面灰白,似鱼肉样,常见出血和坏死。

⑥鸡卵巢腺癌。多发生于成年母鸡,2岁以上的鸡发病率最高。病鸡呈渐进性消瘦,贫血,食欲减退,产蛋减少或不产蛋,腹部膨大,下垂,行走状如企鹅。剖检腹腔有大量淡黄色混有血液的腹水,卵巢中有灰白色、无包膜、坚实的肿瘤结节,外观呈菜花样。有些呈半透明的囊泡状,有些发生坏死,也可见残存的变性坏死卵泡。还可在腹腔其他器官的浆膜面形成转移癌瘤,外观呈灰白色,坚实的结节状或菜花样。

⑦原发性肝癌。可见于牛、猪、鸡和鸭,往往呈地区性高发。主要是由于黄曲霉毒素慢性中毒所致。由肝细胞形成的称肝细胞性肝癌,由胆管上皮细胞形成的称胆管上皮细胞性肝癌。

猪的原发性肝癌,可分为巨块型、结节型和弥漫型。巨块型肝癌较少见,在肝脏中形成巨大癌块;结节型最常见,特征是在肝组织形成大小不等的类圆型结节,切面可呈现乳白、灰白、灰红、淡绿或黄绿色,与周围组织分界明显;弥漫型不形成明显的结节,形成不规则的灰白色或灰黄色斑点或斑块。

⑧肾母细胞瘤。又称肾胚胎瘤,是幼龄动物常见的一种肿瘤。多见于兔、猪和鸡,也见于牛和羊。兔和猪的肾母细胞瘤多发为一侧肾脏,少数为两侧发生。常在肾脏的一端形成肿瘤,大小不等,一般呈圆形或分叶状,白色或淡白色,有薄而完整的包膜,肾脏萎缩变形。切面结构均匀,灰白色,肉瘤样,有时有出血和坏死,偶见肺和肝脏有转移瘤形成。

⑨黑色素瘤。动物多发的黑色素瘤大多为恶性瘤——恶性循环性黑色素瘤,是由黑色素细胞形成的肿瘤。各种动物均可发生,其中老龄的淡毛色马属动物最多见,其次是牛、羊、猪和犬。原发部位主要是肛门和尾根部的皮下组织,呈圆形的肿块,大小不等,切面呈分叶状,深黑色的肿瘤团块被灰白色的结缔组织分割成大小不等的圆形小结节。此瘤生长迅速,瘤细胞可经淋巴或血流转移,在盆腔淋巴结、肺、心、肝、肾等全身组织器官形成转移瘤。

2）患肿瘤畜禽肉的卫生处理

主要是根据胴体的营养状况（即肥瘦），肿瘤的良性、恶性、是否转移，在同一组织或器官上发现一个还是多个肿瘤而确定。

①一个脏器上发现肿瘤病变，胴体不瘠瘦，且无其他明显病变的，患病脏器化制或销毁处理，其他脏器和胴体高温处理；胴体瘠瘦或肌肉有变化的，胴体和脏器化制或销毁处理。

②屠体有两个或两个以上的脏器发现有肿瘤病变的，胴体和脏器销毁处理。

③经确诊为淋巴肉瘤或白血病的，不论肿瘤病变轻重或多少，胴体和脏器一律销毁处理。

10.2　常见内脏器官病变的鉴定与处理

10.2.1　猪宰后内脏器官病变的感官检疫与卫生处理

1）心脏主要病变的感官检疫与卫生处理

心脏主要病变的感官检疫与卫生处理，详见表10.2。

表10.2　心脏主要病变与处理方法

疾病名称	主要病变	处理方法
纤维素性心包炎	心包有轻度纤维素性炎，实质正常	市销
	心与心包粘连，能剥离，实质正常	剥离心包后高温处理
	心与心包膜粘连，不能剥离，似"绒毛心"	化制或销毁
心内外膜出血	心内外膜有出血点，实质正常	高温处理
	心外膜有较多出血点，实质变性	化制或销毁
心肌炎	心冠状沟有营养性水肿，色泽与实质正常	修割后市销
	心冠状沟有营养性水肿，心肌色泽苍白	高温处理
	心肌松软，色泽苍白，严重变性	化制或销毁
囊尾蚴病	心外膜发现囊尾蚴	化制或销毁
浆膜丝虫病	心外膜发现丝虫结节1~3个者	修割后高温处理
	心外膜发现丝虫结节4~5个者	化制或销毁

2）肝主要病变的感官检疫与卫生处理

肝主要病变的感官检疫与卫生处理，详见表10.3。

表10.3　肝主要病变与处理方法

疾病名称	主要病变	处理方法
肝郁血	因局部压迫引起,实质正常	市销
	全肝轻度郁血,肿胀	高温处理
	蓝紫色,包膜紧张易破,切面流出血样液体	化制或销毁
肝出血	麻电引起的肝浆膜上少量鲜红出血点	市销
	肝浆膜与实质有散在深紫色出血点	高温处理
	肝浆膜与实质有密集的深紫色出血点	化制或销毁
肝变性	肝肿胀轻微,淡黄色	高温处理
	肿胀严重,切面外翻,质脆,土黄或灰白色	化制或销毁
肝色素沉着症	老龄性肝色素沉着,黑褐色,质地松脆	化制或销毁
	一般性色素沉着,实质正常	高温处理
肝坏死	仅见局部少量灰白色坏死点	修割后市销
	局部有较多的灰白色坏死点	修割后高温处理
	全肝有少量散在坏死点,无法修割	高温处理
	全肝有密布的坏死点	化制或销毁
肝浆膜纤维素性炎	肝实质正常,表面有少量纤维素	市销
	肝实质正常,局部粘连不能剥离	修割后高温处理
	粘连严重,难剥离,实质正常	高温处理
	粘连严重,不能剥离,实质异常	化制或销毁
肝胆管扩张	肝色泽正常,切开胆管流出污绿色稀薄胆汁	修割后高温处理
	肝灰黄,胆管明显扩张、无弹性,伴发肝炎	化制或销毁
肝硬变	局部的压迫性引起	修割后市销
	色泽正常,肿胀无弹性,稍有硬感	高温处理
	灰白色,严重肿胀,坚硬无弹性,刀切橡皮样	化制或销毁
	萎缩,表面隆起结节硬变	化制或销毁
吸虫寄生的肝病变	肝片性吸虫等仅在局部胆管寄生,且实质正常	修割后市销
	吸虫在多叶胆管寄生,胆管扩张,且实质正常	高温处理
	胆管内广泛寄生,显著扩张,肝有黄白色坏死点	化制或销毁
幼虫寄生的肝病变	细颈囊尾蚴和棘球蚴寄生	修割后市销
	肝实质散在寄生性白斑或结节	化制或销毁
肝灌水	胆管进水,局部隆起,淡黄色	修割后高温处理
肝脓肿	局部有界限明显的脓肿,其余正常	修割后高温处理
	脓肿较多或脓灶破溃向四周发展	化制或销毁

3) 肺主要病变的感官检疫与卫生处理

肺主要病变的感官检疫与卫生处理,详见表10.4。

表 10.4　肺主要病变与处理方法

疾病名称	主要病变	处理方法
肺出血	肺外表有出血点,病变部超过 1/2	病变肺叶化制
	麻电引起鲜红出血点,密度低且淋巴结正常	市销
	放血不当引起肺呛血	化制或销毁
	整个肺叶密布暗红色小出血点	化制或销毁
肺水肿	水肿部不超过 1/2	切除后市销
	水肿部超过 1/2	病变肺叶化制
	呛水肺	化制或销毁
	全肺水肿严重	化制或销毁
纤维素性肺炎	肺表面有少量纤维素,色泽正常	市销
	肺浆膜与胸膜有粘连,可剥离,色泽正常	高温处理
	肺浆膜与胸膜有粘连,实质有病变	化制或销毁
肺坏疽或脓疡	肺部坏死,恶臭或有脓肿病灶	化制或销毁
肺气肿	仅局部气肿,色泽尚正常	高温处理
	全肺气肿,间质增宽,呈灰白色	化制或销毁
小叶性肺炎	病变不超过 1/2	切除后市销
	病变超过 1/2	病变肺叶化制
气喘病	淋巴结肿大,仅心叶、尖叶有胰样变	切除后高温处理
	淋巴结肿大,且病变部超过 1/2	全肺化制或销毁
肺萎缩	萎缩肺叶不超过 1/2	修割后市销
	萎缩肺叶超过 1/2	化制或销毁

4) 肾主要病变的感官检疫与卫生处理

肾主要病变的感官检疫与卫生处理,详见表10.5。

表10.5 肾主要病变与处理方法

名 称	主要病变	处理方法
肾出血	肾皮质散在极少量出血点	修割后市销
	肾皮质有出血点,实质正常	高温处理
	肾皮质出血面广或肾实质正常	化制或销毁
肾充血与郁血	肾轻度充血、郁血,实质正常	高温处理
	肾明显肿大,皮质、髓质切面暗红色	化制或销毁
肾梗死	肾皮质部有少量白色或红色梗死灶	修割后市销
	肾皮质有较多的梗死灶,但面积小	修割后高温处理
	肾皮质有较多的梗死灶,无法修割	化制或销毁
肾色素沉着	深褐色或其他色素,但不肿胀	高温处理
	明显的色泽异常且见肿胀	化制或销毁
肾盂积尿	肾盂扩张,髓质部萎缩,但皮质正常	高温处理
	肾盂扩张,髓质部消失,皮质部变薄	化制或销毁
肾炎	肾表面有少量出血小点由麻电引起,实质正常	市销
	肾表面有病理性出血小点,实质正常	高温处理
	急性肾炎,出血点密集	化制或销毁
间质性肾炎	肾表面有少数灰白色斑点,实质不坚硬	修割后高温处理
	肾间质呈灰白色,实质坚硬	化制或销毁
肾脂肪变性或肾浊肿	肾肿胀,质脆,色泽灰白,似煮熟肉样,呈黄脂色	化制或销毁
化脓性肾炎	肾表面有少量化脓病灶	修割后高温处理
	肾表面有较多或较大的化脓灶	化制或销毁
肾囊肿	肾皮质部有少量小水泡,实质正常	修割后市销
	肾皮质部有较多的小水泡或个别较大的水泡	修割后高温处理
	肾皮质部水泡超过1/2,无法修割	化制或销毁
肾固缩症	肾萎缩硬变,有时表面呈结节状隆起	化制或销毁
肾虫寄生	少数虫体寄生,实质正常	修割后市销
	多数虫体寄生	化制或销毁

5)胃、大肠、皮肤、脾、骨骼主要病变的感官检疫与卫生处理

胃、大肠、皮肤、脾、骨骼主要病变的感官检疫与卫生处理,详见表10.6。

表 10.6　胃、大肠、皮肤、脾、骨骼主要病变与处理方法

名　称	主要病变	处理方法
急性胃炎	黏膜有充血、出血,但浆膜正常	高温处理
	浆膜和黏膜均有充血、出血,暗红色	化制或销毁
增生性胃炎	黏膜增厚发硬,黏膜下层水肿,寄生虫性溃疡	高温处理
脾出血性梗死	病变不超过全脾的 1/2	修割后高温处理
	病变超过全脾的 1/2	化制或销毁
脾血肿	局部显著隆起,触检有波动感	化制或销毁
脾炎	脾肿大,严重郁血	化制或销毁
肠炎	肠黏膜轻度充血,滤泡肿胀	高温处理
	肠黏膜严重充血、出血,滤泡化脓、坏死、溃疡	化制或销毁
肠黏膜色素沉着症	肠黏膜呈灰绿色或灰褐色	以 0.5% ~ 1% 过氧乙酸脱色后市销
皮肤病或内外伤	皮肤湿疹、血肿、脓疡、打伤、骨折、内出血等	修割后市销

注:(1)在宰后胴体检疫时,肾必须剥开包膜逐个进行观察,必要时纵剖检查皮、髓质及肾盂。

(2)除上述心、肝、肺、肾外,发现下列病变时应由各道检疫工序予以割除:

①淋巴结有严重出血、肿胀、化脓、钙化等;

②胸膜炎、腹膜炎;

③肠系膜、腹膜下层的脂肪坏死;

④头部有耳疔(耳朵化脓)、创伤性炎症、肿胀等。

10.2.2　牛、羊宰后内脏器官病变的感官检疫与卫生处理

牛、羊宰后内脏器官病变的感官检疫与卫生处理,详见表 10.7。

表 10.7　主要脏器的主要病变与处理方法

疾病名称	主要病变	处理方法
心内膜炎	轻度溃疡,坏死面积小,疣状物少	高温处理
	严重溃疡、坏死,并有多量疣状物	化制或销毁
纤维素性心包炎	心包有轻度纤维素性炎,手可剥离	修割后市销
	心与心包粘连,手不可剥离可用刀修整	高温处理
	心与心包粘连,不可剥离,肌肉发生变性坏死	化制或销毁
创伤性心包炎	心与心包轻度粘连,肌肉无变化	修割后高温处理
	心包增厚,肌肉坏死腐烂,恶臭味	化制或销毁
心肌炎	心耳轻微营养性水肿	修割后市销
	心耳水肿,心肌略有出血点,肌肉松弛	割除水肿部及出血点后高温处理
	肌肉苍白,无弹性,干燥无光泽,变性、坏死	化制或销毁

疾病名称	主要病变	处理方法
心包积液	心包积液,肌肉灰白色,无弹性	高温处理
	心包积液,肌肉灰白色,无弹性,结缔组织增生,心和心包发生严重粘连	化制或销毁
心肌囊尾蚴病	肉眼可见虫体寄生在心肌	化制或销毁
动脉瘤寄生虫钙化结节	主动脉弹性好,仅在表面有 1~2 个瘤	修割后市销
	动脉壁增厚,弹性差,有 3 个以上的瘤体	化制或销毁
动脉粥样硬化	剖开动脉管壁,可见内膜呈粥样硬化状,刀割有石灰感	化制或销毁
肝部血肿	轻度肿胀	高温处理
	严重肿胀	化制或销毁
肝窦状血管瘤	直臀瘤分布面积小,肝实质无变化	高温处理
	血管瘤弥散分布,肝实质伴有变性	化制或销毁
肝寄生虫性结节	仅表面有零星结节,实质无变化	修割后市销
	结节可割除,实质轻微变化	修割后高温处理
	结节弥散并渗透实质,无法割除,肝实质有变化	化制或销毁
肝脓疡	脓疡面积小,脓疡病灶仅限于小叶,尚能修割	修割后市销
	脓疡面积大,无法修割	化制或销毁
肝寄生虫	虫体少,实质无变化	修割后市销
	虫体少,肝实质轻度变化	高温处理
	大量虫体,实质伴有坏死	化制或销毁
增生性肝炎	肝硬变,失去弹性	化制或销毁
肝脂肪变性	淡黄色,实质正常	高温处理
	土黄色,质软	化制或销毁
肝蛋白变性	灰黄色,实质正常	高温处理
	肿胀、质软、触之易碎、色灰黄	化制或销毁
肝浆液纤维素性沉积	手可剥离,实质无变化	市销
	实质变性	化制或销毁
肺充血、出血	局部充血、出血	修割后市销
	严重充血、出血	化制或销毁
肺水肿	水肿面积不超过 1/2	修割后市销
	水肿面积超过 1/2	化制或销毁

续表

疾病名称	主要病变	处理方法
肺气肿	局部小叶气肿	修割后市销
	气肿严重	化制或销毁
卡他性肺炎	局部肺小叶炎症	修割后市销
	各肺小叶均发生病变	化制或销毁
纤维素性肺炎	病灶仅限于局部	修割后市销
	病灶面积大,无法修割	化制或销毁
肺丝虫病	轻度侵袭	修割后市销
	侵袭范围大	化制或销毁
脾肿大	肿大面积不超过1/2	修割后市销
	肿大面积超过1/2	化制或销毁
脾血栓	局部血栓	修割后市销
	血栓严重	化制或销毁
脾血肿	呈急性血肿,质地柔软	化制或销毁
肾盂积水	实质正常,可以引流积水	市销
	实质轻度变性	割除病变后高温处理
肾贫血性梗死	少而分散,可以修割	修割后市销
	多而密,梗死区域延伸于髓质部	化制或销毁
先天性肾囊肿	小而少	修割后市销
	多而大	修割后高温处理
	无法修割	化制或销毁
肾出血	出血点少	修割后市销
	出血点少,实质略有轻微变化	修割后高温处理
	出血点多,面大,实质严重变化	化制或销毁
间质性肾炎	病变区域小,可割除	修割后高温处理
	病变区域大,不能割除	化制或销毁
胸膜炎、腹膜炎	肉质良好,无恶臭	割除病变部分后市销
	肉质无变化,但有轻微臭味	割除病变后高温处理
	肉质有变化,且有恶臭味	化制或销毁
创伤性胃炎	病变轻微,或局限于1个胃	修割后高温处理
	病变严重,病变部超过2个胃	化制或销毁

续表

疾病名称	主要病变	处理方法
肠卡他	轻度肿胀,可修割	修割后市销
	水肿、充血,水肿部胶样浸润,肌层水肿	化制或销毁
肠系膜水肿	轻度水肿,可修割	修割后市销
	水肿、充血,水肿胶样浸润,淋巴结髓样水肿	化制或销毁
乳房炎	一侧乳房炎可割除,另一侧无病变	市销
	双侧乳房化脓,小叶水肿、硬化、出血、坏死	化制或销毁
子宫炎、子宫内	充血、出血、化脓、恶露未尽	化制或销毁

10.2.3　禽宰后内脏器官病变的感官检疫与卫生处理

禽宰后内脏器官病变的感官检疫与卫生处理,详见表10.8。

表10.8　主要脏器的病变与处理方法

病变名称	主要病变	处理方法
心包炎	心包充血、出血,心包积液,绒毛心	心作化制或销毁,胴体高温处理
肺炎	肺充血、水肿、渗出纤维素,肝样变	肺作化制或销毁,胴体高温处理
胃肠炎	胃肠壁充血、出血、肥厚、溃疡	胃肠作化制或销毁,胴体高温处理
肝炎	肝肿大、脂变、有坏死点,肝破裂	肝作化制或销毁,胴体高温处理
卵黄性腹膜炎	腹膜粘连,灰黑色,有碎裂蛋黄,酸臭	修割后市销或作高温处理
传染性法氏囊病	肌肉出血、胃肠黏膜出血,法氏囊肿大、出血,内有胶冻样物,肾肿大,并有尿酸盐沉积	胴体及内脏作化制或销毁
中毒		
全身肿瘤		
有腐败现象		胴体及内脏全部作化制或销毁
极度消瘦,肌肉变质或高度水肿		
胴体有异味或药味		
局部化脓,有创伤部分		
皮肤发炎部分		
严重充血与出血部分		
浮肿、肥大或萎缩、畸形部分		全部作化制或销毁
石灰样变性、寄生虫病损部分		
有异色、异味及臭味部分及其他有碍食肉卫生部分		

10.2.4 病死动物及病死动物肉的鉴别要点及处理

1)病死动物的鉴别要点及处理

①病死的动物,由于死亡病因不同,尸僵发生的程度有所不同。例如,死于破伤风的动物,尸僵发生快而明显;死于败血症、中毒的动物尸僵不显著或不出现(如炭疽病)。

②病死动物尸体皮肤上有比较明显的尸斑出现,这与动物死后由于血液重力沉降到尸体低下部位有关。动物生前患某种败血性传染病则会在尸体上出现出血、充血、淤血等病理现象。

③部分病死动物颈部有注射药物后的痕迹,腹部较小,尸体较瘦弱。

④动物死于败血症、中毒或严重缺氧,则会出现血液凝固不良或不凝固。

按照 GB 16548—1996 之规定,凡是病死畜禽一律不得食用,作化制或销毁处理。

2)病死畜禽肉的鉴别要点及处理

(1)感官检查及剖检

感官检查及剖检要点,详见表10.9。

表 10.9　病死畜禽肉的鉴别要点

病畜肉特征	死畜肉特征	病死禽肉
杀口状态异常: 　　宰杀刀口一般不外翻,切面平整,刀口周围组织稍有或无血液浸染现象。	杀口状态明显异常: 　　病死后冷宰的畜肉,其刀口不外翻,切面平整光滑,刀口周围组织无血液浸染现象。	杀口异常: 　　病禽宰杀刀口无血液浸染现象,死禽多数无宰杀刀口。
明显放血不良: 　　急宰牲畜呈明显放血不良,肌肉呈黑红色甚至蓝紫色,肌肉切面可见到血液浸染,并有血液外溢,脂肪、结缔组织中和胸膜下血管显露,有时脂肪淡红色。剥皮肉表面常有渗出血液形成的血珠。	极度放血不良: 　　病死后冷宰的畜肉,最显著的特征就是极度放血不良。肌肉呈黑红色,且带有蓝紫色彩,切面有黑红色血液浸润,并流出血滴。血管中充满血液,胸腹膜下血管怒张,胸腹膜表面呈紫色,脂肪呈红色,剥皮肉的表面有较多的血珠。	放血状况: 　　病禽屠宰后放血不良,皮肤呈红色、暗红色或蓝紫色,鸡冠、肉髯呈紫黑色。颈部、翅下、胸部等皮下血管淤血,肌肉切面呈暗红色或紫色,湿润多汁,有时有血滴流出。 　　死禽肉放血极度不良或根本没放血,肌肉切面呈紫黑色,且在皮肤表面可见到紫色斑点。
坠积性淤血: 　　濒死动物在急宰前通常较长时间的侧卧,由于重力引起的体内血液的下沉,卧地皮下组织和成对器官的卧地侧器官呈现紫红色坠积区。	坠积性淤血明显: 　　病死后冷宰的牲畜,其肉尸一侧的皮下组织、肌肉及浆膜,呈明显的坠积性淤血,在侧卧部位的皮肤上有淤血斑,又称为尸斑。	其他表现: 　　病死禽往往拔毛不净,毛孔突出,尸体消瘦,个体一般较小,肉尸一侧往往有坠积性淤血。
淋巴结病理变化: 　　急宰牲畜的淋巴结,由于疫病的不同而可能出现肿大、出血、坏死或其他病理变化。	淋巴结病理变化显著: 　　病死后冷宰的牲畜,其淋巴结都有显著的病理变化,由于疫病的不同,淋巴结可表现出多种病理变化,如淋巴结肿大、出血,切面呈紫玫瑰色等,应注意识别。	

（2）理化检验

理化检验在病死畜肉的鉴别上具有一定的辅助作用,虽然方法较多,但操作简单,易在市场肉类监督检验中应用,而且结果比较可靠,主要有以下几种方法:

①放血程度检验。

A.滤纸浸润法。

取干滤纸条(宽0.5 cm,长5 cm),将其插于被检肉的新切口1~2 cm处,经2~3 min后观察血液浸润情况。

结果判定:若放血不良,滤纸条被血样液浸润且超出插入部分2~3 mm;若严重放血不良,滤纸条被血样液严重浸染且超出插入部分5 mm以上。

B.愈创木脂酊反应。

检验者用镊子固定肉,用检验刀切取前肢或后肢瘦肉(片状)1~2 g,置于小瓷皿中;用吸管吸取愈创木脂酊(5 g愈创木脂溶于75%乙醇100 ml中)5~10 ml注入瓷皿中,此时肌肉不发生任何变化;加入3%过氧化氢数滴,此时肉片周围产生泡沫。

结果判定:若放血良好,肉片不变颜色,肉片周围溶液呈淡蓝色环或无变化;若放血不全,数秒钟内肉片变为深蓝色。

②过氧化物酶反应。

过氧化物酶只存在于健康动物的新鲜肉中,有病动物的肉一般无过氧化物酶或者含量甚微。当肉浸液中有过氧化物酶存在时,可以使过氧化氢分解,产生新生态氧,将指示剂联苯胺氧化成为蓝绿色化合物,经过一定时间则变成褐色。

检测过程如下:

第一步,称取样品精肉10 g,剪碎,置于200 ml烧杯内,加入蒸馏水100 ml,浸泡15 min,中间摇动数次,然后过滤,即为肉浸液,待检。

第二步,取2支试管,1支加入2 ml肉浸液,另1支加入蒸馏水作对照。

第三步,用滴管向两个试管中分别加入0.2%联苯胺酒精溶液5滴,充分震荡。

第四步,用滴管吸取1%过氧化氢溶液向上述各试管分别滴加2滴,稍加震荡,立即观察在3 min内颜色变化的速度与程度。

结果判定:若为健康新鲜肉,肉浸液在0.5~1.5 min内呈蓝绿色,以后变为褐色;若为病死畜禽肉,颜色不发生变化,但有时较迟出现淡蓝绿色,却很快变为褐色。

本试验也可简化操作方法,即在肉新鲜切面上,加1%过氧化氢溶液2滴和0.2%联苯胺酒精溶液5滴。如出现蓝绿色斑点,继之变成褐色者为健康新鲜肉;无斑点者为病、死畜禽肉。

（3）**病、死畜禽肉的处理**

在检疫过程中,一旦发现病、死畜禽肉,应按下述方法进行处理:

凡是检出病、死畜禽肉,不论是何种原因,一律不准上市销售。若检出烈性传染病(炭疽、口蹄疫等)时,应在检验人员的监督下就近销毁。对污染的一切场地、车辆、工具、衣物等进行消毒,并报告上一级主管部门,严密监视疫情动态。

对一般疫病急宰后的畜禽肉,可按GB 16548—1996《畜禽病害肉尸及无害化处理规程》进行有条件的利用。

10.3　其他动物产品的检疫检验与处理

10.3.1　生皮的检疫检验与处理

1）生皮的检疫与处理

动物生皮包括生毛皮、鲜皮、盐渍皮等。这些作为工业畜禽产品的原料,往往混有病原菌,易造成危害,因此也应加强检疫。其检疫程序如下:

①询问查证。询问该批产品的来源,当地有无疫情及流行情况;同时索取检疫证明,并查对证物是否相符。

②感官检查。健康生鲜皮的肉面呈淡黄色,真皮层切面致密、弹性好,背皮厚度适中且均匀一致;瘦弱的牲畜,皮质粗糙瘦薄,被毛干燥无光泽,肉面呈蓝白色;改良牲畜的皮张质量比土种牲畜为佳。盐腌或干燥保存的皮张,肉面上基本保持原有色泽。夏秋季在日光直接照射下的干燥的皮张肉面呈黑色。

从死亡或因病屠宰的尸体上剥下来的生皮,其肉面呈暗红色,皮板上有较多残留的肉屑和脂肪,有的还出现不同形式的病变。

2）检疫后处理

①确诊为蓝舌病、口蹄疫等一类疫病或当地新发生疫病或某些如炭疽、鼻疽、马传染性贫血等二类疫病的畜禽生皮,一律严格按《畜禽病害肉尸及其产品无害化处理规程》和《畜禽产品消毒规范》处理。接触过带病原生皮的场地、用具、车辆及人员也必须进行彻底消毒。

②原料中有生蛆、生虫、发霉等现象,及时剔除,进行通风、晾晒和消毒。

10.3.2　精液、胚胎的检疫与处理

这里仅指对从国外引进的牛、羊、猪或其他动物的精液、胚胎的检疫。其目的在于引进优良品种和提高繁殖性能。对入境精液、胚胎依照《动植物检疫法》《动植物检疫法实施条例》及其他相关规定进行检疫。对每批进口的精液、胚胎,应按照我国与输出国所签订的双边精液、胚胎检疫议定书的要求执行。

1）境外产地检疫

为了确保引进的动物精液或胚胎符合卫生要求,国家出入境检验检疫局依照我国与输出国签署的输入动物精液或胚胎的检疫和卫生要求议定书,派兽医到输出国的养殖场、人工授精中心及有关实验室配合输出国官方兽医机构执行检疫任务。其工作内容及程序如下:

会同输出国官方兽医商定检疫计划,了解整个输出国动物疫情,特别是本次拟出口动物精液或胚胎所在省的疫情;确认输出动物精液或胚胎的人工授精中心符合议定书要求,特别是在议定书要求该授精中心在指定的时间和范围内无议定书中所规定的疫病或临诊症状,查阅有关的疫病监测记录档案,询问地方兽医有关动物疫情、疫病诊治情况;

对中心内所有动物进行临诊检查,保证供精动物临诊是健康的;到官方认可的实验室参与对供精动物疫病的检疫工作。

①精液。精液样品应采自符合双边动物检疫协定或中国有关兽医卫生要求的合格供体公畜。供体公畜(动物)应全身清洁,身体及蹄部不带任何粪便或食物残渣;供体公畜(动物)包皮周围的毛不宜过长(一般剪至 2 cm 为宜),采精前用生理盐水将包皮、包皮周围及阴囊冲洗干净。

采精场所及试情畜(台畜)应清洁卫生,采精操作人员应佩戴灭菌手套,以防供体公畜(动物)阴茎意外滑出时,操作人员的手与阴茎直接接触;每次采精前,对人工阴道、精液收集管等器具应彻底清洗消毒。精液稀释液应新鲜无菌,一般不超过 72 h,储存在 5 ℃的条件下。用牛奶、蛋黄配置精液稀释液时,稀释液的这些成分必须无病原体或经过消毒(牛奶在 92 ℃经 3 ~ 5 min 处理,鸡蛋须来自 SPF 鸡群)。稀释液中可加入青霉素、链霉素和多黏菌素。采集精液时应有助手配合,当公畜爬跨试情动物或台畜时,采精操作人员用左手拉住公畜包皮,同时用右手将已消毒灭菌的人工阴道套到阴茎上。当公畜射精结束后,取下精液收集管,送实验室稀释,并分装成 50 ul/支(粒)或 25 ul/支(粒)。分装好的精液须放在液氮中保存和运送。

采样标准:一般按一头公畜(动物)一个采精批号,作为一个计算单位,100 支(粒)以下采样 4% ~ 5%。101 ~ 500 支(粒)采样 3% ~ 4%,501 ~ 1 000 支(粒)采样 2% ~ 3%,1 000 支(粒)以上采样 1% ~ 2%。

②胚胎。胚胎样品应采自符合双边动物检疫协定或中国有关兽医卫生要求的合格供胚胎畜。主要以检疫供胚动物、受胚动物、胚胎采集或冲洗液及胚胎透明带是否完整为决策依据,供胚动物及受胚动物的检疫将按照我国与输出国所签订的双边胚胎检疫议定书的要求执行。

胚胎透明带检查:在显微镜下,把胚胎放大 50 倍以上,检查透明带表面,并证实透明带完整无损,无黏附杂物。

胚胎按国际胚胎移植协会(IETS)规定方法冲洗,且在冲洗前、后保证透明带完整无损伤。

采集液、冲洗液样品:将采集液置于消毒容器中,静置 1 h 后弃去上清液,将底部含有碎片的液体(约 100 ml)倒入消毒瓶内。如果用滤器过滤采集胚胎,将滤器上被阻碎片洗下倒入 100 ml 的滤液里;洗液为收集胚胎的最后 4 次冲洗液。上述样品应置于 4 ℃条件下保存,并在 24 h 内进行检疫,否则应置于 -70 ℃冷冻待检。

放在无菌安瓿或细菌管内的胚胎,应储存在消毒的液氮容器内,凡从同一供体动物采集的胚胎应放在同一安瓿内。

2)报检

货主或其代理人应在货物进境前 30 d,到当地检验检疫机构报检。报检时须提供报检员证、进境动物精液或胚胎审批单、贸易合同、协议、发票、检疫证书(可在货物进境时补齐),并预交检疫费。

3)入境现场检疫

在货物到达入境口岸时,现场检疫人员应审核检疫证书、核对货证。

4）受体动物的隔离检疫

对引进动物精液或胚胎的养殖场在进行人工授精或胚胎移植之前,应将受体动物放置在检验检疫机构指定的或认可的临时隔离场内,对受体动物进行隔离检疫。隔离检疫期,应严格按照《进境动物临时隔离检疫查场管理办法》进行操作。

进行采血、采样时,应将动物保定好,并注意人畜安全。采血前,应对采血部位剪毛、消毒。对动物进行逐头采血、采样用于实验室检疫。采血的同时可进行结核病、副结核病等皮内变态反应试验。检验检疫人员须定期对动物进行临诊检查和观察。

5）实验室检疫与处理

对入境的精液和受体动物进行实验室检疫,检疫项目依照中国与输出国动物检疫部门签订的检疫协议、议定书或国家检验检疫局的审批意见执行。检疫结果为阳性的动物不得作为人工授精的受体或胚胎移植的对象。

10.3.3 种蛋的检疫与消毒

1）种禽场的防疫要求

①种禽场近年来未发生鸡新城疫、禽流感、鸡传染性支气管炎、马立克氏病、鸡白痢等疫病,周围必须是非疫区。

②种蛋来源于健康的种公畜、种母畜。

③用于包装种蛋的箱、纸板、填充物,必须消毒后才能使用。

④禁止同机孵化不同来源的种蛋,对孵化出的死胚,应送检。

⑤引进种蛋的单位,要具备隔离检疫的检疫场所。

2）种蛋的检疫

（1）感官检查

优质种蛋呈标准椭圆形;蛋壳表面有一层霜状粉末,具有各种禽蛋固有光泽;蛋壳表面清洁,无禽粪等污物;蛋壳完好无损、无裂纹、无凸凹不平的现象;蛋的大小适中、符合品种标准,一般重量为 55 ~ 70 g。

（2）灯光透视检查

①新鲜种蛋的形态特征。气室小,整个蛋呈微红色,蛋黄呈现暗影浮映于蛋内;如转动种蛋,蛋黄也随之转动,蛋黄上胚盘看不见,蛋黄表面无血丝、血管。

②次质、劣质蛋的形态特征。热伤蛋的气室较大,胚胎或未受精的胚珠暗影扩大,但无血环、血丝、蛋白变稀,蛋黄增大、色暗;无精蛋的蛋白稀薄,蛋黄膨大扁平,色淡;死精蛋的胚胎周围有微红的血环;孵化 7 ~ 10 d 的死雏蛋,气室明显倾斜,蛋内有死雏。

（3）实验室检疫

如果种蛋来自种禽场健康群,且经过检疫,一般只进行感官检查和灯光透视检查。必要时,应进行沙门氏菌和志贺氏菌的检疫。

（4）检疫后的处理

①种蛋经感官、灯光透视检查均合格,应签发检疫证书(如必须做沙门氏菌和志贺氏菌检疫,应为阴性)。

②凡沙门氏菌和志贺氏菌检疫为阳性者,不能作种用蛋,可直接供高温蛋制品行业用。

③有缺陷的蛋(如外形过大、过小、过圆的蛋,存放时间超过2周的蛋,灯光透视检查的无黄蛋、双黄蛋、三黄蛋、热伤蛋、孵化蛋、裂纹蛋、陈旧蛋等)不能作种用蛋。

3)种蛋的常用消毒方法

①福尔马林(36%~40%甲醛溶液)熏蒸法。将蛋放在蛋盘上置孵化器内,关闭进出气孔;按每立方米空间应用高锰酸钾15 g和福尔马林30 ml的用量,先将按计算量称好的高锰酸钾放在瓷盘中,把瓷盘放在孵化器的下面,加入所需量的福尔马林后迅速关闭孵化器门,30 min后打开门和进、出气孔,开动鼓风机,尽快将熏烟吹散。

②紫外线照射法。将蛋放在杀菌紫外线灯管下约50 cm处,照射1 min,然后在蛋的下方照射1 min。

③高锰酸钾消毒法。将蛋放在0.2%~0.5%高锰酸钾溶液中,使溶液温度保持40 ℃,浸泡1 min,取出沥干后装盘。

④新洁尔灭消毒法。使用时,将新洁尔灭配成0.1%浓度的溶液,喷雾在种蛋表面。配制时,忌与肥皂、碱、高锰酸钾等接触。

⑤抗生素消毒法。将孵化6~8 h的种蛋取出,放置数分钟后,浸入0.05%的土霉素和链霉素溶液中15 min,取出放孵化室1~2 min,趁蛋壳表面未干时,放回孵化器内继续孵化。

⑥漂白粉消毒法。将蛋浸入含有效氯1.5%的漂白粉溶液中3 min,取出沥干后即可。

在整个消毒过程中,注意通风换气。

复习思考题

1. 宰后检验中常见的组织器官病变有哪些? 应如何处理?
2. 病死畜禽肉的鉴别要点有哪些?
3. 对提供精液、胚胎、种蛋的种畜禽有哪些要求?

实训指导 病死动物的无害化处理和种蛋的检疫

1. 实习内容

①病死动物的无害化处理。
②种蛋的感官检查和灯光透视检查。

2. 目的要求

①掌握动物检疫后尸体运送和处理的方法。
②掌握种蛋的检疫方法。

3. 设备和材料

①病死动物若干头、运尸车、消毒液、纱布、喷雾器、大铁锅、工作服、工作帽、胶鞋、手套、口罩、风镜、消毒液及消毒器。
②照蛋器、电源、盛蛋容器、电灯泡、种蛋。

4. 方法步骤

1)病死动物的无害化处理

(1)尸体的运送

参加运送尸体的人员,均应穿戴工作衣、帽、胶鞋、手套、口罩、风镜。运尸车应不漏水;尸体装车前,车厢底部铺一层石灰,并应先用浸有消毒液的湿纱布,堵塞尸体的天然孔,防止分泌物和排泄物流出;尸体装车时,把尸体躺过的地面表土铲起,同尸体一起运走,并用消毒液喷洒消毒地面。装运过尸体的车辆、用具都应严格消毒,参运人员、被污染的衣物等,也应进行消毒。

(2)尸体的无害化处理

应按中华人民共和国 GB 16548—1996《畜禽病害肉尸及无害化处理规程》的规定,不同疫病应采取不同处理方法。

①高温处理法。将肉尸分割成重不超过 2 kg、厚不超过 8 cm 的肉块,放在大铁锅内(有条件的可用蒸汽锅),煮沸 2～2.5 h(从水沸腾时算起),使肉块中心温度达到 80 ℃以上,适用对象为猪肺疫、结核病、弓形虫病、禽霍乱、羊痘等。

②化制处理法。

湿化法。是利用湿化机将整个尸体投入进行化制的处理方法,用这种方法可以处理患有烈性传染病动物肉尸。

干化法。利用大型干化机,将原料分类,分切后投入化制。此法不适用于化制大块原料和全尸,亦不能化制恶性传染病尸体。

③销毁处理。

深埋法。掩埋地点应远离住宅、公路、放牧地、池塘、河流等地,选择地下水位低、土质干燥的地方。掩埋大牲畜,坑应挖成长 2 m、宽 1.5 m、深 2～2.5 m。在掩埋时,应先向坑内撒一层新鲜石灰,尸体投入后再撒一层石灰,然后掩埋,填土夯实。掩埋后,应插上明显的警示牌,防止私自挖启食用。

焚毁法。是将整个尸体或病变器官投入焚尸炉,使其烧毁和炭化的处理方法。焚烧是处理病原体最彻底的化制方法。焚毁的对象主要是恶性传染病的动物尸体。

2）种蛋的检疫

（1）**感官检查**

①看。优质种蛋呈标准椭圆形,蛋壳表面有一层霜状粉末,具有各种禽蛋固有光泽;蛋壳表面应清洁,无禽粪、无垫料等污物;蛋壳完好无损、无裂纹、无凹凸不平的现象。

②称。蛋的大小适中、符合品种标准,一般重量为 55~70 g。

（2）**灯光透视检查,采用照蛋器进行**

①新鲜种蛋。透视时,气室小,整个蛋呈微红色,蛋黄呈现暗影浮映于蛋内;转动种蛋,蛋黄也随之转动,蛋黄上胚盘看不见,蛋黄表面无血丝、血管。

②次、劣质蛋。热伤蛋的气室较大,胚胎或未受精的胚珠暗影扩大,但无血环、血丝,蛋白变稀,蛋黄增大、色暗;无精蛋的蛋白稀薄,蛋黄膨大扁平、色淡;死精蛋胚胎周围有微红的血环;孵化 7~10 d 的死雏蛋,气室明显倾斜,蛋内有死雏。

5. 实训报告

根据病死动物无害化处理的实际操作过程写出实习报告。

附　录

附录一　中华人民共和国进出境动植物检疫法

第一章　总　则

第一条　为防止动物传染病、寄生虫病和植物危险性病、虫、杂草以及其他有害生物（以下简称病虫害）传入、传出国境，保护农、林、牧、渔业生产和人体健康，促进对外经济贸易的发展，制定本法。

第二条　进出境的动植物、动植物产品和其他检疫物，装载动植物、动植物产品和其他检疫物的装载容器、包装物，以及来自动植物疫区的运输工具，依照本法规定实施检疫。

第三条　国务院设立动植物检疫机关（以下简称国家动植物检疫机关），统一管理全国进出境动植物检疫工作。国家动植物检疫机关在对外开放的口岸和进出境动植物检疫业务集中的地点设立的口岸动植物检疫机关，依照本法规定实施进出境动植物检疫。

贸易性动物产品出境的检疫机关，由国务院根据情况规定。

国务院农业行政主管部门主管全国进出境动植物检疫工作。

第四条　口岸动植物检疫机关在实施检疫时可以行使下列职权：

（一）依照本法规定登船、登车、登机实施检疫；

（二）进入港口、机场、车站、邮局以及检疫物的存放、加工、养殖、种植场所实施检疫，并依照规定采样；

（三）根据检疫需要，进入有关生产、仓库等场所，进行疫情监测、调查和检疫监督管理；

（四）查阅、复制、摘录与检疫物有关的运行日志、货运单、合同、发票及其他单证。

第五条　国家禁止下列各物进境：

（一）动植物病原体（包括菌种、毒种等）、害虫及其他有害生物；

（二）动植物疫情流行的国家和地区的有关动植物、动植物产品和其他检疫物；

（三）动物尸体；

（四）土壤。

口岸动植物检疫机关发现有前款规定的禁止进境物的，作退回或者销毁处理。

因科学研究等特殊需要引进本条第一款规定的禁止进境物的，必须事先提出申请，经国家动植物检疫机关批准。

本条第一款第二项规定的禁止进境物的名录，由国务院农业行政主管部门制定并公布。

第六条　国外发生重大动植物疫情并可能传入中国时，国务院应当采取紧急预防措施，必要时可以下令禁止来自动植物疫区的运输工具进境或者封锁有关口岸；受动植物疫情威胁地区的地方人民政府和有关口岸动植物检疫机关，应当立即采取紧急措施，同时向上级人民政府和国家动植物检疫机关报告。

邮电、运输部门对重大动植物疫情报告和送检材料应当优先传送。

第七条　国家动植物检疫机关和口岸动植物检疫机关对进出境动植物、动植物产品的生产、加工、存放过程，实行检疫监督制度。

第八条　口岸动植物检疫机关在港口、机场、车站、邮局执行检疫任务时，海关、交通、民航、铁路、邮电等有关部门应当配合。

第九条　动植物检疫机关检疫人员必须忠于职守，秉公执法。

动植物检疫机关检疫人员依法执行公务，任何单位和个人不得阻挠。

第二章　进境检疫

第十条　输入动物、动物产品、植物种子、种苗及其他繁殖材料的，必须事先提出申请，办理检疫审批手续。

第十一条　通过贸易、科技合作、交换、赠送、援助等方式输入动植物、动植物产品和其他检疫物的，应当在合同或者协议中订明中国法定的检疫要求，并订明必须附有输出国家或者地区政府动植物检疫机关出具的检疫证书。

第十二条　货主或者其代理人应当在动植物、动植物产品和其他检疫物进境前或者进境时持输出国家或者地区的检疫证书、贸易合同等单证，向进境口岸动植物检疫机关报检。

第十三条　装载动物的运输工具抵达口岸时，口岸动植物检疫机关应当采取现场预防措施，对上下运输工具或者接近动物的人员、装载动物的运输工具和被污染的场地作防疫消毒处理。

第十四条　输入动植物、动植物产品和其他检疫物，应当在进境口岸实施检疫。未经口岸动植物检疫机关同意，不得卸离运输工具。

输入动植物，需隔离检疫的，在口岸动植物检疫机关指定的隔离场所检疫。

因口岸条件限制等原因，可以由国家动植物检疫机关决定将动植物、动植物产品和其他检疫物运往指定地点检疫。在运输、装卸过程中，货主或者其代理人应当采取防疫措施。指定的存放、加工和隔离饲养或者隔离种植的场所，应当符合动植物检疫和防疫的规定。

第十五条　输入动植物、动植物产品和其他检疫物,经检疫合格的,准予进境;海关凭口岸动植物检疫机关签发的检疫单证或者在报关单上加盖的印章验放。

输入动植物、动植物产品和其他检疫物,需调离海关监管区检疫的,海关凭口岸动植物检疫机关签发的《检疫调离通知单》验放。

第十六条　输入动物,经检疫不合格的,由口岸动植物检疫机关签发《检疫处理通知单》,通知货主或者其代理人作如下处理:

(一)检出一类传染病、寄生虫病的动物,连同其同群动物全群退回或者全群扑杀并销毁尸体;

(二)检出二类传染病、寄生虫病的动物,退回或者扑杀,同群其他动物在隔离场或者其他指定地点隔离观察。

输入动物产品和其他检疫物经检疫不合格的,由口岸动植物检疫机关签发《检疫处理通知单》,通知货主或者其代理人作除害、退回或者销毁处理。经除害处理合格的,准予进境。

第十七条　输入植物、植物产品和其他检疫物,经检疫发现有植物危险性病、虫、杂草的,由口岸动植物检疫机关签发《检疫处理通知单》,通知货主或者其代理人作除害、退回或者销毁处理。经除害处理合格的,准予进境。

第十八条　本法第十六条第一款第一项、第二项所称一类、二类动物传染病、寄生虫病的名录和本法第十七条所称植物危险性病、虫、杂草的名录,由国务院农业行政主管部门制定并公布。

第十九条　输入动植物、动植物产品和其他检疫物,经检疫发现有本法第十八条规定的名录之外,对农、林、牧、渔业有严重危害的其他病虫害的,由口岸动植物检疫机关依照国务院农业行政主管部门的规定,通知货主或者其代理人作除害、退回或者销毁处理。经除害处理合格的,准予进境。

第三章　出境检疫

第二十条　货主或者其代理人在动植物、动植物产品和其他检疫物出境前,向口岸动植物检疫机关报检。

出境前需经隔离检疫的动物,在口岸动植物检疫机关指定的隔离场所检疫。

第二十一条　输出动植物、动植物产品和其他检疫物,由口岸动植物检疫机关实施检疫,经检疫合格或者经除害处理合格的,准予出境;海关凭口岸动植物检疫机关签发的检疫证书或者在报关单上加盖的印章验放。检疫不合格又无有效方法作除害处理的,不准出境。

第二十二条　经检疫合格的动植物、动植物产品和其他检疫物,有下列情形之一的,货主或者其代理人应当重新报检:

(一)更改输入国家或者地区,更改后的输入国家或者地区又有不同检疫要求的;

(二)改换包装或者原未拼装后来拼装的;

(三)超过检疫规定有效期限的。

第四章　过境检疫

第二十三条　要求运输动物过境的,必须事先商得中国国家动植物检疫机关同意,并按照指定的口岸和路线过境。

装载过境动物的运输工具、装载容器、饲料和铺垫材料,必须符合中国动植物检疫的规定。

第二十四条 运输动植物、动植物产品和其他检疫物过境的,由承运人或者押运人持货运单和输出国家或者地区政府动植物检疫机关出具的检疫证书,在进境时向口岸动植物检疫机关报检,出境口岸不再检疫。

第二十五条 过境的动物经检疫合格的,准予过境;发现有本法第十八条规定的名录所列的动物传染病、寄生虫病的,全群动物不准过境。

过境动物的饲料受病虫害污染的,作除害、不准过境或者销毁处理。

过境的动物的尸体、排泄物、铺垫材料及其他废弃物,必须按照动植物检疫机关的规定处理,不得擅自抛弃。

第二十六条 对过境植物、动植物产品和其他检疫物,口岸动植物检疫机关检查运输工具或者包装,经检疫合格的,准予过境;发现有本法第十八条规定的名录所列的病虫害的,作除害处理或者不准过境。

第二十七条 动植物、动植物产品和其他检疫物过境期间,未经动植物检疫机关批准,不得开拆包装或者卸离运输工具。

第五章　携带、邮寄物检疫

第二十八条 携带、邮寄植物种子、种苗及其他繁殖材料进境的,必须事先提出申请,办理检疫审批手续。

第二十九条 禁止携带、邮寄进境的动植物、动植物产品和其他检疫物的名录,由国务院农业行政主管部门制定并公布。

携带、邮寄前款规定的名录所列的动植物、动植物产品和其他检疫物进境的,作退回或者销毁处理。

第三十条 携带本法第二十九条规定的名录以外的动植物、动植物产品和其他检疫物进境的,在进境时向海关申报并接受口岸动植物检疫机关检疫。

携带动物进境的,必须持有输出国家或者地区的检疫证书等证件。

第三十一条 邮寄本法第二十九条规定的名录以外的动植物、动植物产品和其他检疫物进境的,由口岸动植物检疫机关在国际邮件互换局实施检疫,必要时可以取回口岸动植物检疫机关检疫;未经检疫不得运递。

第三十二条 邮寄进境的动植物、动植物产品和其他检疫物,经检疫或者除害处理合格后放行;经检疫不合格又无有效方法作除害处理的,作退回或者销毁处理,并签发《检疫处理通知单》。

第三十三条 携带、邮寄出境的动植物、动植物产品和其他检疫物,物主有检疫要求的,由口岸动植物检疫机关实施检疫。

第六章　运输工具检疫

第三十四条 来自动植物疫区的船舶、飞机、火车抵达口岸时,由口岸动植物检疫机关实施检疫。发现有本法第十八条规定的名录所列的病虫害的,作不准带离运输工具、除害、封存或者销毁处理。

第三十五条　进境的车辆,由口岸动植物检疫机关作防疫消毒处理。

第三十六条　进出境运输工具上的泔水、动植物性废弃物,依照口岸动植物检疫机关的规定处理,不得擅自抛弃。

第三十七条　装载出境的动植物、动植物产品和其他检疫物的运输工具,应当符合动植物检疫和防疫的规定。

第三十八条　进境供拆船用的废旧船舶,由口岸动植物检疫机关实施检疫,发现有本法第十八条规定的名录所列的病虫害的,作除害处理。

第七章　法律责任

第三十九条　违反本法规定,有下列行为之一的,由口岸动植物检疫机关处以罚款:

(一)未报检或者未依法办理检疫审批手续的;

(二)未经口岸动植物检疫机关许可擅自将进境动植物、动植物产品或者其他检疫物卸离运输工具或者运递的;

(三)擅自调离或者处理在口岸动植物检疫机关指定的隔离场所中隔离检疫的动植物的。

第四十条　报检的动植物、动植物产品或者其他检疫物与实际不符的,由口岸动植物检疫机关处以罚款;已取得检疫单证的,予以吊销。

第四十一条　违反本法规定,擅自开拆过境动植物、动植物产品或者其他检疫物的包装的,擅自将过境动植物、动植物产品或者其他检疫物卸离运输工具的,擅自抛弃过境动物的尸体、排泄物、铺垫材料或者其他废弃物的,由动植物检疫机关处以罚款。

第四十二条　违反本法规定,引起重大动植物疫情的,比照刑法第一百七十八条的规定追究刑事责任。

第四十三条　伪造、变造检疫单证、印章、标志、封识,依照刑法第一百六十七条的规定追究刑事责任。

第四十四条　当事人对动植物检疫机关的处罚决定不服的,可以在接到处罚通知之日起十五日内向作出处罚决定的机关的上一级机关申请复议;当事人也可以在接到处罚通知之日起十五日内直接向人民法院起诉。

复议机关应当在接到复议申请之日起六十日内作出复议决定。当事人对复议决定不服的,可以在接到复议决定之日起十五日内向人民法院起诉。复议机关逾期不作出复议决定的,当事人可以在复议期满之日起十五日内向人民法院起诉。

当事人逾期不申请复议也不向人民法院起诉、又不履行处罚决定的,作出处罚决定的机关可以申请人民法院强制执行。

第四十五条　动植物检疫机关检疫人员滥用职权,徇私舞弊,伪造检疫结果,或者玩忽职守,延误检疫出证,构成犯罪的,依法追究刑事责任;不构成犯罪的,给予行政处分。

第八章　附　则

第四十六条　本法下列用语的含义是:

(一)"动物"是指饲养、野生的活动物,如畜、禽、兽、蛇、龟、鱼、虾、蟹、贝、蚕、蜂等;

（二）"动物产品"是指来源于动物未经加工或者虽经加工但仍有可能传播疫病的产品，如生皮张、毛类、肉类、脏器、油脂、动物水产品、奶制品、蛋类、血液、精液、胚胎、骨、蹄、角等；

（三）"植物"是指栽培植物、野生植物及其种子、种苗及其他繁殖材料等；

（四）"植物产品"是指来源于植物未经加工或者虽经加工但仍有可能传播病虫害的产品，如粮食、豆、棉花、油、麻、烟草、籽仁、干果、鲜果、蔬菜、生药材、木材、饲料等；

（五）"其他检疫物"是指动物疫苗、血清、诊断液、动植物性废弃物等。

第四十七条　中华人民共和国缔结或者参加的有关动植物检疫的国际条约与本法有不同规定的，适用该国际条约的规定。但是，中华人民共和国声明保留的条款除外。

第四十八条　口岸动植物检疫机关实施检疫依照规定收费。收费办法由国务院农业行政主管部门会同国务院物价等有关主管部门制定。

第四十九条　国务院根据本法制定实施条例。

第五十条　本法自 1992 年 4 月 1 日起施行。1982 年 6 月 4 日国务院发布的《中华人民共和国进出口动植物检疫条例》同时废止。

附录二 中华人民共和国动物防疫法(2007修订)

第一章 总 则

第一条 为了加强对动物防疫活动的管理,预防、控制和扑灭动物疫病,促进养殖业发展,保护人体健康,维护公共卫生安全,制定本法。

第二条 本法适用于在中华人民共和国领域内的动物防疫及其监督管理活动。

进出境动物、动物产品的检疫,适用《中华人民共和国进出境动植物检疫法》。

第三条 本法所称动物,是指家畜家禽和人工饲养、合法捕获的其他动物。

本法所称动物产品,是指动物的肉、生皮、原毛、绒、脏器、脂、血液、精液、卵、胚胎、骨、蹄、头、角、筋以及可能传播动物疫病的奶、蛋等。

本法所称动物疫病,是指动物传染病、寄生虫病。

本法所称动物防疫,是指动物疫病的预防、控制、扑灭和动物、动物产品的检疫。

第四条 根据动物疫病对养殖业生产和人体健康的危害程度,本法规定管理的动物疫病分为下列三类:

(一)一类疫病,是指对人与动物危害严重,需要采取紧急、严厉的强制预防、控制、扑灭等措施的;

(二)二类疫病,是指可能造成重大经济损失,需要采取严格控制、扑灭等措施,防止扩散的;

(三)三类疫病,是指常见多发、可能造成重大经济损失,需要控制和净化的。

前款一、二、三类动物疫病具体病种名录由国务院兽医主管部门制定并公布。

第五条 国家对动物疫病实行预防为主的方针。

第六条 县级以上人民政府应当加强对动物防疫工作的统一领导,加强基层动物防疫队伍建设,建立健全动物防疫体系,制定并组织实施动物疫病防治规划。

乡级人民政府、城市街道办事处应当组织群众协助做好本管辖区域内的动物疫病预防与控制工作。

第七条 国务院兽医主管部门主管全国的动物防疫工作。

县级以上地方人民政府兽医主管部门主管本行政区域内的动物防疫工作。

县级以上人民政府其他部门在各自的职责范围内做好动物防疫工作。

军队和武装警察部队动物卫生监督职能部门分别负责军队和武装警察部队现役动物及饲养自用动物的防疫工作。

第八条 县级以上地方人民政府设立的动物卫生监督机构依照本法规定,负责动物、动物产品的检疫工作和其他有关动物防疫的监督管理执法工作。

第九条 县级以上人民政府按照国务院的规定,根据统筹规划、合理布局、综合设置的原则建立动物疫病预防控制机构,承担动物疫病的监测、检测、诊断、流行病学调查、疫情报告以及其他预防、控制等技术工作。

第十条 国家支持和鼓励开展动物疫病的科学研究以及国际合作与交流,推广先进适用的科学研究成果,普及动物防疫科学知识,提高动物疫病防治的科学技术水平。

第十一条　对在动物防疫工作、动物防疫科学研究中作出成绩和贡献的单位和个人,各级人民政府及有关部门给予奖励。

第二章　动物疫病的预防

第十二条　国务院兽医主管部门对动物疫病状况进行风险评估,根据评估结果制定相应的动物疫病预防、控制措施。

国务院兽医主管部门根据国内外动物疫情和保护养殖业生产及人体健康的需要,及时制定并公布动物疫病预防、控制技术规范。

第十三条　国家对严重危害养殖业生产和人体健康的动物疫病实施强制免疫。国务院兽医主管部门确定强制免疫的动物疫病病种和区域,并会同国务院有关部门制定国家动物疫病强制免疫计划。

省、自治区、直辖市人民政府兽医主管部门根据国家动物疫病强制免疫计划,制定本行政区域的强制免疫计划;并可以根据本行政区域内动物疫病流行情况增加实施强制免疫的动物疫病病种和区域,报本级人民政府批准后执行,并报国务院兽医主管部门备案。

第十四条　县级以上地方人民政府兽医主管部门组织实施动物疫病强制免疫计划。乡级人民政府、城市街道办事处应当组织本管辖区域内饲养动物的单位和个人做好强制免疫工作。

饲养动物的单位和个人应当依法履行动物疫病强制免疫义务,按照兽医主管部门的要求做好强制免疫工作。

经强制免疫的动物,应当按照国务院兽医主管部门的规定建立免疫档案,加施畜禽标识,实施可追溯管理。

第十五条　县级以上人民政府应当建立健全动物疫情监测网络,加强动物疫情监测。

国务院兽医主管部门应当制定国家动物疫病监测计划。省、自治区、直辖市人民政府兽医主管部门应当根据国家动物疫病监测计划,制定本行政区域的动物疫病监测计划。

动物疫病预防控制机构应当按照国务院兽医主管部门的规定,对动物疫病的发生、流行等情况进行监测;从事动物饲养、屠宰、经营、隔离、运输以及动物产品生产、经营、加工、储藏等活动的单位和个人不得拒绝或者阻碍。

第十六条　国务院兽医主管部门和省、自治区、直辖市人民政府兽医主管部门应当根据对动物疫病发生、流行趋势的预测,及时发出动物疫情预警。地方各级人民政府接到动物疫情预警后,应当采取相应的预防、控制措施。

第十七条　从事动物饲养、屠宰、经营、隔离、运输以及动物产品生产、经营、加工、储藏等活动的单位和个人,应当依照本法和国务院兽医主管部门的规定,做好免疫、消毒等动物疫病预防工作。

第十八条　种用、乳用动物和宠物应当符合国务院兽医主管部门规定的健康标准。

种用、乳用动物应当接受动物疫病预防控制机构的定期检测;检测不合格的,应当按照国务院兽医主管部门的规定予以处理。

第十九条　动物饲养场(养殖小区)和隔离场所,动物屠宰加工场所,以及动物和动

物产品无害化处理场所,应当符合下列动物防疫条件:

(一)场所的位置与居民生活区、生活饮用水源地、学校、医院等公共场所的距离符合国务院兽医主管部门规定的标准;

(二)生产区封闭隔离,工程设计和工艺流程符合动物防疫要求;

(三)有相应的污水、污物、病死动物、染疫动物产品的无害化处理设施设备和清洗消毒设施设备;

(四)有为其服务的动物防疫技术人员;

(五)有完善的动物防疫制度;

(六)具备国务院兽医主管部门规定的其他动物防疫条件。

第二十条 兴办动物饲养场(养殖小区)和隔离场所,动物屠宰加工场所,以及动物和动物产品无害化处理场所,应当向县级以上地方人民政府兽医主管部门提出申请,并附具相关材料。受理申请的兽医主管部门应当依照本法和《中华人民共和国行政许可法》的规定进行审查。经审查合格的,发给动物防疫条件合格证;不合格的,应当通知申请人并说明理由。需要办理工商登记的,申请人凭动物防疫条件合格证向工商行政管理部门申请办理登记注册手续。

动物防疫条件合格证应当载明申请人的名称、场(厂)址等事项。

经营动物、动物产品的集贸市场应当具备国务院兽医主管部门规定的动物防疫条件,并接受动物卫生监督机构的监督检查。

第二十一条 动物、动物产品的运载工具、垫料、包装物、容器等应当符合国务院兽医主管部门规定的动物防疫要求。

染疫动物及其排泄物、染疫动物产品,病死或者死因不明的动物尸体,运载工具中的动物排泄物以及垫料、包装物、容器等污染物,应当按照国务院兽医主管部门的规定处理,不得随意处置。

第二十二条 采集、保存、运输动物病料或者病原微生物以及从事病原微生物研究、教学、检测、诊断等活动,应当遵守国家有关病原微生物实验室管理的规定。

第二十三条 患有人畜共患传染病的人员不得直接从事动物诊疗以及易感染动物的饲养、屠宰、经营、隔离、运输等活动。

人畜共患传染病名录由国务院兽医主管部门会同国务院卫生主管部门制定并公布。

第二十四条 国家对动物疫病实行区域化管理,逐步建立无规定动物疫病区。无规定动物疫病区应当符合国务院兽医主管部门规定的标准,经国务院兽医主管部门验收合格予以公布。

本法所称无规定动物疫病区,是指具有天然屏障或者采取人工措施,在一定期限内没有发生规定的一种或者几种动物疫病,并经验收合格的区域。

第二十五条 禁止屠宰、经营、运输下列动物和生产、经营、加工、储藏、运输下列动物产品:

(一)封锁疫区内与所发生动物疫病有关的;

(二)疫区内易感染的;

(三)依法应当检疫而未经检疫或者检疫不合格的;

(四)染疫或者疑似染疫的;

（五）病死或者死因不明的；

（六）其他不符合国务院兽医主管部门有关动物防疫规定的。

第三章　动物疫情的报告、通报和公布

第二十六条　从事动物疫情监测、检验检疫、疫病研究与诊疗以及动物饲养、屠宰、经营、隔离、运输等活动的单位和个人，发现动物染疫或者疑似染疫的，应当立即向当地兽医主管部门、动物卫生监督机构或者动物疫病预防控制机构报告，并采取隔离等控制措施，防止动物疫情扩散。其他单位和个人发现动物染疫或者疑似染疫的，应当及时报告。

接到动物疫情报告的单位，应当及时采取必要的控制处理措施，并按照国家规定的程序上报。

第二十七条　动物疫情由县级以上人民政府兽医主管部门认定；其中重大动物疫情由省、自治区、直辖市人民政府兽医主管部门认定，必要时报国务院兽医主管部门认定。

第二十八条　国务院兽医主管部门应当及时向国务院有关部门和军队有关部门以及省、自治区、直辖市人民政府兽医主管部门通报重大动物疫情的发生和处理情况；发生人畜共患传染病的，县级以上人民政府兽医主管部门与同级卫生主管部门应当及时相互通报。

国务院兽医主管部门应当依照我国缔结或者参加的条约、协定，及时向有关国际组织或者贸易方通报重大动物疫情的发生和处理情况。

第二十九条　国务院兽医主管部门负责向社会及时公布全国动物疫情，也可以根据需要授权省、自治区、直辖市人民政府兽医主管部门公布本行政区域内的动物疫情。其他单位和个人不得发布动物疫情。

第三十条　任何单位和个人不得瞒报、谎报、迟报、漏报动物疫情，不得授意他人瞒报、谎报、迟报动物疫情，不得阻碍他人报告动物疫情。

第四章　动物疫病的控制和扑灭

第三十一条　发生一类动物疫病时，应当采取下列控制和扑灭措施：

（一）当地县级以上地方人民政府兽医主管部门应当立即派人到现场，划定疫点、疫区、受威胁区，调查疫源，及时报请本级人民政府对疫区实行封锁。疫区范围涉及两个以上行政区域的，由有关行政区域共同的上一级人民政府对疫区实行封锁，或者由各有关行政区域的上一级人民政府共同对疫区实行封锁。必要时，上级人民政府可以责成下级人民政府对疫区实行封锁。

（二）县级以上地方人民政府应当立即组织有关部门和单位采取封锁、隔离、扑杀、销毁、消毒、无害化处理、紧急免疫接种等强制性措施，迅速扑灭疫病。

（三）在封锁期间，禁止染疫、疑似染疫和易感染的动物、动物产品流出疫区，禁止非疫区的易感染动物进入疫区，并根据扑灭动物疫病的需要对出入疫区的人员、运输工具及有关物品采取消毒和其他限制性措施。

第三十二条　发生二类动物疫病时，应当采取下列控制和扑灭措施：

（一）当地县级以上地方人民政府兽医主管部门应当划定疫点、疫区、受威胁区。

（二）县级以上地方人民政府根据需要组织有关部门和单位采取隔离、扑杀、销毁、消毒、无害化处理、紧急免疫接种、限制易感染的动物和动物产品及有关物品出入等控制、扑灭措施。

第三十三条 疫点、疫区、受威胁区的撤销和疫区封锁的解除，按照国务院兽医主管部门规定的标准和程序评估后，由原决定机关决定并宣布。

第三十四条 发生三类动物疫病时，当地县级、乡级人民政府应当按照国务院兽医主管部门的规定组织防治和净化。

第三十五条 二、三类动物疫病呈暴发性流行时，按照一类动物疫病处理。

第三十六条 为控制、扑灭动物疫病，动物卫生监督机构应当派人在当地依法设立的现有检查站执行监督检查任务；必要时，经省、自治区、直辖市人民政府批准，可以设立临时性的动物卫生监督检查站，执行监督检查任务。

第三十七条 发生人畜共患传染病时，卫生主管部门应当组织对疫区易感染的人群进行监测，并采取相应的预防、控制措施。

第三十八条 疫区内有关单位和个人，应当遵守县级以上人民政府及其兽医主管部门依法作出的有关控制、扑灭动物疫病的规定。

任何单位和个人不得藏匿、转移、盗掘已被依法隔离、封存、处理的动物和动物产品。

第三十九条 发生动物疫情时，航空、铁路、公路、水路等运输部门应当优先组织运送控制、扑灭疫病的人员和有关物资。

第四十条 一、二、三类动物疫病突然发生，迅速传播，给养殖业生产安全造成严重威胁、危害，以及可能对公众身体健康与生命安全造成危害，构成重大动物疫情的，依照法律和国务院的规定采取应急处理措施。

第五章　动物和动物产品的检疫

第四十一条 动物卫生监督机构依照本法和国务院兽医主管部门的规定对动物、动物产品实施检疫。

动物卫生监督机构的官方兽医具体实施动物、动物产品检疫。官方兽医应当具备规定的资格条件，取得国务院兽医主管部门颁发的资格证书，具体办法由国务院兽医主管部门会同国务院人事行政部门制定。

本法所称官方兽医，是指具备规定的资格条件并经兽医主管部门任命的，负责出具检疫等证明的国家兽医工作人员。

第四十二条 屠宰、出售或者运输动物以及出售或者运输动物产品前，货主应当按照国务院兽医主管部门的规定向当地动物卫生监督机构申报检疫。

动物卫生监督机构接到检疫申报后，应当及时指派官方兽医对动物、动物产品实施现场检疫；检疫合格的，出具检疫证明、加施检疫标志。实施现场检疫的官方兽医应当在检疫证明、检疫标志上签字或者盖章，并对检疫结论负责。

第四十三条 屠宰、经营、运输以及参加展览、演出和比赛的动物，应当附有检疫证明；经营和运输的动物产品，应当附有检疫证明、检疫标志。

对前款规定的动物、动物产品，动物卫生监督机构可以查验检疫证明、检疫标志，进行监督抽查，但不得重复检疫收费。

第四十四条 经铁路、公路、水路、航空运输动物和动物产品的,托运人托运时应当提供检疫证明;没有检疫证明的,承运人不得承运。

运载工具在装载前和卸载后应当及时清洗、消毒。

第四十五条 输入到无规定动物疫病区的动物、动物产品,货主应当按照国务院兽医主管部门的规定向无规定动物疫病区所在地动物卫生监督机构申报检疫,经检疫合格的,方可进入;检疫所需费用纳入无规定动物疫病区所在地地方人民政府财政预算。

第四十六条 跨省、自治区、直辖市引进乳用动物、种用动物及其精液、胚胎、种蛋的,应当向输入地省、自治区、直辖市动物卫生监督机构申请办理审批手续,并依照本法第四十二条的规定取得检疫证明。

跨省、自治区、直辖市引进的乳用动物、种用动物到达输入地后,货主应当按照国务院兽医主管部门的规定对引进的乳用动物、种用动物进行隔离观察。

第四十七条 人工捕获的可能传播动物疫病的野生动物,应当报经捕获地动物卫生监督机构检疫,经检疫合格的,方可饲养、经营和运输。

第四十八条 经检疫不合格的动物、动物产品,货主应当在动物卫生监督机构监督下按照国务院兽医主管部门的规定处理,处理费用由货主承担。

第四十九条 依法进行检疫需要收取费用的,其项目和标准由国务院财政部门、物价主管部门规定。

第六章　动物诊疗

第五十条 从事动物诊疗活动的机构,应当具备下列条件:

(一)有与动物诊疗活动相适应并符合动物防疫条件的场所;

(二)有与动物诊疗活动相适应的执业兽医;

(三)有与动物诊疗活动相适应的兽医器械和设备;

(四)有完善的管理制度。

第五十一条 设立从事动物诊疗活动的机构,应当向县级以上地方人民政府兽医主管部门申请动物诊疗许可证。受理申请的兽医主管部门应当依照本法和《中华人民共和国行政许可法》的规定进行审查。经审查合格的,发给动物诊疗许可证;不合格的,应当通知申请人并说明理由。申请人凭动物诊疗许可证向工商行政管理部门申请办理登记注册手续,取得营业执照后,方可从事动物诊疗活动。

第五十二条 动物诊疗许可证应当载明诊疗机构名称、诊疗活动范围、从业地点和法定代表人(负责人)等事项。

动物诊疗许可证载明事项变更的,应当申请变更或者换发动物诊疗许可证,并依法办理工商变更登记手续。

第五十三条 动物诊疗机构应当按照国务院兽医主管部门的规定,做好诊疗活动中的卫生安全防护、消毒、隔离和诊疗废弃物处置等工作。

第五十四条 国家实行执业兽医资格考试制度。具有兽医相关专业大学专科以上学历的,可以申请参加执业兽医资格考试;考试合格的,由国务院兽医主管部门颁发执业兽医资格证书;从事动物诊疗的,还应当向当地县级人民政府兽医主管部门申请注册。执业兽医资格考试和注册办法由国务院兽医主管部门商得国务院人事行政部门制定。

本法所称执业兽医,是指从事动物诊疗和动物保健等经营活动的兽医。

第五十五条 经注册的执业兽医,方可从事动物诊疗、开具兽药处方等活动。但是,本法第五十七条对乡村兽医服务人员另有规定的,从其规定。

执业兽医、乡村兽医服务人员应当按照当地人民政府或者兽医主管部门的要求,参加预防、控制和扑灭动物疫病的活动。

第五十六条 从事动物诊疗活动,应当遵守有关动物诊疗的操作技术规范,使用符合国家规定的兽药和兽医器械。

第五十七条 乡村兽医服务人员可以在乡村从事动物诊疗服务活动,具体管理办法由国务院兽医主管部门制定。

第七章 监督管理

第五十八条 动物卫生监督机构依照本法规定,对动物饲养、屠宰、经营、隔离、运输以及动物产品生产、经营、加工、储藏、运输等活动中的动物防疫实施监督管理。

第五十九条 动物卫生监督机构执行监督检查任务,可以采取下列措施,有关单位和个人不得拒绝或者阻碍:

(一)对动物、动物产品按照规定采样、留验、抽检;

(二)对染疫或者疑似染疫的动物、动物产品及相关物品进行隔离、查封、扣押和处理;

(三)对依法应当检疫而未经检疫的动物实施补检;

(四)对依法应当检疫而未经检疫的动物产品,具备补检条件的实施补检,不具备补检条件的予以没收销毁;

(五)查验检疫证明、检疫标志和畜禽标识;

(六)进入有关场所调查取证、查阅、复制与动物防疫有关的资料。

动物卫生监督机构根据动物疫病预防、控制需要,经当地县级以上地方人民政府批准,可以在车站、港口、机场等相关场所派驻官方兽医。

第六十条 官方兽医执行动物防疫监督检查任务,应当出示行政执法证件,佩带统一标志。

动物卫生监督机构及其工作人员不得从事与动物防疫有关的经营性活动,进行监督检查不得收取任何费用。

第六十一条 禁止转让、伪造或者变造检疫证明、检疫标志或者畜禽标识。

检疫证明、检疫标志的管理办法,由国务院兽医主管部门制定。

第八章 保障措施

第六十二条 县级以上人民政府应当将动物防疫纳入本级国民经济和社会发展规划及年度计划。

第六十三条 县级人民政府和乡级人民政府应当采取有效措施,加强村级防疫员队伍建设。

县级人民政府兽医主管部门可以根据动物防疫工作需要,向乡、镇或者特定区域派驻兽医机构。

第六十四条 县级以上人民政府按照本级政府职责,将动物疫病预防、控制、扑灭、检疫和监督管理所需经费纳入本级财政预算。

第六十五条　县级以上人民政府应当储备动物疫情应急处理工作所需的防疫物资。

第六十六条　对在动物疫病预防和控制、扑灭过程中强制扑杀的动物、销毁的动物产品和相关物品,县级以上人民政府应当给予补偿。具体补偿标准和办法由国务院财政部门会同有关部门制定。

因依法实施强制免疫造成动物应激死亡的,给予补偿。具体补偿标准和办法由国务院财政部门会同有关部门制定。

第六十七条　对从事动物疫病预防、检疫、监督检查、现场处理疫情以及在工作中接触动物疫病病原体的人员,有关单位应当按照国家规定采取有效的卫生防护措施和医疗保健措施。

第九章　法律责任

第六十八条　地方各级人民政府及其工作人员未依照本法规定履行职责的,对直接负责的主管人员和其他直接责任人员依法给予处分。

第六十九条　县级以上人民政府兽医主管部门及其工作人员违反本法规定,有下列行为之一的,由本级人民政府责令改正,通报批评;对直接负责的主管人员和其他直接责任人员依法给予处分:

(一)未及时采取预防、控制、扑灭等措施的;

(二)对不符合条件的颁发动物防疫条件合格证、动物诊疗许可证,或者对符合条件的拒不颁发动物防疫条件合格证、动物诊疗许可证的;

(三)其他未依照本法规定履行职责的行为。

第七十条　动物卫生监督机构及其工作人员违反本法规定,有下列行为之一的,由本级人民政府或者兽医主管部门责令改正,通报批评;对直接负责的主管人员和其他直接责任人员依法给予处分:

(一)对未经现场检疫或者检疫不合格的动物、动物产品出具检疫证明、加施检疫标志,或者对检疫合格的动物、动物产品拒不出具检疫证明、加施检疫标志的;

(二)对附有检疫证明、检疫标志的动物、动物产品重复检疫的;

(三)从事与动物防疫有关的经营性活动,或者在国务院财政部门、物价主管部门规定外加收费用、重复收费的;

(四)其他未依照本法规定履行职责的行为。

第七十一条　动物疫病预防控制机构及其工作人员违反本法规定,有下列行为之一的,由本级人民政府或者兽医主管部门责令改正,通报批评;对直接负责的主管人员和其他直接责任人员依法给予处分:

(一)未履行动物疫病监测、检测职责或者伪造监测、检测结果的;

(二)发生动物疫情时未及时进行诊断、调查的;

(三)其他未依照本法规定履行职责的行为。

第七十二条　地方各级人民政府、有关部门及其工作人员瞒报、谎报、迟报、漏报或者授意他人瞒报、谎报、迟报动物疫情,或者阻碍他人报告动物疫情的,由上级人民政府或者有关部门责令改正,通报批评;对直接负责的主管人员和其他直接责任人员依法给予处分。

第七十三条 违反本法规定,有下列行为之一的,由动物卫生监督机构责令改正,给予警告;拒不改正的,由动物卫生监督机构代作处理,所需处理费用由违法行为人承担,可以处一千元以下罚款:

(一)对饲养的动物不按照动物疫病强制免疫计划进行免疫接种的;

(二)种用、乳用动物未经检测或者经检测不合格而不按照规定处理的;

(三)动物、动物产品的运载工具在装载前和卸载后没有及时清洗、消毒的。

第七十四条 违反本法规定,对经强制免疫的动物未按照国务院兽医主管部门规定建立免疫档案、加施畜禽标识的,依照《中华人民共和国畜牧法》的有关规定处罚。

第七十五条 违反本法规定,不按照国务院兽医主管部门规定处置染疫动物及其排泄物,染疫动物产品,病死或者死因不明的动物尸体,运载工具中的动物排泄物以及垫料、包装物、容器等污染物以及其他经检疫不合格的动物、动物产品的,由动物卫生监督机构责令无害化处理,所需处理费用由违法行为人承担,可以处三千元以下罚款。

第七十六条 违反本法第二十五条规定,屠宰、经营、运输动物或者生产、经营、加工、储藏、运输动物产品的,由动物卫生监督机构责令改正、采取补救措施,没收违法所得和动物、动物产品,并处同类检疫合格动物、动物产品货值金额一倍以上五倍以下罚款;其中依法应当检疫而未检疫的,依照本法第七十八条的规定处罚。

第七十七条 违反本法规定,有下列行为之一的,由动物卫生监督机构责令改正,处一千元以上一万元以下罚款;情节严重的,处一万元以上十万元以下罚款:

(一)兴办动物饲养场(养殖小区)和隔离场所,动物屠宰加工场所,以及动物和动物产品无害化处理场所,未取得动物防疫条件合格证的;

(二)未办理审批手续,跨省、自治区、直辖市引进乳用动物、种用动物及其精液、胚胎、种蛋的;

(三)未经检疫,向无规定动物疫病区输入动物、动物产品的。

第七十八条 违反本法规定,屠宰、经营、运输的动物未附有检疫证明,经营和运输的动物产品未附有检疫证明、检疫标志的,由动物卫生监督机构责令改正,处同类检疫合格动物、动物产品货值金额百分之十以上百分之五十以下罚款;对货主以外的承运人处运输费用一倍以上三倍以下罚款。

违反本法规定,参加展览、演出和比赛的动物未附有检疫证明的,由动物卫生监督机构责令改正,处一千元以上三千元以下罚款。

第七十九条 违反本法规定,转让、伪造或者变造检疫证明、检疫标志或者畜禽标识的,由动物卫生监督机构没收违法所得,收缴检疫证明、检疫标志或者畜禽标识,并处三千元以上三万元以下罚款。

第八十条 违反本法规定,有下列行为之一的,由动物卫生监督机构责令改正,处一千元以上一万元以下罚款:

(一)不遵守县级以上人民政府及其兽医主管部门依法作出的有关控制、扑灭动物疫病规定的;

(二)藏匿、转移、盗掘已被依法隔离、封存、处理的动物和动物产品的;

(三)发布动物疫情的。

第八十一条 违反本法规定,未取得动物诊疗许可证从事动物诊疗活动的,由动物卫生监督机构责令停止诊疗活动,没收违法所得;违法所得在三万元以上的,并处违法所得一倍以上三倍以下罚款;没有违法所得或者违法所得不足三万元的,并处三千元以上三万元以下罚款。

动物诊疗机构违反本法规定,造成动物疫病扩散的,由动物卫生监督机构责令改正,处一万元以上五万元以下罚款;情节严重的,由发证机关吊销动物诊疗许可证。

第八十二条 违反本法规定,未经兽医执业注册从事动物诊疗活动的,由动物卫生监督机构责令停止动物诊疗活动,没收违法所得,并处一千元以上一万元以下罚款。

执业兽医有下列行为之一的,由动物卫生监督机构给予警告,责令暂停六个月以上一年以下动物诊疗活动;情节严重的,由发证机关吊销注册证书:

(一)违反有关动物诊疗的操作技术规范,造成或者可能造成动物疫病传播、流行的;

(二)使用不符合国家规定的兽药和兽医器械的;

(三)不按照当地人民政府或者兽医主管部门要求参加动物疫病预防、控制和扑灭活动的。

第八十三条 违反本法规定,从事动物疫病研究与诊疗和动物饲养、屠宰、经营、隔离、运输,以及动物产品生产、经营、加工、储藏等活动的单位和个人,有下列行为之一的,由动物卫生监督机构责令改正;拒不改正的,对违法行为单位处一千元以上一万元以下罚款,对违法行为个人可以处五百元以下罚款:

(一)不履行动物疫情报告义务的;

(二)不如实提供与动物防疫活动有关资料的;

(三)拒绝动物卫生监督机构进行监督检查的;

(四)拒绝动物疫病预防控制机构进行动物疫病监测、检测的。

第八十四条 违反本法规定,构成犯罪的,依法追究刑事责任。

违反本法规定,导致动物疫病传播、流行等,给他人人身、财产造成损害的,依法承担民事责任。

第十章 附 则

第八十五条 本法自2008年1月1日起施行。

附录三　世界动物卫生组织法定报告疾病名录

世界动物卫生组织(OIE)《国际卫生法典》和《国际水生动物卫生法典》规定,OIE法定报告疾病分为A类和B类。

一、A类疾病

A类疾病是指超越国界,具有非常严重而快速的传播潜力,引起严重经济或公共卫生后果,对动物和动物产品国际贸易具有重大影响的传染病。A类疾病有口蹄疫、水泡性口炎、猪水泡病、牛瘟、小反刍兽疫、牛传染性胸膜肺炎、结节性皮肤病、裂谷热、蓝舌病、绵羊痘和山羊痘、非洲马意瘟、非洲猪瘟、古典猪瘟、高致病性禽流感、新城疫15种。

二、B类疾病

B类疾病是指在国内对社会经济或公共卫生有影响,并在动物和动物产品国际贸易中有明显的传染病。共有93种。

1. 多种动物共患病:炭疽、伪狂犬病、棘球蚴病、民水病、钩端螺旋体病、Q热、狂犬病、副结核病、新大陆蝇蛆病、旧大陆螺旋蝇蛆病、旋毛虫病。

2. 牛病:牛边虫病、牛巴贝虫病、牛布氏杆菌病、牛生殖道弯曲杆菌病、牛结核病、牛囊尾蚴病、嗜皮菌病、地方流行性牛白血病、出血性败血症、牛传染性鼻气管炎、传染性脓疱性阴户阴道炎、泰勒氏虫病、毛滴虫病、锥虫病、恶性卡他热、牛海绵状脑病。

3. 绵羊和山羊:绵羊附睾炎、山羊和绵羊布氏杆菌病、山羊关节炎脑炎、接触传染性无乳症、山羊传染性胸膜肺炎、母羊地方性流产、羊肺腺瘤病、内罗华病、沙门氏菌病、痒病、梅迪—维斯那病。

4. 马病:马传染性子宫炎、马媾疫、流行性淋巴管炎、马脑脊髓炎、马传染性贫血、马流感、马巴贝斯病、马鼻肺炎、马鼻疽、马痘、马病毒性动脉炎、日本脑炎、马蠕病、苏拉病、委内瑞拉马脑脊髓炎。

5. 猪病:猪萎缩性鼻炎、猪囊尾蚴、猪布氏杆菌病、传染性胃肠炎、肠病毒性脑脊髓炎、猪生殖和呼吸道综合症。

6. 禽病:禽传染性支气管炎、禽传染性喉气管炎、禽结核病、鸭病毒性肝炎、鸭病毒性肠炎、禽霍乱、禽痘、鸡伤寒、传染性法氏囊病、成立克氏病、禽支原体病、禽衣原体病、鸡白痢。

7. 兔病:黏液瘤病、土拉杆菌病、兔病毒性出血症。

8. 蜂病:蜂螨病、美洲幼虫腐臭病、欧洲幼虫腐臭病、蜂孢子虫病、瓦螨病。

9. 鱼病:地方流行性造血器官坏死、传染性造血器官干裂、麻苏大马哈鱼病毒病、鲤春病、病毒性出血性败血症。

10. 软体动物病:波纳米欧病、单孢子虫病、马泰氏孢子虫病、小红细胞证、拍琴虫病。

11. 甲壳类病:淘拉综合症、白斑病、黄头病。

12. 其他B类疾病:利什曼病。

附录四　中华人民共和国进境动物一、二类　传染病、寄生虫病名录

一、一类传染病、寄生虫病

口蹄疫 Foot-and-Mouth-Disease

非洲猪瘟 African Swine Fever

猪水包病 Swine Vesicular Disease

猪瘟 Swine Fever

牛瘟 Rinderpest

小反刍兽疫 Peste des Petits Ruminants

兰舌病 Bluetongue

痒病 Scrapie

牛海绵状脑病 Bovine Spngifom Encephalopathy

非洲马瘟 African Horse Sickness

鸡瘟 Fowl Plague

新城疫 Newcastle Disease

鸭瘟 Duck Plague

牛肺疫 Contagious Bovine Pleuropneumonia

牛结节疹 Lumpy Skin Disease

二、二类传染病、寄生虫病

1. 共患病（Multiple Specise Diseases）

炭疽 Anthrax

伪狂犬病 Aujeszky's Disease

心水病 Heartwater

狂犬病 Rabies

Q 热 Q Fever

裂谷热 Rift Valley Feyer

副结核病 Paratuberculosis（John's Disease）

巴氏杆菌病 Pasteurellosis

布氏杆菌病 Brucellosis

结核病 Tuberculosis

鹿流行性出血热 Epizootic Haemorrhagic Disease of Deer

细小病毒病 Parvovirus Infection

梨型虫病 Piroplasmosis

2. 牛病（Cattle Diseases）

锥虫病 Trpanosomiasis

边虫病 Anaplasmosis

牛地方流行性白血病 Enzootic Bovine Leukosis

牛传染性鼻气管炎 Infectious Bovine Rhinotracheitis

牛病毒性腹泻—黏膜病 Bovins Viral Diarrhae-Mucosal Disease

牛生殖道弯曲杆菌病 Bovine Genital Compylobacteriosis

赤羽病 Akabane Disease

中山病 Chuzan Disease

水泡性口谈 Vesicular Stomatitis

牛流行热 Bovine Ephemeral Fever

茨城病 Ibaraki Disease

3. 绵羊和山羊病（Sheep and Goat Diseases）

绵羊痘和山羊痘 Sheep Pox and Goat Pox

衣原体病 Enzootic Aboution of Ewes

梅迪—维斯纳病 Maedi-Visna Disesse

边界病 Border Disease

绵羊肺腺瘤病 Sheep Pulmonary Adenomatosis

山羊关节炎／脑炎 Caprine Arthritis/Encephalitis

4. 猪病（Pig Diseases）

猪传染性脑脊髓炎 Teschen Disease

猪传染性胃肠炎 Transmissible Gastroenteritis of Swine

猪流行性腹泻 Porcine Epizootic Diarrhea

猪密螺旋体痢疾（猪血痢）Swine Dysentery

猪传染性胸膜肺炎 Infectious Pleuropneumonia of Swine

猪生殖和呼吸系统综合症（兰耳病）Swine Reproductive and Respiratory Syndrome
（Blue-eared Disease）

5. 马病（Horse Diseases）

马传染性贫血 Equine Infectious Anaemia

马脑脊髓炎 Equine Encephalomyelitis

委内瑞拉马脑脊髓炎 Venezuelan Equine Encephalormyelitis

马鼻疽 Glanders

马流行性淋巴管炎 Epizootic Lymphangitis

马沙门氏杆菌病（马流产沙门氏杆菌）Salmonellosis（S. Abortus Equi）

类鼻疽 Melioidosis

马传染性动脉炎 Infectious Arteritis of Horses

马鼻肺炎 Equine Rhinopneumonitis

6. 禽病（Poultry Diseases）

鸡传染性喉气管炎 Avian Infectious Laryngotracheitis

鸡传染性支气管炎 Avian Infectious Broncheitis

鸡传染性囊病（甘保罗病）Infectious Bursal Disease

鸭病毒性肝炎 Duck Viral Hepatitis

鸡伤寒 Fowl Typhoid

禽痘 Fowl Pox

鹅螺旋体病 Spirochaetosis in Goose

马立克氏病 Marek's Disease

住白细胞原虫病 Leucocytozoosis

鸡白痢 Pullorum Disease

家禽支原体病 Avian Mycoplasmosis

鹦鹉病(鸟疫) Psittacosis and Ornithosis

鸡病毒性关节炎 Avian Viral Arthritis

禽白血病 Avian Leukosis(祖代以上需作血清学试验)

7. 啮齿动物病（Rodent Diseases）

兔病毒性出血症(兔瘟) Viral Haemorrhaig Disease of Rabbits

兔黏液瘤病 Myxomatosis

野兔热 Tularaemia

8. 水生动物病（Aquatic Animal Diseases）

鲑鱼传染性胰脏坏死 Infectious Pancreatic Necrosis in Trout

鱼传染性造血器官坏死 Infectious Haematopoietic Necrosis of Fish

鲤春病毒病 Spring Viremia of Carp

鲑鳟鱼病毒性出血性败血症 Haemorrhagic Septicaemia of Salmonids

鱼鳔炎症 Swim Bladder Inflammation of Fish

鱼眩转病 Whirling Disease of Fish

鱼鳃霉病 Branchiomycosic of Fish

鱼疖疮病 Furunculosis of Fish

异尖线虫病 Disease of Anisakis

对虾杆状病毒病 Disease of Baculovirus Penaei

斑节对是杆状病毒病 Disease of Penaeus Monodon Type Baculovirus

9. 蜂病（Bee Diseases）

美洲蜂幼虫腐臭病 American Foul Brood

欧洲蜂幼虫腐臭病 European Foul Brood

蜂螨病 Acariasis of Bees

瓦螨病 Varroais

蜂孢子虫病 Nosemosis of Bees

10. 其他动物疾病（Diseases of Other Animal Species）

蚕微粒子病 Pebrine Disease of Chinese Silkworm

水貂阿留申病 Aleutian Diseae of Mink

犬瘟热 Canine Distemper

利什曼病 Leishmaniasis

附录五　农业部修订并施行一、二、三类动物疫病病种名录

一、一类动物疫病 17 种

口蹄疫、猪水泡病、猪瘟、非洲猪瘟、高致病性猪蓝耳病、非洲马瘟、牛瘟、牛传染性胸膜肺炎、牛海绵状脑病、痒病、蓝舌病、小反刍兽疫、绵羊痘和山羊痘、高致病性禽流感、新城疫、鲤春病毒血症、白斑综合征。

二、二类动物疫病 77 种

1.多种动物共患病 9 种:狂犬病、布鲁氏菌病、炭疽、伪狂犬病、魏氏梭菌病、副结核病、弓形虫病、棘球蚴病、钩端螺旋体病。

2.牛病 8 种:牛结核病、牛传染性鼻气管炎、牛恶性卡他热、牛白血病、牛出血性败血病、牛梨形虫病、牛焦虫病、牛锥虫病、日本血吸虫病。

3.绵羊和山羊病 2 种:山羊关节炎脑炎、梅迪—维斯纳病。

4.猪病 12 种:猪繁殖与呼吸综合征经典猪蓝耳病、猪乙型脑炎、猪细小病毒病、猪丹毒、猪肺疫、猪链球菌病、猪传染性萎缩性鼻炎、猪支原体肺炎、旋毛虫病、猪囊尾蚴病、猪圆环病毒病、副猪嗜血杆菌病。

5.马病 5 种:马传染性贫血、马流行性淋巴管炎、马鼻疽、马巴贝斯虫病、伊氏锥虫病。

6.禽病 18 种:鸡传染性喉气管炎、鸡传染性支气管炎、传染性法氏囊病、马立克氏病、产蛋下降综合征、禽白血病、禽痘、鸭瘟、鸭病毒性肝炎、鸭浆膜炎、小鹅瘟、禽霍乱、鸡白痢、禽伤寒、鸡败血支原体感染、鸡球虫病、低致病性禽流感、禽网状内皮组织增殖症。

7.兔病 4 种:兔病毒性出血病、兔黏液瘤病、野兔热、兔球虫病。

8.蜜蜂病 2 种:美洲幼虫腐臭病、欧洲幼虫腐臭病。

9.鱼类病 11 种:草鱼出血病、传染性脾肾坏死病、锦鲤疱疹病毒病、刺激隐核虫病、淡水鱼细菌性败血症、病毒性神经坏死病、流行性造血器官坏死病、斑点叉尾鮰病毒病、传染性造血器官坏死病、病毒性出血性败血症、流行性溃疡综合征。

10.甲壳类病 6 种:桃拉综合征、黄头病、罗氏沼虾白尾病、对虾杆状病毒病、传染性皮下和造血器官坏死病、传染性肌肉坏死病。

三、三类动物疫病 63 种

1.多种动物共患病 8 种:大肠杆菌病、李氏杆菌病、类鼻疽、放线菌病、肝片吸虫病、丝虫病、附红细胞体病、Q 热。

2.牛病 5 种:牛流行热、牛病毒性腹泻/黏膜病、牛生殖器弯曲杆菌病、毛滴虫病、牛皮蝇蛆病。

3.绵羊和山羊病 6 种:肺腺瘤病、传染性脓疱、羊肠毒血症、干酪性淋巴结炎、绵羊疥癣,绵羊地方性流产。

4. 马病 5 种：马流行性感冒、马腺疫、马鼻腔肺炎、溃疡性淋巴管炎、马媾疫。

5. 猪病 4 种：猪传染性胃肠炎、猪流行性感冒、猪副伤寒、猪密螺旋体痢疾。

6. 禽病 4 种：鸡病毒性关节炎、禽传染性脑脊髓炎、传染性鼻炎、禽结核病。

7. 蚕、蜂病 7 种：蚕型多角体病、蚕白僵病、蜂螨病、瓦螨病、亮热厉螨病、蜜蜂孢子虫病、白垩病。

8. 犬猫等动物病 7 种：水貂阿留申病、水貂病毒性肠炎、犬瘟热、犬细小病毒病、犬传染性肝炎、猫泛白细胞减少症、利什曼病。

9. 鱼类病 7 种：鲴类肠败血症、迟缓爱德华氏菌病、小瓜虫病、黏孢子虫病、三代虫病、指环虫病、链球菌病。

10. 甲壳类病 2 种：河蟹颤抖病、斑节对虾杆状病毒病。

11. 贝类病 6 种：鲍脓疱病、鲍立克次体病、鲍病毒性死亡病、包纳米虫病、折光马尔太虫病、奥尔森派琴虫病。

12. 两栖与爬行类病 2 种：鳖腮腺炎病、蛙脑膜炎败血金黄杆菌病。

附录六　生猪屠宰管理条例

第一章　总　则

第一条　为了加强生猪屠宰管理,保证生猪产品质量安全,保障人民身体健康,制定本条例。

第二条　国家实行生猪定点屠宰、集中检疫制度。

未经定点,任何单位和个人不得从事生猪屠宰活动。但是,农村地区个人自宰自食的除外。

在边远和交通不便的农村地区,可以设置仅限于向本地市场供应生猪产品的小型生猪屠宰场点,具体管理办法由省、自治区、直辖市制定。

第三条　国务院商务主管部门负责全国生猪屠宰的行业管理工作。县级以上地方人民政府商务主管部门负责本行政区域内生猪屠宰活动的监督管理。

县级以上人民政府有关部门在各自职责范围内负责生猪屠宰活动的相关管理工作。

第四条　国家根据生猪定点屠宰厂(场)的规模、生产和技术条件以及质量安全管理状况,推行生猪定点屠宰厂(场)分级管理制度,鼓励、引导、扶持生猪定点屠宰厂(场)改善生产和技术条件,加强质量安全管理,提高生猪产品质量安全水平。生猪定点屠宰厂(场)分级管理的具体办法由国务院商务主管部门征求国务院畜牧兽医主管部门意见后制定。

第二章　生猪定点屠宰

第五条　生猪定点屠宰厂(场)的设置规划(以下简称设置规划),由省、自治区、直辖市人民政府商务主管部门会同畜牧兽医主管部门、环境保护部门以及其他有关部门,按照合理布局、适当集中、有利流通、方便群众的原则,结合本地实际情况制订,报本级人民政府批准后实施。

第六条　生猪定点屠宰厂(场)由设区的市级人民政府根据设置规划,组织商务主管部门、畜牧兽医主管部门、环境保护部门以及其他有关部门,依照本条例规定的条件进行审查,经征求省、自治区、直辖市人民政府商务主管部门的意见确定,并颁发生猪定点屠宰证书和生猪定点屠宰标志牌。

设区的市级人民政府应当将其确定的生猪定点屠宰厂(场)名单及时向社会公布,并报省、自治区、直辖市人民政府备案。

生猪定点屠宰厂(场)应当持生猪定点屠宰证书向工商行政管理部门办理登记手续。

第七条　生猪定点屠宰厂(场)应当将生猪定点屠宰标志牌悬挂于厂(场)区的显著位置。

生猪定点屠宰证书和生猪定点屠宰标志牌不得出借、转让。任何单位和个人不得冒用或者使用伪造的生猪定点屠宰证书和生猪定点屠宰标志牌。

第八条　生猪定点屠宰厂(场)应当具备下列条件:

(一)有与屠宰规模相适应、水质符合国家规定标准的水源条件;

（二）有符合国家规定要求的待宰间、屠宰间、急宰间以及生猪屠宰设备和运载工具；

（三）有依法取得健康证明的屠宰技术人员；

（四）有经考核合格的肉品品质检验人员；

（五）有符合国家规定要求的检验设备、消毒设施以及符合环境保护要求的污染防治设施；

（六）有病害生猪及生猪产品无害化处理设施；

（七）依法取得动物防疫条件合格证。

第九条 生猪屠宰的检疫及其监督，依照动物防疫法和国务院的有关规定执行。

生猪屠宰的卫生检验及其监督，依照食品卫生法的规定执行。

第十条 生猪定点屠宰厂（场）屠宰的生猪，应当依法经动物卫生监督机构检疫合格，并附有检疫证明。

第十一条 生猪定点屠宰厂（场）屠宰生猪，应当符合国家规定的操作规程和技术要求。

第十二条 生猪定点屠宰厂（场）应当如实记录其屠宰的生猪来源和生猪产品流向。生猪来源和生猪产品流向记录保存期限不得少于2年。

第十三条 生猪定点屠宰厂（场）应当建立严格的肉品品质检验管理制度。肉品品质检验应当与生猪屠宰同步进行，并如实记录检验结果。检验结果记录保存期限不得少于2年。

经肉品品质检验合格的生猪产品，生猪定点屠宰厂（场）应当加盖肉品品质检验合格验讫印章或者附具肉品品质检验合格标志。经肉品品质检验不合格的生猪产品，应当在肉品品质检验人员的监督下，按照国家有关规定处理，并如实记录处理情况。处理情况记录保存期限不得少于2年。

生猪定点屠宰厂（场）的生猪产品未经肉品品质检验或者经肉品品质检验不合格的，不得出厂（场）。

第十四条 生猪定点屠宰厂（场）对病害生猪及生猪产品进行无害化处理的费用和损失，按照国务院财政部门的规定，由国家财政予以适当补助。

第十五条 生猪定点屠宰厂（场）以及其他任何单位和个人不得对生猪或者生猪产品注水或者注入其他物质。

生猪定点屠宰厂（场）不得屠宰注水或者注入其他物质的生猪。

第十六条 生猪定点屠宰厂（场）对未能及时销售或者及时出厂（场）的生猪产品，应当采取冷冻或者冷藏等必要措施予以储存。

第十七条 任何单位和个人不得为未经定点违法从事生猪屠宰活动的单位或者个人提供生猪屠宰场所或者生猪产品储存设施，不得为对生猪或者生猪产品注水或者注入其他物质的单位或者个人提供场所。

第十八条 从事生猪产品销售、肉食品生产加工的单位和个人以及餐饮服务经营者、集体伙食单位销售、使用的生猪产品，应当是生猪定点屠宰厂（场）经检疫和肉品品质检验合格的生猪产品。

第十九条 地方人民政府及其有关部门不得限制外地生猪定点屠宰厂（场）经检疫和肉品品质检验合格的生猪产品进入本地市场。

第三章　监督管理

第二十条　县级以上地方人民政府应当加强对生猪屠宰监督管理工作的领导,及时协调、解决生猪屠宰监督管理工作中的重大问题。

第二十一条　商务主管部门应当依照本条例的规定严格履行职责,加强对生猪屠宰活动的日常监督检查。

商务主管部门依法进行监督检查,可以采取下列措施:

(一)进入生猪屠宰等有关场所实施现场检查;

(二)向有关单位和个人了解情况;

(三)查阅、复制有关记录、票据以及其他资料;

(四)查封与违法生猪屠宰活动有关的场所、设施,扣押与违法生猪屠宰活动有关的生猪、生猪产品以及屠宰工具和设备。

商务主管部门进行监督检查时,监督检查人员不得少于2人,并应当出示执法证件。

对商务主管部门依法进行的监督检查,有关单位和个人应当予以配合,不得拒绝、阻挠。

第二十二条　商务主管部门应当建立举报制度,公布举报电话、信箱或者电子邮箱,受理对违反本条例规定行为的举报,并及时依法处理。

第二十三条　商务主管部门在监督检查中发现生猪定点屠宰厂(场)不再具备本条例规定条件的,应当责令其限期整改;逾期仍达不到本条例规定条件的,由设区的市级人民政府取消其生猪定点屠宰厂(场)资格。

第四章　法律责任

第二十四条　违反本条例规定,未经定点从事生猪屠宰活动的,由商务主管部门予以取缔,没收生猪、生猪产品、屠宰工具和设备以及违法所得,并处货值金额3倍以上5倍以下的罚款;货值金额难以确定的,对单位并处10万元以上20万元以下的罚款,对个人并处5 000元以上1万元以下的罚款;构成犯罪的,依法追究刑事责任。

冒用或者使用伪造的生猪定点屠宰证书或者生猪定点屠宰标志牌的,依照前款的规定处罚。

生猪定点屠宰厂(场)出借、转让生猪定点屠宰证书或者生猪定点屠宰标志牌的,由设区的市级人民政府取消其生猪定点屠宰厂(场)资格;有违法所得的,由商务主管部门没收违法所得。

第二十五条　生猪定点屠宰厂(场)有下列情形之一的,由商务主管部门责令限期改正,处2万元以上5万元以下的罚款;逾期不改正的,责令停业整顿,对其主要负责人处5 000元以上1万元以下的罚款:

(一)屠宰生猪不符合国家规定的操作规程和技术要求的;

(二)未如实记录其屠宰的生猪来源和生猪产品流向的;

(三)未建立或者实施肉品品质检验制度的;

(四)对经肉品品质检验不合格的生猪产品未按照国家有关规定处理并如实记录处理情况的。

第二十六条　生猪定点屠宰厂(场)出厂(场)未经肉品品质检验或者经肉品品质检验不合格的生猪产品的,由商务主管部门责令停业整顿,没收生猪产品和违法所得,并处货值金额1倍以上3倍以下的罚款,对其主要负责人处1万元以上2万元以下的罚款;货值金额难以确定的,并处5万元以上10万元以下的罚款;造成严重后果的,由设区的市级人民政府取消其生猪定点屠宰厂(场)资格;构成犯罪的,依法追究刑事责任。

第二十七条　生猪定点屠宰厂(场)、其他单位或者个人对生猪、生猪产品注水或者注入其他物质的,由商务主管部门没收注水或者注入其他物质的生猪、生猪产品、注水工具和设备以及违法所得,并处货值金额3倍以上5倍以下的罚款,对生猪定点屠宰厂(场)或者其他单位的主要负责人处1万元以上2万元以下的罚款;货值金额难以确定的,对生猪定点屠宰厂(场)或者其他单位并处5万元以上10万元以下的罚款,对个人并处1万元以上2万元以下的罚款;构成犯罪的,依法追究刑事责任。

生猪定点屠宰厂(场)对生猪、生猪产品注水或者注入其他物质的,除依照前款的规定处罚外,还应当由商务主管部门责令停业整顿;造成严重后果,或者两次以上对生猪、生猪产品注水或者注入其他物质的,由设区的市级人民政府取消其生猪定点屠宰厂(场)资格。

第二十八条　生猪定点屠宰厂(场)屠宰注水或者注入其他物质的生猪的,由商务主管部门责令改正,没收注水或者注入其他物质的生猪、生猪产品以及违法所得,并处货值金额1倍以上3倍以下的罚款,对其主要负责人处1万元以上2万元以下的罚款;货值金额难以确定的,并处2万元以上5万元以下的罚款;拒不改正的,责令停业整顿;造成严重后果的,由设区的市级人民政府取消其生猪定点屠宰厂(场)资格。

第二十九条　从事生猪产品销售、肉食品生产加工的单位和个人以及餐饮服务经营者、集体伙食单位,销售、使用非生猪定点屠宰厂(场)屠宰的生猪产品、未经肉品品质检验或者经肉品品质检验不合格的生猪产品以及注水或者注入其他物质的生猪产品的,由工商、卫生、质检部门依据各自职责,没收尚未销售、使用的相关生猪产品以及违法所得,并处货值金额3倍以上5倍以下的罚款;货值金额难以确定的,对单位处5万元以上10万元以下的罚款,对个人处1万元以上2万元以下的罚款;情节严重的,由原发证(照)机关吊销有关证照;构成犯罪的,依法追究刑事责任。

第三十条　为未经定点违法从事生猪屠宰活动的单位或者个人提供生猪屠宰场所或者生猪产品储存设施,或者为对生猪、生猪产品注水或者注入其他物质的单位或者个人提供场所的,由商务主管部门责令改正,没收违法所得,对单位并处2万元以上5万元以下的罚款,对个人并处5 000元以上1万元以下的罚款。

第三十一条　商务主管部门和其他有关部门的工作人员在生猪屠宰监督管理工作中滥用职权、玩忽职守、徇私舞弊,构成犯罪的,依法追究刑事责任;尚不构成犯罪的,依法给予处分。

第五章　附　则

第三十二条　省、自治区、直辖市人民政府确定实行定点屠宰的其他动物的屠宰管理办法,由省、自治区、直辖市根据本地区的实际情况,参照本条例制定。

第三十三条　本条例所称生猪产品,是指生猪屠宰后未经加工的胴体、肉、脂、脏器、

血液、骨、头、蹄、皮。

第三十四条 本条例施行前设立的生猪定点屠宰厂（场），自本条例施行之日起 180 日内，由设区的市级人民政府换发生猪定点屠宰标志牌，并发给生猪定点屠宰证书。

第三十五条 生猪定点屠宰证书、生猪定点屠宰标志牌以及肉品品质检验合格验讫印章和肉品品质检验合格标志的式样，由国务院商务主管部门统一规定。

第三十六条 本条例自 2008 年 8 月 1 日起施行。

附录七　动物检疫管理办法

第一章　总　则

第一条　为加强动物检疫活动管理,预防、控制和扑灭动物疫病,保障动物及动物产品安全,保护人体健康,维护公共卫生安全,根据《中华人民共和国动物防疫法》(以下简称《动物防疫法》),制定本办法。

第二条　本办法适用于中华人民共和国领域内的动物检疫活动。

第三条　农业部主管全国动物检疫工作。

县级以上地方人民政府兽医主管部门主管本行政区域内的动物检疫工作。县级以上地方人民政府设立的动物卫生监督机构负责本行政区域内动物、动物产品的检疫及其监督管理工作。

第四条　动物检疫的范围、对象和规程由农业部制定、调整并公布。

第五条　动物卫生监督机构指派官方兽医按照《动物防疫法》和本办法的规定对动物、动物产品实施检疫,出具检疫证明,加施检疫标志。

动物卫生监督机构可以根据检疫工作需要,指定兽医专业人员协助官方兽医实施动物检疫。

第六条　动物检疫遵循过程监管、风险控制、区域化和可追溯管理相结合的原则。

第二章　检疫申报

第七条　国家实行动物检疫申报制度。

动物卫生监督机构应当根据检疫工作需要,合理设置动物检疫申报点,并向社会公布动物检疫申报点、检疫范围和检疫对象。

县级以上人民政府兽医主管部门应当加强动物检疫申报点的建设和管理。

第八条　下列动物、动物产品在离开产地前,货主应当按规定时限向所在地动物卫生监督机构申报检疫:

(一)出售、运输动物产品和供屠宰、继续饲养的动物,应当提前 3 天申报检疫。

(二)出售、运输乳用动物、种用动物及其精液、卵、胚胎、种蛋,以及参加展览、演出和比赛的动物,应当提前 15 天申报检疫。

(三)向无规定动物疫病区输入相关易感动物、易感动物产品的,货主除按规定向输出地动物卫生监督机构申报检疫外,还应当在起运 3 天前向输入地省级动物卫生监督机构申报检疫。

第九条　合法捕获野生动物的,应当在捕获后 3 天内向捕获地县级动物卫生监督机构申报检疫。

第十条　屠宰动物的,应当提前 6 小时向所在地动物卫生监督机构申报检疫;急宰动物的,可以随时申报。

第十一条　申报检疫的,应当提交检疫申报单;跨省、自治区、直辖市调运乳用动物、种用动物及其精液、胚胎、种蛋的,还应当同时提交输入地省、自治区、直辖市动物卫生监

督机构批准的《跨省引进乳用种用动物检疫审批表》。

申报检疫采取申报点填报、传真、电话等方式申报。采用电话申报的,需在现场补填检疫申报单。

第十二条 动物卫生监督机构受理检疫申报后,应当派出官方兽医到现场或指定地点实施检疫;不予受理的,应当说明理由。

第三章 产地检疫

第十三条 出售或者运输的动物、动物产品经所在地县级动物卫生监督机构的官方兽医检疫合格,并取得《动物检疫合格证明》后,方可离开产地。

第十四条 出售或者运输的动物,经检疫符合下列条件,由官方兽医出具《动物检疫合格证明》:

(一)来自非封锁区或者未发生相关动物疫情的饲养场(户);

(二)按照国家规定进行了强制免疫,并在有效保护期内;

(三)临床检查健康;

(四)农业部规定需要进行实验室疫病检测的,检测结果符合要求;

(五)养殖档案相关记录和畜禽标识符合农业部规定。

乳用、种用动物和宠物,还应当符合农业部规定的健康标准。

第十五条 合法捕获的野生动物,经检疫符合下列条件,由官方兽医出具《动物检疫合格证明》后,方可饲养、经营和运输:

(一)来自非封锁区;

(二)临床检查健康;

(三)农业部规定需要进行实验室疫病检测的,检测结果符合要求。

第十六条 出售、运输的种用动物精液、卵、胚胎、种蛋,经检疫符合下列条件,由官方兽医出具《动物检疫合格证明》:

(一)来自非封锁区,或者未发生相关动物疫情的种用动物饲养场;

(二)供体动物按照国家规定进行了强制免疫,并在有效保护期内;

(三)供体动物符合动物健康标准;

(四)农业部规定需要进行实验室疫病检测的,检测结果符合要求;

(五)供体动物的养殖档案相关记录和畜禽标识符合农业部规定。

第十七条 出售、运输的骨、角、生皮、原毛、绒等产品,经检疫符合下列条件,由官方兽医出具《动物检疫合格证明》:

(一)来自非封锁区,或者未发生相关动物疫情的饲养场(户);

(二)按有关规定消毒合格;

(三)农业部规定需要进行实验室疫病检测的,检测结果符合要求。

第十八条 经检疫不合格的动物、动物产品,由官方兽医出具检疫处理通知单,并监督货主按照农业部规定的技术规范处理。

第十九条 跨省、自治区、直辖市引进用于饲养的非乳用、非种用动物到达目的地后,货主或者承运人应当在24小时内向所在地县级动物卫生监督机构报告,并接受监督检查。

第二十条 跨省、自治区、直辖市引进的乳用、种用动物到达输入地后,在所在地动物卫生监督机构的监督下,应当在隔离场或饲养场(养殖小区)内的隔离舍进行隔离观察,大中型动物隔离期为45天,小型动物隔离期为30天。经隔离观察合格的方可混群饲养;不合格的,按照有关规定进行处理。隔离观察合格后需继续在省内运输的,货主应当申请更换《动物检疫合格证明》。动物卫生监督机构更换《动物检疫合格证明》不得收费。

第四章 屠宰检疫

第二十一条 县级动物卫生监督机构依法向屠宰场(厂、点)派驻(出)官方兽医实施检疫。屠宰场(厂、点)应当提供与屠宰规模相适应的官方兽医驻场检疫室和检疫操作台等设施。出场(厂、点)的动物产品应当经官方兽医检疫合格,加施检疫标志,并附有《动物检疫合格证明》。

第二十二条 进入屠宰场(厂、点)的动物应当附有《动物检疫合格证明》,并佩戴有农业部规定的畜禽标识。

官方兽医应当查验进场动物附具的《动物检疫合格证明》和佩戴的畜禽标识,检查待宰动物健康状况,对疑似染疫的动物进行隔离观察。

官方兽医应当按照农业部规定,在动物屠宰过程中实施全流程同步检疫和必要的实验室疫病检测。

第二十三条 经检疫符合下列条件的,由官方兽医出具《动物检疫合格证明》,对胴体及分割、包装的动物产品加盖检疫验讫印章或者加施其他检疫标志:

(一)无规定的传染病和寄生虫病;

(二)符合农业部规定的相关屠宰检疫规程要求;

(三)需要进行实验室疫病检测的,检测结果符合要求。

骨、角、生皮、原毛、绒的检疫还应当符合本办法第十七条有关规定。

第二十四条 经检疫不合格的动物、动物产品,由官方兽医出具检疫处理通知单,并监督屠宰场(厂、点)或者货主按照农业部规定的技术规范处理。

第二十五条 官方兽医应当回收进入屠宰场(厂、点)动物附具的《动物检疫合格证明》,填写屠宰检疫记录。回收的《动物检疫合格证明》应当保存12个月以上。

第二十六条 经检疫合格的动物产品到达目的地后,需要直接在当地分销的,货主可以向输入地动物卫生监督机构申请换证,换证不得收费。换证应当符合下列条件:

(一)提供原始有效的《动物检疫合格证明》,检疫标志完整,且证物相符;

(二)在有关国家标准规定的保质期内,且无腐败变质。

第二十七条 经检疫合格的动物产品到达目的地,储藏后需继续调运或者分销的,货主可以向输入地动物卫生监督机构重新申报检疫。输入地县级以上动物卫生监督机构对符合下列条件的动物产品,出具《动物检疫合格证明》。

(一)提供原始有效的《动物检疫合格证明》,检疫标志完整,且证物相符;

(二)在有关国家标准规定的保质期内,无腐败变质;

(三)有健全的出入库登记记录;

(四)农业部规定进行必要的实验室疫病检测的,检测结果符合要求。

第五章　水产苗种产地检疫

第二十八条　出售或者运输水生动物的亲本、稚体、幼体、受精卵、发眼卵及其他遗传育种材料等水产苗种的,货主应当提前 20 天向所在地县级动物卫生监督机构申报检疫;经检疫合格,并取得《动物检疫合格证明》后,方可离开产地。

第二十九条　养殖、出售或者运输合法捕获的野生水产苗种的,货主应当在捕获野生水产苗种后 2 天内向所在地县级动物卫生监督机构申报检疫;经检疫合格,并取得《动物检疫合格证明》后,方可投放养殖场所、出售或者运输。

合法捕获的野生水产苗种实施检疫前,货主应当将其隔离在符合下列条件的临时检疫场地:

（一）与其他养殖场所有物理隔离设施;

（二）具有独立的进排水和废水无害化处理设施以及专用渔具;

（三）农业部规定的其他防疫条件。

第三十条　水产苗种经检疫符合下列条件的,由官方兽医出具《动物检疫合格证明》:

（一）该苗种生产场近期未发生相关水生动物疫情;

（二）临床健康检查合格;

（三）农业部规定需要经水生动物疫病诊断实验室检验的,检验结果符合要求。

检疫不合格的,动物卫生监督机构应当监督货主按照农业部规定的技术规范处理。

第三十一条　跨省、自治区、直辖市引进水产苗种到达目的地后,货主或承运人应当在 24 小时内按照有关规定报告,并接受当地动物卫生监督机构的监督检查。

第六章　无规定动物疫病区动物检疫

第三十二条　向无规定动物疫病区运输相关易感动物、动物产品的,除附有输出地动物卫生监督机构出具的《动物检疫合格证明》外,还应当向输入地省、自治区、直辖市动物卫生监督机构申报检疫,并按照本办法第三十三条、第三十四条规定取得输入地《动物检疫合格证明》。

第三十三条　输入到无规定动物疫病区的相关易感动物,应当在输入地省、自治区、直辖市动物卫生监督机构指定的隔离场所,按照农业部规定的无规定动物疫病区有关检疫要求隔离检疫。大中型动物隔离检疫期为 45 天,小型动物隔离检疫期为 30 天。隔离检疫合格的,由输入地省、自治区、直辖市动物卫生监督机构的官方兽医出具《动物检疫合格证明》;不合格的,不准进入,并依法处理。

第三十四条　输入到无规定动物疫病区的相关易感动物产品,应当在输入地省、自治区、直辖市动物卫生监督机构指定的地点,按照农业部规定的无规定动物疫病区有关检疫要求进行检疫。检疫合格的,由输入地省、自治区、直辖市动物卫生监督机构的官方兽医出具《动物检疫合格证明》;不合格的,不准进入,并依法处理。

第七章　乳用种用动物检疫审批

第三十五条　跨省、自治区、直辖市引进乳用动物、种用动物及其精液、胚胎、种蛋的,货主应当填写《跨省引进乳用种用动物检疫审批表》,向输入地省、自治区、直辖市动物卫生监督机构申请办理审批手续。

第三十六条　输入地省、自治区、直辖市动物卫生监督机构应当自受理申请之日起10个工作日内,作出是否同意引进的决定。符合下列条件的,签发《跨省引进乳用种用动物检疫审批表》;不符合下列条件的,书面告知申请人,并说明理由。

（一）输出和输入饲养场、养殖小区取得《动物防疫条件合格证》;

（二）输入饲养场、养殖小区存栏的动物符合动物健康标准;

（三）输出的乳用、种用动物养殖档案相关记录符合农业部规定;

（四）输出的精液、胚胎、种蛋的供体符合动物健康标准。

第三十七条　货主凭输入地省、自治区、直辖市动物卫生监督机构签发的《跨省引进乳用种用动物检疫审批表》,按照本办法规定向输出地县级动物卫生监督机构申报检疫。输出地县级动物卫生监督机构应当按照本办法的规定实施检疫。

第三十八条　跨省引进乳用种用动物应当在《跨省引进乳用种用动物检疫审批表》有效期内运输。逾期引进的,货主应当重新办理审批手续。

第八章　检疫监督

第三十九条　屠宰、经营、运输以及参加展览、演出和比赛的动物,应当附有《动物检疫合格证明》;经营、运输的动物产品应当附有《动物检疫合格证明》和检疫标志。

对符合前款规定的动物、动物产品,动物卫生监督机构可以查验检疫证明、检疫标志,对动物、动物产品进行采样、留验、抽检,但不得重复检疫收费。

第四十条　依法应当检疫而未经检疫的动物,由动物卫生监督机构依照本条第二款规定补检,并依照《动物防疫法》处理处罚。

符合下列条件的,由动物卫生监督机构出具《动物检疫合格证明》;不符合的,按照农业部有关规定进行处理。

（一）畜禽标识符合农业部规定;

（二）临床检查健康;

（三）农业部规定需要进行实验室疫病检测的,检测结果符合要求。

第四十一条　依法应当检疫而未经检疫的骨、角、生皮、原毛、绒等产品,符合下列条件的,由动物卫生监督机构出具《动物检疫合格证明》;不符合的,予以没收销毁。同时,依照《动物防疫法》处理处罚。

（一）货主在5天内提供输出地动物卫生监督机构出具的来自非封锁区的证明;

（二）经外观检查无腐烂变质;

（三）按有关规定重新消毒;

（四）农业部规定需要进行实验室疫病检测的,检测结果符合要求。

第四十二条　依法应当检疫而未经检疫的精液、胚胎、种蛋等,符合下列条件的,由动物卫生监督机构出具《动物检疫合格证明》;不符合的,予以没收销毁。同时,依照《动物防疫法》处理处罚。

（一）货主在5天内提供输出地动物卫生监督机构出具的来自非封锁区的证明和供体动物符合健康标准的证明;

（二）在规定的保质期内，并经外观检查无腐败变质；

（三）农业部规定需要进行实验室疫病检测的，检测结果符合要求。

第四十三条 依法应当检疫而未经检疫的肉、脏器、脂、头、蹄、血液、筋等，符合下列条件的，由动物卫生监督机构出具《动物检疫合格证明》，并依照《动物防疫法》第七十八条的规定进行处罚；不符合下列条件的，予以没收销毁，并依照《动物防疫法》第七十六条的规定进行处罚：

（一）货主在5天内提供输出地动物卫生监督机构出具的来自非封锁区的证明；

（二）经外观检查无病变、无腐败变质；

（三）农业部规定需要进行实验室疫病检测的，检测结果符合要求。

第四十四条 经铁路、公路、水路、航空运输依法应当检疫的动物、动物产品的，托运人托运时应当提供《动物检疫合格证明》。没有《动物检疫合格证明》的，承运人不得承运。

第四十五条 货主或者承运人应当在装载前和卸载后，对动物、动物产品的运载工具以及饲养用具、装载用具等，按照农业部规定的技术规范进行消毒，并对清除的垫料、粪便、污物等进行无害化处理。

第四十六条 封锁区内的商品蛋、生鲜奶的运输监管按照《重大动物疫情应急条例》实施。

第四十七条 经检疫合格的动物、动物产品应当在规定时间内到达目的地。经检疫合格的动物在运输途中发生疫情，应按有关规定报告并处置。

第九章 罚 则

第四十八条 违反本办法第十九条、第三十一条规定，跨省、自治区、直辖市引进用于饲养的非乳用、非种用动物和水产苗种到达目的地后，未向所在地动物卫生监督机构报告的，由动物卫生监督机构处500元以上2 000元以下罚款。

第四十九条 违反本办法第二十条规定，跨省、自治区、直辖市引进的乳用、种用动物到达输入地后，未按规定进行隔离观察的，由动物卫生监督机构责令改正，处2 000元以上1万元以下罚款。

第五十条 其他违反本办法规定的行为，依照《动物防疫法》有关规定予以处罚。

第十章 附 则

第五十一条 动物卫生监督证章标志格式或样式由农业部统一制定。

第五十二条 水产苗种产地检疫，由地方动物卫生监督机构委托同级渔业主管部门实施。水产苗种以外的其他水生动物及其产品不实施检疫。

第五十三条 本办法自2010年3月1日起施行。农业部2002年5月24日发布的《动物检疫管理办法》（农业部令第14号）自本办法施行之日起废止。

参考文献

[1] 杨廷桂.动物防疫与检疫[M].北京:中国农业出版社,2001.

[2] 陈一资.肉品卫生与检疫检验[M].成都:四川科学技术出版社,2004.

[3] 刘占杰.动物性食品卫生学[M].北京:中国农业出版社,1989.

[4] 张彦明,佘锐萍.动物性食品卫生学[M].3版.北京:中国农业出版社,1989.

[5] 王雪敏.动物性食品卫生检验[M].北京:中国农业出版社,2002.

[6] 王道地.畜牧兽医行政管理[M].北京:中国农业出版社,2004.

[7] 杨天赐,吴伯诚.进出口商品检验[M].太原:山西经济出版社,1993.

[8] 文心田.防疫检疫手册[M].成都:四川科学技术出版社,1996.

[9] 张彦命.兽医公共卫生[M].北京:中国农业出版社,2003.

[10] 刘键.动物防疫与检疫技术[M].北京:中国农业出版社,2001.

[11] 农业部人事劳动司.动物检疫检验工[M].北京:中国农业出版社,2004.

[12] 蔡宝详.家畜传染病学[M].北京:中国农业出版社,2001.

[13] 王桂枝.兽医防疫与检疫[M].北京:中国农业出版社,1998.

[14] 王子轼.动物防疫与检疫技术[M].北京:中国农业出版社,2006.

[15] 李学丽,李明,李晓东,等.动物检验检疫与动物疫情监测预警、调查、认证及无害化处理技术应用手册[M].银川:宁夏大地音像出版社,2005.

[16] 陈向前,康京丽,刘金才,等.尽快确立SPS贸易争端国内政策审议机制——美国成功经验对我们的启示[J].中国动物检疫,2005(3).

参考文献